大数据技术系列丛书

数据科学的数学基础

余晓晗　程　恺　张中辉　于　坤　邹世辰　著

西安电子科技大学出版社

内 容 简 介

本书汇总了数据科学中经常使用的数学知识，包括矩阵基础、微积分、概率论和优化等，以矩阵和向量形式统一了几个内容的符号体系，系统全面地介绍了数据科学的数学基础。全书共7章，内容包括线性代数、向量空间、内积空间、矩阵分解、向量微积分、概率与分布和优化方法。本书兼顾数学表达的严谨性和知识描述的直观性，减少了枯燥的证明过程，增加了易懂的几何绘图和运用示例，有助于读者快速理解数据科学中必要的数学知识。

本书适用于从事数据科学学术和应用研究，以及工程建设的教师、研究生和科技人员教学、自学或进修之用。

图书在版编目(CIP)数据

数据科学的数学基础/余晓晗等著. --西安：西安电子科技大学出版社，2024.3
ISBN 978-7-5606-7114-7

Ⅰ. ①数…　Ⅱ. ①余…　Ⅲ. ①数据处理－研究　Ⅳ. ①TP274

中国国家版本馆 CIP 数据核字(2024)第 002071 号

策　　划　戚文艳　李鹏飞
责任编辑　李鹏飞
出版发行　西安电子科技大学出版社(西安市太白南路2号)
电　　话　(029)88202421　88201467　　邮　　编　710071
网　　址　www.xduph.com　　电子邮箱　xdupfxb001@163.com
经　　销　新华书店
印刷单位　陕西天意印务有限责任公司
版　　次　2024年3月第1版　2024年3月第1次印刷
开　　本　787毫米×1092毫米　1/16　印张 7.5
字　　数　169千字
定　　价　27.00元
ISBN 978-7-5606-7114-7/TP
XDUP 7416001-1

前言

作者发现许多从事数据科学研究和工程开发的研究生和科技人员，都有着丰富的计算机基础，能够高效开发出相关程序和系统，但由于知识体系不匹配的问题，他们普遍缺少必要的数学基础，以至于算法拿到手上只会用，很难深入理解，算法创新多是随机尝试，没有方向感。数学用于问题的抽象建模，可以帮助人们从新的维度认识和思考问题。深入掌握数学工具，可以帮助人们更好地理解数据科学的模型和算法，从抽象的维度理解模型进化的规律与原因。为此本书梳理了数据科学中经常使用的数学知识，以统一的向量形式建立了符号体系，帮助读者尽快形成抽象思维，熟悉科学的符号体系。

全书共分为7章，其主要内容概括如下：

第1章回顾了线性代数的基础知识，包括矩阵及运算和线性方程组。

第2章介绍了向量空间，从向量空间的概念到向量子空间的基，最后还介绍线性映射。

第3章介绍了内积空间，包括范数、内积、向量长度与距离测度、角度与正交性、正交投影和旋转的相关知识，便于读者从几何的角度理解高维空间。

第4章介绍了矩阵分解的相关知识，包括特征值和特征向量、Cholesky分解、特征值分解和奇异值分解等内容，这些都是在数据处理中经常用到的方法。

第5章介绍了向量微积分的相关知识，包括实值函数梯度、部分分化的基本规则、向量值函数的梯度、矩阵的梯度、高阶导、线性化和多元泰勒级数，在诸如梯度下降的相关方法中都会涉及这些知识。

第6章介绍了概率与分布，在数据分析中经常会使用随机向量建模高维数据，并在此基础上进行各种各样的计算，熟悉这部分内容有利于更深入了解相关算法的推理过程。

第7章介绍了优化方法的相关知识，包括梯度下降、对偶问题与弱对偶性和凸优化等，有助于读者理解支持向量机等与优化有关的算法。

本书在编写过程中参考了相关文献资料，在此对这些文献作者表示由衷的感谢。水平所限，本书不足之处在所难免，敬请广大读者批评指正。

作　者

2023年5月

目　录

第1章 线性代数

在数据分析与挖掘问题中，通常使用向量和矩阵的形式描述数据。例如，将由 D 个属性描述的样本(数据表的一行)表示成向量 $\boldsymbol{x}=(x_1, x_2, \cdots, x_D)^{\mathrm{T}}\in\mathbb{R}^D$，一整个数据表又会习惯性地表示成一个矩阵：

$$\boldsymbol{X}=\begin{pmatrix} x_{11} & x_{12} & \cdots & x_{1D} \\ x_{21} & x_{22} & \cdots & x_{2D} \\ \vdots & \vdots & & \vdots \\ x_{N1} & x_{N2} & \cdots & x_{ND} \end{pmatrix}\in\mathbb{R}^{N\times D} \tag{1.1}$$

向量和矩阵表示有助于算法的设计与开发。例如，在神经网络模型中，相邻两层之间的权重通常表示成一个权重矩阵 $\boldsymbol{W}$，模型的输入与输出表示成向量，这样便于更紧致地表示神经网络，方便使用张量计算完成神经网络模型的程序实现。向量和矩阵是数据科学的基础，因此本章罗列线性代数的部分基础内容，作为后续章节的基础。

1.1 矩阵及运算

定义 1.1 设 $M, N\in\mathbb{N}$，$M\times N$ 的矩阵 $\boldsymbol{A}$ 定义为如下排列成 M 行 N 列的元组：

$$\boldsymbol{A}=\begin{pmatrix} a_{11} & a_{22} & \cdots & a_{1N} \\ a_{21} & a_{22} & \cdots & a_{2N} \\ \vdots & \vdots & \vdots & \\ a_{M1} & a_{M2} & \cdots & a_{MN} \end{pmatrix} \tag{1.2}$$

其中，$a_{mn}\in\mathbb{R}\,(m=1, 2, \cdots, M;\ n=1, 2, \cdots, N)$①。特别地，$1\times N$ 的矩阵称为行向量，$M\times 1$的矩阵称为列向量；当 $M=N$ 时，称 $\boldsymbol{A}$ 为方阵。

把 $M\times N$ 的矩阵 $\boldsymbol{A}\in\mathbb{R}^{M\times N}$ 按列进行堆叠得到一个长向量 $\boldsymbol{a}\in\mathbb{R}^{M\times N}$，二者在表示上是等价的。

1.1.1 矩阵的运算

1. 矩阵的加法

设矩阵 $\boldsymbol{A}=(a_{mn})_{M\times N}\in\mathbb{R}^{M\times N}$ 和 $\boldsymbol{B}=(b_{mn})_{M\times N}\in\mathbb{R}^{M\times N}$，则

$$\boldsymbol{A}+\boldsymbol{B}=\begin{pmatrix} a_{11}+b_{11} & a_{12}+b_{12} & \cdots & a_{1N}+b_{1N} \\ a_{21}+b_{21} & a_{22}+b_{22} & \cdots & a_{2N}+b_{2N} \\ \vdots & \vdots & & \vdots \\ a_{M1}+b_{M1} & a_{M2}+b_{M2} & \cdots & a_{MN}+b_{MN} \end{pmatrix}\in\mathbb{R}^{M\times N} \tag{1.3}$$

① 本书所涉及的矩阵都是实数矩阵，其他形式的矩阵不在本书讨论范围内。

2. 矩阵的数乘

设矩阵 $\boldsymbol{A}=(a_{mn})_{M\times N}\in\mathbb{R}^{M\times N}$ 和实数 $\lambda\in\mathbb{R}$，则

$$\lambda\boldsymbol{A}=\boldsymbol{A}\lambda=\begin{pmatrix}\lambda a_{11} & \lambda a_{12} & \cdots & \lambda a_{1N}\\ \lambda a_{21} & \lambda a_{22} & \cdots & \lambda a_{2N}\\ \vdots & \vdots & & \vdots\\ \lambda a_{M1} & \lambda a_{M2} & \cdots & \lambda a_{MN}\end{pmatrix}\in\mathbb{R}^{M\times N} \tag{1.4}$$

容易证明，矩阵数乘运算有如下规律：

① $(\lambda\mu)\boldsymbol{A}=\lambda(\mu)\boldsymbol{A}$；

② $(\lambda+\mu)\boldsymbol{A}=\lambda\boldsymbol{A}+\mu\boldsymbol{A}$；

③ $\lambda(\boldsymbol{A}+\boldsymbol{B})=\lambda\boldsymbol{A}+\lambda\boldsymbol{B}$。

其中，$\boldsymbol{A}$，$\boldsymbol{B}$ 为相同尺寸的矩阵，λ，μ 为实数。矩阵加法和矩阵数乘合起来，称为矩阵的线性运算。

3. 矩阵的乘法

设矩阵 $\boldsymbol{A}=(a_{mn})_{M\times N}\in\mathbb{R}^{M\times N}$ 和 $\boldsymbol{B}=(b_{nk})_{N\times K}\in\mathbb{R}^{N\times K}$，则这两个矩阵的乘积为 $\boldsymbol{C}=(c_{mk})_{M\times K}=\boldsymbol{AB}\in\mathbb{R}^{M\times K}$，其中

$$c_{mk}=\sum_{n=1}^{N}a_{mn}b_{nk} \tag{1.5}$$

也就是说，矩阵 $\boldsymbol{C}$ 中第 m 行第 k 列的元素 c_{mk}，是通过矩阵 $\boldsymbol{A}$ 中的第 m 行与矩阵 $\boldsymbol{B}$ 中的第 k 列逐元素对应相乘后求和得到的。矩阵乘法的前提条件是 $\boldsymbol{A}$ 的行数与 $\boldsymbol{B}$ 的列数相同(如图 1.1 所示)，因此矩阵乘法不具有实数乘法的交换律，即 $\boldsymbol{AB}=\boldsymbol{BA}$ 一般是不成立的。

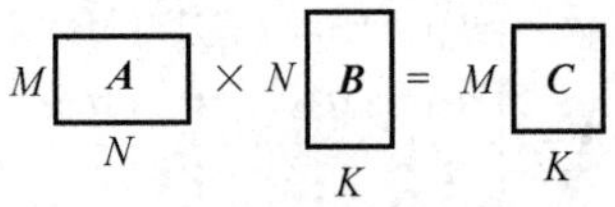

$$M\boxed{\boldsymbol{A}}_{N}\times N\boxed{\boldsymbol{B}}_{K}=M\boxed{\boldsymbol{C}}_{K}$$

图 1.1 矩阵乘法

对于合适尺寸的矩阵 $\boldsymbol{A}$，$\boldsymbol{B}$ 和 $\boldsymbol{C}$，矩阵乘法满足如下规律：

① 结合律：

$$(\boldsymbol{AB})\boldsymbol{C}=\boldsymbol{A}(\boldsymbol{BC}) \tag{1.6}$$

$$\lambda(\boldsymbol{AB})=(\lambda\boldsymbol{A})\boldsymbol{B}=\boldsymbol{A}(\lambda\boldsymbol{B})\quad(\lambda\text{ 为实数}) \tag{1.7}$$

② 分配率：

$$\boldsymbol{A}(\boldsymbol{B}+\boldsymbol{C})=\boldsymbol{AB}+\boldsymbol{AC} \tag{1.8}$$

$$(\boldsymbol{B}+\boldsymbol{C})\boldsymbol{A}=\boldsymbol{BA}+\boldsymbol{CA} \tag{1.9}$$

③ 设单位矩阵为 $\boldsymbol{I}$(对角线元素为 1，其它元素为 0 的方阵)，则：

$$\boldsymbol{I}_M\boldsymbol{A}_{M\times N}=\boldsymbol{A}_{M\times N}\boldsymbol{I}_N=\boldsymbol{A}_{M\times N} \tag{1.10}$$

4. 矩阵的幂

设 $\boldsymbol{A}\in\mathbb{R}^{N\times N}$ 为 N 阶方阵，定义：

$$\boldsymbol{A}^1=\boldsymbol{A},\ \boldsymbol{A}^2=\boldsymbol{A}^1\boldsymbol{A}^1,\ \cdots,\ \boldsymbol{A}^{k+1}=\boldsymbol{A}^k\boldsymbol{A}^1 \tag{1.11}$$

其中，k 为正整数，$\boldsymbol{A}^k$ 表示 k 个 $\boldsymbol{A}$ 相乘。

5. 矩阵的转置

设矩阵 $\boldsymbol{A}=(a_{mn})_{M\times N}\in\mathbb{R}^{M\times N}$ 和 $\boldsymbol{B}=(b_{nm})_{N\times M}\in\mathbb{R}^{N\times M}$，若 $a_{mn}=b_{nm}$，则称 $\boldsymbol{B}$ 是 $\boldsymbol{A}$ 的转置，记为 $\boldsymbol{B}=\boldsymbol{A}^{\mathrm{T}}$。矩阵转置满足如下规律：

① $(\boldsymbol{A}^{\mathrm{T}})^{\mathrm{T}}=\boldsymbol{A}$；

② $(\boldsymbol{A}+\boldsymbol{B})^{\mathrm{T}}=\boldsymbol{A}^{\mathrm{T}}+\boldsymbol{B}^{\mathrm{T}}$；

③ $(\lambda\boldsymbol{A})^{\mathrm{T}}=\lambda\boldsymbol{A}^{\mathrm{T}}$；

④ $(\boldsymbol{A}\boldsymbol{B})^{\mathrm{T}}=\boldsymbol{B}^{\mathrm{T}}\boldsymbol{A}^{\mathrm{T}}$。

对于方阵 $\boldsymbol{A}\in\mathbb{R}^{N\times N}$，若 $\boldsymbol{A}^{\mathrm{T}}=\boldsymbol{A}$，则称 $\boldsymbol{A}$ 为对称矩阵。

与矩阵的转置经常一起的还有矩阵的共轭，在本书中共轭运算只会偶尔用于证明中。当矩阵 $\boldsymbol{A}$ 是复矩阵，即矩阵中的元素是复数时，例如 $a_{mn}=\alpha_{mn}+\mathrm{i}\beta_{mn}$（$\alpha_{mn}$，$\beta_{mn}\in\mathbb{R}$），用 $\bar{a}_{mn}=\alpha_{mn}-\mathrm{i}\beta_{mn}$ 表示 a_{mn} 的共轭，$\bar{\boldsymbol{A}}=(\bar{a}_{mn})$ 是 $\boldsymbol{A}$ 的共轭矩阵。矩阵 $\boldsymbol{A}$ 的共轭转置记为 $\boldsymbol{A}^{\mathrm{H}}=(a_{mn}^{\mathrm{H}})$，有 $a_{mn}^{\mathrm{H}}=\bar{a}_{nm}$。

1.1.2　行列式与迹

矩阵的行列式与迹是从高维空间到一维实数空间的映射，是对矩阵在不同角度上的度量。

1. 行列式

对于方阵 $\boldsymbol{A}\in\mathbb{R}^{N\times N}$，其行列式记为 $\det(\boldsymbol{A})$ 或 $|\boldsymbol{A}|$，定义为

$$\det(\boldsymbol{A})=|\boldsymbol{A}|=\begin{vmatrix} a_{11} & a_{12} & \cdots & a_{1N} \\ a_{21} & a_{22} & \cdots & a_{2N} \\ \vdots & \vdots & & \vdots \\ a_{N1} & a_{N2} & \cdots & a_{NN} \end{vmatrix} \tag{1.12}$$

这里列举一些特殊矩阵的行列式：

当 $N=1$ 时，

$$\det(\boldsymbol{A})=\det(a_{11})=a_{11} \tag{1.13}$$

当 $N=2$ 时，

$$\det(\boldsymbol{A})=\begin{vmatrix} a_{11} & a_{12} \\ a_{21} & a_{22} \end{vmatrix}=a_{11}a_{22}-a_{12}a_{21} \tag{1.14}$$

当 $N=3$ 时，

$$\begin{aligned}\det(\boldsymbol{A})&=\begin{vmatrix} a_{11} & a_{12} & a_{13} \\ a_{21} & a_{22} & a_{23} \\ a_{31} & a_{32} & a_{33} \end{vmatrix}\\ &=a_{11}a_{22}a_{33}+a_{12}a_{23}a_{31}+a_{13}a_{21}a_{32}-a_{31}a_{22}a_{13}-a_{21}a_{12}a_{33}-a_{11}a_{32}a_{23}\end{aligned} \tag{1.15}$$

当 $\boldsymbol{A}$ 是上三角矩阵（对角线元素下方全是0）或下三角矩阵（对角线元素上方全是0）时，$\boldsymbol{A}$ 的行列式为对角线元素相乘，即

$$\det(\boldsymbol{A})=\prod_{n=1}^{N}a_{nn} \tag{1.16}$$

高阶行列式的计算可以通过按行（列）展开逐步降成低阶行列式的方式进行。在 N 阶行

列式中，把元素 a_{mn} 对应的第 m 行和第 n 列划去后，剩余的 $N-1$ 阶行列式称为元素 a_{mn} 的余子式，记作 M_{mn}；称 $A_{mn}=(-1)^{m+n}M_{mn}$ 为元素 a_{mn} 的代数余子式。行列式的按行(列)展开就是“行列式等于它的任一行(列)的各元素与其对应的代数余子式乘积之和”，即

$$\det(\boldsymbol{A}) = \sum_{n=1}^{N} a_{mn}A_{mn} = \sum_{n=1}^{N} a_{mn}(-1)^{m+n}M_{mn} \qquad m=1, 2, \cdots, N \tag{1.17}$$

$$\det(\boldsymbol{A}) = \sum_{m=1}^{N} a_{mn}A_{mn} = \sum_{m=1}^{N} a_{mn}(-1)^{m+n}M_{mn} \qquad n=1, 2, \cdots, N \tag{1.18}$$

将矩阵 $\boldsymbol{A}$ 中各元素的代数余子式 A_{mn} 构成的如下矩阵：

$$\boldsymbol{A}^* = \begin{pmatrix} A_{11} & A_{12} & \cdots & A_{1N} \\ A_{21} & A_{22} & \cdots & A_{2N} \\ \vdots & \vdots & & \vdots \\ A_{N1} & A_{N2} & \cdots & A_{NN} \end{pmatrix} \tag{1.19}$$

称为矩阵 $\boldsymbol{A}$ 的伴随矩阵。伴随矩阵与逆矩阵的计算有关。

我们称行列式不等于零的矩阵为非奇异矩阵。行列式有如下性质：

① 互换行列式的两行(列)，行列式变号。

② 若矩阵 $\boldsymbol{A}$ 的某行(列)是其它行(列)的线性组合，则 $\det(\boldsymbol{A})=0$。

③ 转置运算不改变行列式大小，即 $\det(\boldsymbol{A})=\det(\boldsymbol{A}^{\mathrm{T}})$。

④ 把矩阵 $\boldsymbol{A}$ 的某行(列)乘以同一个系数加到另一行(列)上，其行列式不变。

⑤ 两个矩阵乘积的行列式等于它们行列式的乘积，即 $\det(\boldsymbol{AB})=\det(\boldsymbol{A})\det(\boldsymbol{B})$。

⑥ 对矩阵 $\boldsymbol{A}$ 的某行(列)乘以同一个数 λ，新矩阵的行列式等于 $\lambda\det(\boldsymbol{A})$；特别地，$\det(\lambda\boldsymbol{A})=\lambda^N\det(\boldsymbol{A})$。

2. 迹

对于方阵 $\boldsymbol{A}\in\mathbb{R}^{N\times N}$，其迹记为 $\mathrm{tr}(\boldsymbol{A})$，定义为矩阵 $\boldsymbol{A}$ 的所有对角线元素之和：

$$\mathrm{tr}(\boldsymbol{A}) = \sum_{n=1}^{N} a_{nn} \tag{1.20}$$

例 1.1 设矩阵

$$\boldsymbol{A} = \begin{pmatrix} 2 & 6 & 1 \\ 3 & 2 & -5 \\ 2 & -3 & 4 \end{pmatrix}$$

其迹为 $\mathrm{tr}(\boldsymbol{A})=2+2+4=8$。

矩阵的迹有如下一些性质：

① 设矩阵 $\boldsymbol{A}, \boldsymbol{B}\in\mathbb{R}^{N\times N}$，则

$$\mathrm{tr}(\boldsymbol{A}+\boldsymbol{B})=\mathrm{tr}(\boldsymbol{A})+\mathrm{tr}(\boldsymbol{B})$$

② 设 $\lambda\in\mathbb{R}$，则

$$\mathrm{tr}(\lambda\boldsymbol{A})=\lambda\mathrm{tr}(\boldsymbol{A})$$

③ 综合上面两个性质，迹满足线性性质：设 $\lambda_1, \lambda_2\in\mathbb{R}$，则

$$\mathrm{tr}(\lambda_1\boldsymbol{A}+\lambda_2\boldsymbol{B})=\lambda_1\mathrm{tr}(\boldsymbol{A})+\lambda_2\mathrm{tr}(\boldsymbol{B})$$

④ 转置运算不改变迹，即

$$\mathrm{tr}(\boldsymbol{A}^{\mathrm{T}})=\mathrm{tr}(\boldsymbol{A})$$

⑤ 迹是相似不变量：设矩阵 $\boldsymbol{A}\in\mathbb{R}^{M\times N}$，$\boldsymbol{B}\in\mathbb{R}^{N\times M}$，则

$$\mathrm{tr}(\boldsymbol{AB})=\mathrm{tr}(\boldsymbol{BA})$$

设矩阵 $\boldsymbol{C}=(c_{ij})_{M\times M}=\boldsymbol{AB}$，$\boldsymbol{D}=(d_{kl})_{N\times N}=\boldsymbol{BA}$，则

$$\mathrm{tr}(\boldsymbol{AB}) = \mathrm{tr}(\boldsymbol{C}) = \sum_{i=1}^{M} c_{ii} = \sum_{i=1}^{M}\sum_{n=1}^{N} a_{in}b_{ni} = \sum_{m=1}^{M}\sum_{n=1}^{N} a_{mn}b_{nm}$$

$$\mathrm{tr}(\boldsymbol{BA}) = \mathrm{tr}(\boldsymbol{D}) = \sum_{k=1}^{N} d_{kk} = \sum_{k=1}^{N}\sum_{m=1}^{M} b_{km}a_{mk} = \sum_{n=1}^{N}\sum_{m=1}^{M} b_{nm}a_{mn}$$

上两式的右边交换一下，求和顺序完全相同，因此 $\mathrm{tr}(\boldsymbol{AB})=\mathrm{tr}(\boldsymbol{BA})$。在性质⑤的基础上，可以进一步推演，得到其它一些实用性质。

⑥ 循环不变性：设矩阵 $\boldsymbol{L}\in\mathbb{R}^{K\times M}$，$\boldsymbol{A}\in\mathbb{R}^{M\times N}$，$\boldsymbol{R}\in\mathbb{R}^{N\times K}$，则

$$\mathrm{tr}(\boldsymbol{LAR})=\mathrm{tr}(\boldsymbol{RLA})=\mathrm{tr}(\boldsymbol{ARL})$$

以左边两项为例，令 $\boldsymbol{B}=\boldsymbol{LA}$，即符合性质⑤的条件：

$$\mathrm{tr}(\underbrace{\boldsymbol{LA}}_{\boldsymbol{B}}\boldsymbol{R})=\mathrm{tr}(\boldsymbol{R}\underbrace{\boldsymbol{LA}}_{\boldsymbol{B}})$$

⑦ 设向量 $\boldsymbol{x}$，$\boldsymbol{y}\in\mathbb{R}^N$，则

$$\mathrm{tr}(\boldsymbol{x}\boldsymbol{y}^{\mathrm{T}})=\mathrm{tr}(\boldsymbol{y}^{\mathrm{T}}\boldsymbol{x})=\boldsymbol{y}^{\mathrm{T}}\boldsymbol{x}$$

1.1.3 矩阵的逆

1. 逆矩阵

定义 1.2 设方阵 $\boldsymbol{A}\in\mathbb{R}^{N\times N}$，若有方阵 $\boldsymbol{B}\in\mathbb{R}^{N\times N}$，使得 $\boldsymbol{AB}=\boldsymbol{BA}=\boldsymbol{I}_N$，称 $\boldsymbol{B}$ 是 $\boldsymbol{A}$ 的逆矩阵，记为 $\boldsymbol{B}=\boldsymbol{A}^{-1}$。

并非所有方阵都有逆矩阵。当矩阵 $\boldsymbol{A}$ 存在逆矩阵时，称 $\boldsymbol{A}$ 是可逆的/非奇异的。逆矩阵可以通过伴随矩阵计算：

$$\boldsymbol{A}^{-1}=\frac{1}{|\boldsymbol{A}|}\boldsymbol{A}^{*} \tag{1.21}$$

由上式可知，只有当 $|\boldsymbol{A}|\neq 0$ 时，$\boldsymbol{A}$ 才是可逆的。方阵的逆满足如下性质：

① 若 $\boldsymbol{A}$ 可逆，则 $\boldsymbol{A}^{-1}$ 也可逆，且 $(\boldsymbol{A}^{-1})^{-1}=\boldsymbol{A}$。

② 若 $\boldsymbol{A}$ 可逆，实数 $\lambda\neq 0$，则 $\lambda\boldsymbol{A}$ 可逆，且 $(\lambda\boldsymbol{A})^{-1}=\frac{1}{\lambda}\boldsymbol{A}^{-1}$。

③ 若方阵 $\boldsymbol{A}$，$\boldsymbol{B}$ 同阶且可逆，则 $\boldsymbol{AB}$ 也可逆，且 $(\boldsymbol{AB})^{-1}=\boldsymbol{B}^{-1}\boldsymbol{A}^{-1}$。

因为 $(\boldsymbol{AB})(\boldsymbol{B}^{-1}\boldsymbol{A}^{-1})=\boldsymbol{A}(\boldsymbol{BB}^{-1})\boldsymbol{A}^{-1}=\boldsymbol{AA}^{-1}=\boldsymbol{I}$，所以 $(\boldsymbol{AB})^{-1}=\boldsymbol{B}^{-1}\boldsymbol{A}^{-1}$。该性质容易推广到 $(\boldsymbol{ABC})^{-1}=\boldsymbol{C}^{-1}\boldsymbol{B}^{-1}\boldsymbol{A}^{-1}$。

④ 若 $\boldsymbol{A}$ 可逆，则 $\boldsymbol{A}^{\mathrm{T}}$ 也可逆，且 $(\boldsymbol{A}^{\mathrm{T}})^{-1}=(\boldsymbol{A}^{-1})^{\mathrm{T}}$。

因为 $\boldsymbol{A}^{\mathrm{T}}(\boldsymbol{A}^{-1})^{\mathrm{T}}=(\boldsymbol{A}^{-1}\boldsymbol{A})^{\mathrm{T}}=\boldsymbol{I}$，所以 $(\boldsymbol{A}^{\mathrm{T}})^{-1}=(\boldsymbol{A}^{-1})^{\mathrm{T}}$。

⑤ 若对角矩阵 $\boldsymbol{A}=\mathrm{diag}(a_1, \cdots, a_N)$ 可逆，则

$$\boldsymbol{A}^{-1}=\begin{pmatrix} \frac{1}{a_1} & & & \\ & \frac{1}{a_2} & & \\ & & \ddots & \\ & & & \frac{1}{a_N} \end{pmatrix}$$

⑥ 若 $\boldsymbol{A}$ 可逆，则 $\det(\boldsymbol{A}^{-1})=\frac{1}{\det(\boldsymbol{A})}$。

这是因为按照行列式的性质“两个矩阵乘积的行列式等于它们行列式的乘积”，可得 $\det(\boldsymbol{A}^{-1})\det(\boldsymbol{A})=\det(\boldsymbol{A}^{-1}\boldsymbol{A})=1$，所以 $\det(\boldsymbol{A}^{-1})=\dfrac{1}{\det(\boldsymbol{A})}$。逆矩阵与迹的循环置换不变性组合还有下面这条性质：

⑦ 若方阵 $\boldsymbol{A}$，$\boldsymbol{P}$ 同阶，且 $\boldsymbol{P}$ 可逆，则

$$\mathrm{tr}(\boldsymbol{PAP}^{-1})=\mathrm{tr}(\boldsymbol{AP}^{-1}\boldsymbol{P})=\mathrm{tr}(\boldsymbol{A})$$

2. 伪逆矩阵

前面讨论的逆矩阵针对的都是方阵，有时我们也需要计算长方形矩阵的逆矩阵，这里给出两类长方形矩阵的逆矩阵，称之为*伪逆矩阵*。

设矩阵 $\boldsymbol{A}\in\mathbb{R}^{M\times N}$ 是满秩的，即 $\mathrm{rank}(\boldsymbol{A})=\min\{M, N\}$，则

① 当 $M>N$ 时，矩阵 $\boldsymbol{A}^{\mathrm{T}}\boldsymbol{A}$ 是可逆的，矩阵 $\boldsymbol{A}$ 存在*左伪逆矩阵*：

$$\boldsymbol{L}=(\boldsymbol{A}^{\mathrm{T}}\boldsymbol{A})^{-1}\boldsymbol{A}^{\mathrm{T}}$$

满足 $\boldsymbol{LA}=\boldsymbol{I}$。

② 当 $M<N$ 时，矩阵 $\boldsymbol{AA}^{\mathrm{T}}$ 是可逆的，矩阵 $\boldsymbol{A}$ 存在*右伪逆矩阵*：

$$\boldsymbol{R}=\boldsymbol{A}^{\mathrm{T}}(\boldsymbol{AA}^{\mathrm{T}})^{-1}$$

满足 $\boldsymbol{AR}=\boldsymbol{I}$。

1.1.4 矩阵分块

对矩阵进行分块通常能够简化矩阵的计算。顾名思义，矩阵分块就是用若干条纵线和横线将一个大矩阵划分成多个小矩阵。例如对如下 3×4 的矩阵 $\boldsymbol{A}$ 进行分块：

$$\boldsymbol{A}=\left(\begin{array}{cc:cc} a_{11} & a_{12} & a_{13} & a_{14} \\ a_{21} & a_{22} & a_{23} & a_{24} \\ \hdashline a_{31} & a_{32} & a_{33} & a_{34} \end{array}\right)$$

此时可记为

$$\boldsymbol{A}=\begin{pmatrix} \boldsymbol{A}_{11} & \boldsymbol{A}_{12} \\ \boldsymbol{A}_{21} & \boldsymbol{A}_{22} \end{pmatrix}$$

其中

$$\boldsymbol{A}_{11}=\begin{pmatrix} a_{11} & a_{12} \\ a_{21} & a_{22} \end{pmatrix}, \boldsymbol{A}_{12}=\begin{pmatrix} a_{13} & a_{14} \\ a_{23} & a_{24} \end{pmatrix}$$

$$\boldsymbol{A}_{21}=(a_{31} \quad a_{32}), \boldsymbol{A}_{22}=(a_{33} \quad a_{34})$$

分块矩阵的运算规则与普通矩阵的运算规则相似：

① 设矩阵 $\boldsymbol{A}$，$\boldsymbol{B}$ 同尺寸，且采用相同的分块法，即

$$\boldsymbol{A}=\begin{pmatrix} \boldsymbol{A}_{11} & \boldsymbol{A}_{12} & \cdots & \boldsymbol{A}_{1R} \\ \boldsymbol{A}_{21} & \boldsymbol{A}_{22} & \cdots & \boldsymbol{A}_{2R} \\ \vdots & \vdots & & \vdots \\ \boldsymbol{A}_{S1} & \boldsymbol{A}_{S2} & \cdots & \boldsymbol{A}_{SR} \end{pmatrix}, \boldsymbol{B}=\begin{pmatrix} \boldsymbol{B}_{11} & \boldsymbol{B}_{12} & \cdots & \boldsymbol{B}_{1R} \\ \boldsymbol{B}_{21} & \boldsymbol{B}_{22} & \cdots & \boldsymbol{B}_{2R} \\ \vdots & \vdots & & \vdots \\ \boldsymbol{B}_{S1} & \boldsymbol{B}_{S2} & \cdots & \boldsymbol{B}_{SR} \end{pmatrix}$$

则

$$\boldsymbol{A}+\boldsymbol{B}=\begin{pmatrix}\boldsymbol{A}_{11}+\boldsymbol{B}_{11} & \boldsymbol{A}_{12}+\boldsymbol{B}_{12} & \cdots & \boldsymbol{A}_{1R}+\boldsymbol{B}_{1R}\\ \boldsymbol{A}_{21}+\boldsymbol{B}_{21} & \boldsymbol{A}_{22}+\boldsymbol{B}_{22} & \cdots & \boldsymbol{A}_{2R}+\boldsymbol{B}_{2R}\\ \vdots & \vdots & & \vdots\\ \boldsymbol{A}_{S1}+\boldsymbol{B}_{S1} & \boldsymbol{A}_{S2}+\boldsymbol{B}_{S2} & \cdots & \boldsymbol{A}_{SR}+\boldsymbol{B}_{SR}\end{pmatrix}$$

② 设实数$\lambda\in\mathbb{R}$，则

$$\lambda\boldsymbol{A}=\begin{pmatrix}\lambda\boldsymbol{A}_{11} & \lambda\boldsymbol{A}_{12} & \cdots & \lambda\boldsymbol{A}_{1R}\\ \lambda\boldsymbol{A}_{21} & \lambda\boldsymbol{A}_{22} & \cdots & \lambda\boldsymbol{A}_{2R}\\ \vdots & \vdots & & \vdots\\ \lambda\boldsymbol{A}_{S1} & \lambda\boldsymbol{A}_{S2} & \cdots & \lambda\boldsymbol{A}_{SR}\end{pmatrix}$$

③ 设$\boldsymbol{A}\in\mathbb{R}^{M\times L}$，$\boldsymbol{B}\in\mathbb{R}^{L\times N}$，进行如下分块：

$$\boldsymbol{A}=\begin{pmatrix}\boldsymbol{A}_{11} & \boldsymbol{A}_{12} & \cdots & \boldsymbol{A}_{1T}\\ \boldsymbol{A}_{21} & \boldsymbol{A}_{22} & \cdots & \boldsymbol{A}_{2T}\\ \vdots & \vdots & & \vdots\\ \boldsymbol{A}_{S1} & \boldsymbol{A}_{S2} & \cdots & \boldsymbol{A}_{ST}\end{pmatrix},\ \boldsymbol{B}=\begin{pmatrix}\boldsymbol{B}_{11} & \boldsymbol{B}_{12} & \cdots & \boldsymbol{B}_{1R}\\ \boldsymbol{B}_{21} & \boldsymbol{B}_{22} & \cdots & \boldsymbol{B}_{2R}\\ \vdots & \vdots & & \vdots\\ \boldsymbol{B}_{T1} & \boldsymbol{B}_{T2} & \cdots & \boldsymbol{B}_{TR}\end{pmatrix}$$

其中$\boldsymbol{A}_{S1}$，$\boldsymbol{A}_{S2}$，…，$\boldsymbol{A}_{ST}$的列数分别等于$\boldsymbol{B}_{1r}$，$\boldsymbol{B}_{2r}$，…，$\boldsymbol{B}_{Tr}$的行数，则分块矩阵的乘法如下：

$$\boldsymbol{AB}=\begin{pmatrix}\boldsymbol{C}_{11} & \boldsymbol{C}_{12} & \cdots & \boldsymbol{C}_{1R}\\ \boldsymbol{C}_{21} & \boldsymbol{C}_{22} & \cdots & \boldsymbol{C}_{2R}\\ \vdots & \vdots & & \vdots\\ \boldsymbol{C}_{S1} & \boldsymbol{C}_{S2} & \cdots & \boldsymbol{C}_{SR}\end{pmatrix}$$

其中，$\boldsymbol{C}_{sr}=\sum_{t=1}^{T}\boldsymbol{A}_{st}\boldsymbol{B}_{tr}$，$s=1,2,\cdots,S$；$t=1,2,\cdots,T$。

④ 设$\boldsymbol{A}=\begin{pmatrix}\boldsymbol{A}_{11} & \boldsymbol{A}_{12} & \cdots & \boldsymbol{A}_{1R}\\ \boldsymbol{A}_{21} & \boldsymbol{A}_{22} & \cdots & \boldsymbol{A}_{2R}\\ \vdots & \vdots & & \vdots\\ \boldsymbol{A}_{S1} & \boldsymbol{A}_{S2} & \cdots & \boldsymbol{A}_{SR}\end{pmatrix}$，则$\boldsymbol{A}^{\mathrm{T}}=\begin{pmatrix}\boldsymbol{A}_{11}^{\mathrm{T}} & \boldsymbol{A}_{21}^{\mathrm{T}} & \cdots & \boldsymbol{A}_{S1}^{\mathrm{T}}\\ \boldsymbol{A}_{12}^{\mathrm{T}} & \boldsymbol{A}_{22}^{\mathrm{T}} & \cdots & \boldsymbol{A}_{S2}^{\mathrm{T}}\\ \vdots & \vdots & & \vdots\\ \boldsymbol{A}_{1R}^{\mathrm{T}} & \boldsymbol{A}_{2R}^{\mathrm{T}} & \cdots & \boldsymbol{A}_{SR}^{\mathrm{T}}\end{pmatrix}$

设$\boldsymbol{A}\in\mathbb{R}^{N\times N}$为$N$阶方阵，则称$\boldsymbol{A}$为分块对角矩阵，若

$$\boldsymbol{A}=\begin{pmatrix}\boldsymbol{A}_1 & & & \boldsymbol{O}\\ & \boldsymbol{A}_2 & & \\ & & \ddots & \\ \boldsymbol{O} & & & \boldsymbol{A}_S\end{pmatrix}$$

其中，$\boldsymbol{A}_s(s=1,2,\cdots,S)$都为方阵。分块对角矩阵具有如下性质：

$$|\boldsymbol{A}|=|\boldsymbol{A}_1|\cdot|\boldsymbol{A}_2|\cdots|\boldsymbol{A}_S| \tag{1.22}$$

$$\boldsymbol{A}^{-1}=\begin{pmatrix}\boldsymbol{A}_1^{-1} & & & \boldsymbol{O}\\ & \boldsymbol{A}_2^{-1} & & \\ & & \ddots & \\ \boldsymbol{O} & & & \boldsymbol{A}_S^{-1}\end{pmatrix} \tag{1.23}$$

在矩阵的计算中经常使用按行分块和按列分块。设矩阵$\boldsymbol{A}\in\mathbb{R}^{M\times N}$，该矩阵由$M$个行

向量组成，记作

$$\boldsymbol{A}=\begin{pmatrix}\boldsymbol{\alpha}_1^{\mathrm{T}}\\ \boldsymbol{\alpha}_2^{\mathrm{T}}\\ \vdots\\ \boldsymbol{\alpha}_M^{\mathrm{T}}\end{pmatrix} \tag{1.24}$$

其中 $\boldsymbol{\alpha}_m=(a_{m1}, a_{m2}, \cdots, a_{mN})^{\mathrm{T}}$。同时矩阵 $\boldsymbol{A}$ 也可以看作是由 N 个列向量组成：

$$\boldsymbol{A}=(\boldsymbol{a}_1 \quad \boldsymbol{a}_2 \quad \cdots \quad \boldsymbol{a}_N) \tag{1.25}$$

其中 $\boldsymbol{a}_n=(a_{1n}, a_{2n}, \cdots, a_{Mn})^{\mathrm{T}}$。在矩阵乘积中使用按行/列分块经常会更加直观，例如设矩阵 $\boldsymbol{A}=(a_{ml})_{M\times L}$ 和矩阵 $\boldsymbol{B}=(b_{ln})_{L\times N}$，将这两个矩阵分别进行按行和按列分块，则

$$\boldsymbol{AB}=\begin{pmatrix}\boldsymbol{\alpha}_1^{\mathrm{T}}\\ \boldsymbol{\alpha}_2^{\mathrm{T}}\\ \vdots\\ \boldsymbol{\alpha}_M^{\mathrm{T}}\end{pmatrix}(\boldsymbol{b}_1 \quad \boldsymbol{b}_2 \quad \cdots \quad \boldsymbol{b}_N)=\begin{pmatrix}\boldsymbol{\alpha}_1^{\mathrm{T}}\boldsymbol{b}_1 & \boldsymbol{\alpha}_1^{\mathrm{T}}\boldsymbol{b}_2 & \cdots & \boldsymbol{\alpha}_1^{\mathrm{T}}\boldsymbol{b}_N\\ \boldsymbol{\alpha}_2^{\mathrm{T}}\boldsymbol{b}_1 & \boldsymbol{\alpha}_2^{\mathrm{T}}\boldsymbol{b}_2 & \cdots & \boldsymbol{\alpha}_2^{\mathrm{T}}\boldsymbol{b}_N\\ \vdots & \vdots & & \vdots\\ \boldsymbol{\alpha}_M^{\mathrm{T}}\boldsymbol{b}_1 & \boldsymbol{\alpha}_M^{\mathrm{T}}\boldsymbol{b}_2 & \cdots & \boldsymbol{\alpha}_M^{\mathrm{T}}\boldsymbol{b}_N\end{pmatrix}$$

再如当对角阵 $\boldsymbol{\Lambda}=\mathrm{diag}(\lambda_1, \lambda_2, \cdots, \lambda_M)$，左乘矩阵 $\boldsymbol{A}=(a_{mn})_{M\times N}$ 时，把矩阵 $\boldsymbol{A}$ 按行分块，则

$$\boldsymbol{\Lambda A}=\begin{pmatrix}\lambda_1 & & & \\ & \lambda_2 & & \\ & & \ddots & \\ & & & \lambda_M\end{pmatrix}\begin{pmatrix}\boldsymbol{\alpha}_1^{\mathrm{T}}\\ \boldsymbol{\alpha}_2^{\mathrm{T}}\\ \vdots\\ \boldsymbol{\alpha}_M^{\mathrm{T}}\end{pmatrix}=\begin{pmatrix}\lambda_1\boldsymbol{\alpha}_1^{\mathrm{T}}\\ \lambda_2\boldsymbol{\alpha}_2^{\mathrm{T}}\\ \vdots\\ \lambda_M\boldsymbol{\alpha}_M^{\mathrm{T}}\end{pmatrix}$$

容易看出一个矩阵左乘对角阵就相当于该矩阵每行乘以对应的对角元素。

1.2 线性方程组

本节回顾线性方程组求解的相关内容，首先介绍矩阵的初等变换，然后介绍线性方程组的求解方法。线性方程组如下：

$$\begin{cases}a_{11}x_1+a_{12}x_2+\cdots+a_{1N}x_N=b_1\\ a_{21}x_1+a_{22}x_2+\cdots+a_{2N}x_N=b_2\\ \qquad\vdots\\ a_{M1}x_1+a_{M2}x_2+\cdots+a_{MN}x_N=b_M\end{cases} \tag{1.26}$$

通常紧致表示成矩阵形式 $\boldsymbol{Ax}=\boldsymbol{b}$，其中 $\boldsymbol{A}=(a_{mn})_{M\times N}$，$\boldsymbol{x}=(x_1, x_2, \cdots, x_N)^{\mathrm{T}}$ 和 $b=(b_1, b_2, \cdots, b_M)^{\mathrm{T}}$，$[\boldsymbol{A}|\boldsymbol{b}]$称为增广矩阵。

1.2.1 初等变换

矩阵的初等变换是非常重要的运算，区分为初等行变换和初等列变换，两者相似。本小节以初等行变换为主进行介绍。

定义 1.3 下面三种变换称为矩阵的初等行变换：

① 对调两行(对调 m，n 两行，记作 $r_m\leftrightarrow r_n$)；

② 以数 $\lambda\neq 0$ 乘某一行中的所有元素(第 m 行乘以 λ，记作 $r_m\times\lambda$)；

③ 把某一行所有元素的 λ 倍加到另一行对应的元素上去(第 n 行的 λ 倍加到第 m 行

上，记作 $r_m+\lambda r_n$）。

初等列变换与初等行变换的定义相似，只要把定义中的“行”换成“列”即可。下面举个初等行变换的例子。

例 1.2　设矩阵

$$A=\begin{pmatrix}2 & -1 & -1 & 1 & 2\\ 1 & 1 & -2 & 1 & 4\\ 4 & -6 & 2 & -2 & 4\\ 3 & 6 & -9 & 7 & 9\end{pmatrix} \tag{1.27}$$

对该矩阵进行初等行变换

$$\xrightarrow[r_3\div 2]{r_1\leftrightarrow r_2}\begin{pmatrix}1 & 1 & -2 & 1 & 4\\ 2 & -1 & -1 & 1 & 2\\ 2 & -3 & 1 & -1 & 2\\ 3 & 6 & -9 & 7 & 9\end{pmatrix}=A_1$$

$$\xrightarrow[r_4-3r_1]{\substack{r_2-r_3\\ r_3-2r_1}}\begin{pmatrix}1 & 1 & -2 & 1 & 4\\ 0 & 2 & -2 & 2 & 0\\ 0 & -5 & 5 & -3 & -6\\ 0 & 3 & -3 & 4 & -3\end{pmatrix}=A_2$$

$$\xrightarrow[\substack{r_3+5r_2\\ r_4-3r_2}]{r_2\div 2}\begin{pmatrix}1 & 1 & -2 & 1 & 4\\ 0 & 1 & -1 & 1 & 0\\ 0 & 0 & 0 & 2 & -6\\ 0 & 0 & 0 & 1 & -3\end{pmatrix}=A_3$$

$$\xrightarrow[r_4-2r_3]{r_3\leftrightarrow r_4}\begin{pmatrix}1 & 1 & -2 & 1 & 4\\ 0 & 1 & -1 & 1 & 0\\ 0 & 0 & 0 & 1 & -3\\ 0 & 0 & 0 & 0 & 0\end{pmatrix}=A_4$$

$$\xrightarrow[r_1-r_2]{\substack{r_1-r_3\\ r_2-r_3}}\begin{pmatrix}1 & 0 & -1 & 0 & 4\\ 0 & 1 & -1 & 0 & 3\\ 0 & 0 & 0 & 1 & -3\\ 0 & 0 & 0 & 0 & 0\end{pmatrix}=A_5$$

从上例中可以看到，经初等行变换，能将矩阵 A 简化成如矩阵 A_4 和 A_5 的行阶梯形矩阵，即可以画出一条阶梯线，线的下方全为 0。其中矩阵 A_5 称为行最简形矩阵：阶梯线竖线后第一列仅有一个 1，其他都为 0。行最简形矩阵非常有助于求解线性方程组。

定义 1.4　由单位矩阵 I 经过一次初等变换得到的矩阵称为初等矩阵。

三种初等变换对应有三种初等矩阵：

① 把单位矩阵 I 中第 m，n 两行对调，所得初等矩阵记为 $I(r_m, r_n)$。用该初等矩阵左乘待变换矩阵 A，可实现对调 A 中 m，n 两行的初等行变换。

② 用非零数 λ 乘以单位矩阵 I 中第 n 行，所得初等矩阵记为 $I(\lambda r_n)$。用该初等矩阵左乘待变换矩阵 A，可实现用 λ 乘以 A 中第 n 行的初等行变换。

③ 用 λ 乘以单位矩阵 I 中第 n 行后加到第 m 行上，所得初等矩阵记为 $I(r_m+\lambda r_n)$。用该

初等矩阵左乘待变换矩阵 $\boldsymbol{A}$，可实现用 λ 乘以 $\boldsymbol{A}$ 中第 n 行后加到第 m 行上的初等行变换。

初等列变换对应的初等矩阵，只需要把上面定义中的“行”改成“列”即可。矩阵的初等变换，可以通过初等矩阵与矩阵的乘法运算实现。

定理 1.1 设矩阵 $\boldsymbol{A}\in\mathbb{R}^{M\times N}$，对矩阵 $\boldsymbol{A}$ 实施一次初等行变换，相当于用 $\boldsymbol{A}$ 左乘以相应的 M 阶初等矩阵；对矩阵 $\boldsymbol{A}$ 实施一次初等列变换，相当于用 $\boldsymbol{A}$ 右乘以相应的 N 阶初等矩阵。

接下来将矩阵的初等变换推广到分块矩阵的初等变换，这里仅讨论矩阵按 2×2 分块的情况，设 X 是 $M\times N$ 的矩阵：

$$\boldsymbol{X}=\begin{pmatrix}\boldsymbol{A} & \boldsymbol{B}\\ \boldsymbol{C} & \boldsymbol{D}\end{pmatrix}$$

下文假设矩阵的分块及运算均是可行的。

定义 1.5 下面三种变换称为分块矩阵 $\boldsymbol{X}$ 的初等行(列)变换：

① 对调 $\boldsymbol{X}$ 的两行(列)；

② 用可逆矩阵 $\boldsymbol{P}$ 左(右)乘 $\boldsymbol{X}$ 的某一行(列)；

③ 用可逆矩阵 $\boldsymbol{Q}$ 左(右)乘 $\boldsymbol{X}$ 的某一行(列)后加到另一行(列)上。

例 1.3 设分块矩阵 $\boldsymbol{X}=\begin{pmatrix}\boldsymbol{A} & \boldsymbol{B}\\ \boldsymbol{O} & \boldsymbol{D}\end{pmatrix}$，其中 $\boldsymbol{A}$，$\boldsymbol{D}$ 可逆，求 $\boldsymbol{X}^{-1}$。

解 因为 $\boldsymbol{A}$，$\boldsymbol{D}$ 可逆，所以 $\boldsymbol{X}$ 为方阵，且 $|\boldsymbol{X}|=|\boldsymbol{A}|\cdot|\boldsymbol{D}|\neq 0$，故 $\boldsymbol{X}$ 可逆。

使用初等行变换的方法求 $\boldsymbol{X}$ 的逆，即 $(\boldsymbol{X},\boldsymbol{I})\rightarrow(\boldsymbol{I},\boldsymbol{X}^{-1})$：

$$\left(\begin{array}{cc:cc}\boldsymbol{A} & \boldsymbol{B} & \boldsymbol{I} & \boldsymbol{O}\\ \boldsymbol{O} & \boldsymbol{D} & \boldsymbol{O} & \boldsymbol{I}\end{array}\right)\xrightarrow{(-\boldsymbol{B}\boldsymbol{D}^{-1})r_2+r_1}\left(\begin{array}{cc:cc}\boldsymbol{A} & \boldsymbol{O} & \boldsymbol{I} & -\boldsymbol{B}\boldsymbol{D}^{-1}\\ \boldsymbol{O} & \boldsymbol{D} & \boldsymbol{O} & \boldsymbol{I}\end{array}\right)$$

$$\xrightarrow[(\boldsymbol{D}^{-1})r_2]{(\boldsymbol{A}^{-1})r_1}\left[\begin{array}{cc:cc}\boldsymbol{I} & \boldsymbol{O} & \boldsymbol{A}^{-1} & -\boldsymbol{A}^{-1}\boldsymbol{B}\boldsymbol{D}^{-1}\\ \boldsymbol{O} & \boldsymbol{I} & \boldsymbol{O} & \boldsymbol{D}^{-1}\end{array}\right]$$

因此 $\boldsymbol{X}^{-1}=\begin{bmatrix}\boldsymbol{A}^{-1} & -\boldsymbol{A}^{-1}\boldsymbol{B}\boldsymbol{D}^{-1}\\ \boldsymbol{O} & \boldsymbol{D}^{-1}\end{bmatrix}$。

同样，分块矩阵的初等变换也可以通过矩阵的乘法运算得到。下面给出分块初等矩阵的定义。

定义 1.6 对 N 阶单位矩阵进行 2×2 分块，$\boldsymbol{I}_N=\mathrm{diag}(\boldsymbol{I}_R,\boldsymbol{I}_S)$，$\boldsymbol{I}_N$ 经过一次分块矩阵的初等变换得到的矩阵称为分块初等矩阵。有三种形式的分块初等矩阵：

① 对调 $\boldsymbol{I}_N$ 的两行(列)：

$$\begin{bmatrix}\boldsymbol{O} & \boldsymbol{I}_S\\ \boldsymbol{I}_R & \boldsymbol{O}\end{bmatrix},\begin{bmatrix}\boldsymbol{O} & \boldsymbol{I}_R\\ \boldsymbol{I}_S & \boldsymbol{O}\end{bmatrix}$$

② 用可逆矩阵 $\boldsymbol{P}$ 左(右)乘 $\boldsymbol{I}_N$ 的某一行(列)：

$$\begin{pmatrix}\boldsymbol{P} & \boldsymbol{O}\\ \boldsymbol{O} & \boldsymbol{I}_S\end{pmatrix},\begin{pmatrix}\boldsymbol{I}_R & \boldsymbol{O}\\ \boldsymbol{O} & \boldsymbol{P}\end{pmatrix}$$

③ 用可逆矩阵 $\boldsymbol{Q}$ 左(右)乘 $\boldsymbol{I}_N$ 的某一行(列)后加到另一行(列)上：

$$\begin{pmatrix}\boldsymbol{I}_R & \boldsymbol{O}\\ \boldsymbol{Q} & \boldsymbol{I}_S\end{pmatrix},\begin{pmatrix}\boldsymbol{I}_R & \boldsymbol{Q}\\ \boldsymbol{O} & \boldsymbol{I}_S\end{pmatrix}$$

注： $\begin{pmatrix}\boldsymbol{I}_R & \boldsymbol{O}\\ \boldsymbol{Q} & \boldsymbol{I}_S\end{pmatrix}$既可以看作是 $\boldsymbol{Q}$ 左乘 $\boldsymbol{I}_N$ 的第一行后加到第二行上，又可以看作是 $\boldsymbol{Q}$ 右

乘 $\boldsymbol{I}_N$ 的第二列后加到第一列上。其它部分分块初等矩阵也有类似的情况。

定理 1.2 设分块矩阵 $\boldsymbol{X}=\begin{pmatrix}\boldsymbol{A} & \boldsymbol{B}\\ \boldsymbol{C} & \boldsymbol{D}\end{pmatrix}$，对矩阵 $\boldsymbol{X}$ 实施一次分块初等行(列)变换，相当于用一个对应的分块初等矩阵左(右)乘分块矩阵 $\boldsymbol{X}$。

例 1.4 设分块矩阵 $\boldsymbol{X}=\begin{pmatrix}\boldsymbol{A} & \boldsymbol{B}\\ \boldsymbol{C} & \boldsymbol{D}\end{pmatrix}$，其中 $\boldsymbol{A}$ 可逆，尝试引入分块初等矩阵将 $\boldsymbol{X}$ 变换成上三角分块矩阵。

解 要想把 $\boldsymbol{X}$ 变成上三角分块矩阵，可以用 $-\boldsymbol{CA}^{-1}$ 左乘第一行后加到第二行的初等行变换，因此可以引入分块初等矩阵 $\begin{pmatrix}\boldsymbol{I} & \boldsymbol{O}\\ -\boldsymbol{CA}^{-1} & \boldsymbol{I}\end{pmatrix}$ 实现该初等行变换：

$$\begin{pmatrix}\boldsymbol{I} & \boldsymbol{O}\\ -\boldsymbol{CA}^{-1} & \boldsymbol{I}\end{pmatrix}\begin{pmatrix}\boldsymbol{A} & \boldsymbol{B}\\ \boldsymbol{C} & \boldsymbol{D}\end{pmatrix}=\begin{pmatrix}\boldsymbol{A} & \boldsymbol{B}\\ \boldsymbol{O} & \boldsymbol{D}-\boldsymbol{CA}^{-1}\boldsymbol{B}\end{pmatrix}$$

例 1.5 设 $\boldsymbol{A}$，$\boldsymbol{B}$ 为 N 阶方阵，证明 $|\boldsymbol{AB}|=|\boldsymbol{A}|\cdot|\boldsymbol{B}|$。

证明 构造一个 $2N$ 阶分块矩阵 $\begin{pmatrix}\boldsymbol{A} & \boldsymbol{O}\\ -\boldsymbol{I} & \boldsymbol{B}\end{pmatrix}$，作分块初等行变换：

$$\begin{pmatrix}\boldsymbol{I} & \boldsymbol{A}\\ \boldsymbol{O} & \boldsymbol{I}\end{pmatrix}\begin{pmatrix}\boldsymbol{A} & \boldsymbol{O}\\ -\boldsymbol{I} & \boldsymbol{B}\end{pmatrix}=\begin{pmatrix}\boldsymbol{O} & \boldsymbol{AB}\\ -\boldsymbol{I} & \boldsymbol{B}\end{pmatrix}$$

按照行列式的性质“把矩阵的某行(列)乘以同一个系数加到另一行(列)上，其行列式不变”，有

$$\begin{aligned}\begin{pmatrix}\boldsymbol{I} & \boldsymbol{A}\\ \boldsymbol{O} & \boldsymbol{I}\end{pmatrix}\begin{pmatrix}\boldsymbol{A} & \boldsymbol{O}\\ -\boldsymbol{I} & \boldsymbol{B}\end{pmatrix}&=\begin{pmatrix}\boldsymbol{O} & \boldsymbol{AB}\\ -\boldsymbol{I} & \boldsymbol{B}\end{pmatrix}\\ &\Rightarrow\left|\begin{pmatrix}\boldsymbol{I} & \boldsymbol{A}\\ \boldsymbol{O} & \boldsymbol{I}\end{pmatrix}\begin{pmatrix}\boldsymbol{A} & \boldsymbol{O}\\ -\boldsymbol{I} & \boldsymbol{B}\end{pmatrix}\right|\\ &=\begin{vmatrix}\boldsymbol{A} & \boldsymbol{O}\\ -\boldsymbol{I} & \boldsymbol{B}\end{vmatrix}=\begin{vmatrix}\boldsymbol{O} & \boldsymbol{AB}\\ -\boldsymbol{I} & \boldsymbol{B}\end{vmatrix}\end{aligned}$$

即 $|\boldsymbol{A}|\cdot|\boldsymbol{B}|=(-1)^{N^2}|-\boldsymbol{I}|\cdot|\boldsymbol{AB}|=(-1)^{N(N+1)}|\boldsymbol{AB}|=|\boldsymbol{AB}|$，证毕。

1.2.2 线性方程组求解

在给出线性方程组求解方法之前，先来看一个简单的线性方程组：

$$\underbrace{\begin{bmatrix}1 & 0 & -1 & 0\\ 0 & 1 & -1 & 0\\ 0 & 0 & 0 & 1\end{bmatrix}}_{A}\underbrace{\begin{bmatrix}x_1\\ x_2\\ x_3\\ x_4\end{bmatrix}}_{x}=\underbrace{\begin{bmatrix}4\\ 3\\ -3\end{bmatrix}}_{b} \tag{1.28}$$

写成熟悉的方程组形式：

$$\begin{cases}x_1-x_3=4\\ x_2-x_3=3\\ x_4=-3\end{cases}\Rightarrow\begin{cases}x_1=x_3+4\\ x_2=x_3+3\\ x_3=x_3\\ x_4=\quad -3\end{cases} \tag{1.29}$$

式(1.28)中，x_3 可以取任意值。令 $x_3=c\in\mathbb{R}$，得式(1.28)中方程组的解为

$$x=\begin{pmatrix}x_1\\x_2\\x_3\\x_4\end{pmatrix}=\begin{pmatrix}c+4\\c+3\\c\\-3\end{pmatrix}=c\begin{pmatrix}1\\1\\1\\0\end{pmatrix}+\begin{pmatrix}4\\3\\0\\-3\end{pmatrix}\tag{1.30}$$

此形式的解称为线性方程组的通解。

从上面的例子中可以看出：线性方程组系数矩阵 $\boldsymbol{A}$ 具有行最简形矩阵的形式时，就能容易地得到方程组的解。按照上一小节的叙述，一个矩阵经多次初等行变换，一定能够得到行最简形矩阵的形式，这便是基于高斯消元法求解线性方程组的思想：将增广矩阵$[\boldsymbol{A}|\boldsymbol{b}]$进行初等行变换，最终变换成行最简形矩阵，再求解变换后的线性方程组，最终获得方程组的解。下面通过一个例子进行叙述。

例 1.6 求解线性方程组：

$$\begin{cases}2x_1-x_2-x_3+x_4=2\\x_1+x_2-2x_3+x_4=4\\4x_1-6x_2+2x_3-2x_4=4\\3x_1+6x_2-9x_3+7x_4=9\end{cases}\tag{1.31}$$

解 该线性方程组的增广矩阵为

$$[\boldsymbol{A}|\boldsymbol{b}]=\left(\begin{array}{cccc:c}2&-1&-1&1&2\\1&1&-2&1&4\\4&-6&2&-2&4\\3&6&-9&7&9\end{array}\right)$$

对增广矩阵进行初等行变换，最终得到行最简形矩阵：

$$\left(\begin{array}{cccc:c}1&0&-1&0&4\\0&1&-1&0&3\\0&0&0&1&-3\\0&0&0&0&0\end{array}\right)$$

变换后的增广矩阵与式(1.28)中线性方程组一致，容易求解出式(1.30)的解。

习 题 1

1. 设 $\boldsymbol{P}=\begin{pmatrix}1&2\\1&4\end{pmatrix}$，$\boldsymbol{\Lambda}=\begin{pmatrix}1&0\\0&2\end{pmatrix}$，$\boldsymbol{AP}=\boldsymbol{P\Lambda}$，求 $\boldsymbol{A}^n$。

2. 设 $\boldsymbol{P}=\begin{pmatrix}-1&1&1\\1&0&2\\1&1&-1\end{pmatrix}$，$\boldsymbol{\Lambda}=\begin{pmatrix}1&&\\&2&\\&&-3\end{pmatrix}$，$\boldsymbol{AP}=\boldsymbol{P\Lambda}$，求 $\varphi(\boldsymbol{A})=\boldsymbol{A}^3+2\boldsymbol{A}^2-3\boldsymbol{A}$。

3. 计算下列矩阵的行列式：

$$\begin{pmatrix}2&0&1&2&0\\2&-1&0&1&1\\0&1&2&1&2\\-2&0&2&-1&2\\2&0&0&1&1\end{pmatrix}$$

4. 试证明，若 $\boldsymbol{A}^{\mathrm{T}}\boldsymbol{A}=\boldsymbol{A}$，则 $\boldsymbol{A}=\boldsymbol{A}^{\mathrm{T}}=\boldsymbol{A}^2$。

5. 不展开行列式，试证明下式：

$$2\begin{vmatrix} a & b & c \\ d & e & f \\ x & y & z \end{vmatrix} = \begin{vmatrix} a+b & b+c & c+a \\ d+e & e+f & f+d \\ x+y & y+z & z+x \end{vmatrix}$$

6. 计算下列矩阵的乘积：

$$(x_1, x_2, x_3)\begin{pmatrix} a_{11} & a_{12} & a_{13} \\ a_{12} & a_{22} & a_{23} \\ a_{13} & a_{23} & a_{33} \end{pmatrix}\begin{pmatrix} x_1 \\ x_2 \\ x_3 \end{pmatrix}$$

7. 设 $\boldsymbol{A}$，$\boldsymbol{B}$ 都为 n 阶方阵，且 $\boldsymbol{A}$ 是对称阵，证明 $\boldsymbol{B}^{\mathrm{T}}\boldsymbol{A}\boldsymbol{B}$ 也是对称阵。

8. 设 $|\boldsymbol{A}+\lambda\boldsymbol{I}|=\lambda^N+a_1\lambda^{N-1}+a_2\lambda^{N-2}+\cdots+a_{N-1}\lambda+a_N$，证明

$$a_1=-\mathrm{tr}(\boldsymbol{A}),\ a_2=\frac{1}{2}[a_1\mathrm{tr}(\boldsymbol{A})+\mathrm{tr}(\boldsymbol{A}^2)],\ \cdots$$

并给出用 a_1，a_2，$\cdots$，a_{n-1} 表示 a_n 的通用递推关系式。

9. 求下列矩阵的逆：

$$\begin{pmatrix} 1 & 2 & -1 \\ 3 & 4 & -2 \\ 5 & -4 & 1 \end{pmatrix}$$

10. 假设下面每个矩阵的逆都存在，试证明以下结果：

(1) $(\boldsymbol{A}^{-1}+\boldsymbol{I})^{-1}=\boldsymbol{A}(\boldsymbol{A}+\boldsymbol{I})^{-1}$；

(2) $(\boldsymbol{A}^{-1}+\boldsymbol{B}^{-1})^{-1}=\boldsymbol{A}(\boldsymbol{A}+\boldsymbol{B})^{-1}\boldsymbol{B}=\boldsymbol{B}(\boldsymbol{A}+\boldsymbol{B})^{-1}\boldsymbol{A}$；

(3) $(\boldsymbol{I}+\boldsymbol{A}\boldsymbol{B})^{-1}\boldsymbol{A}=\boldsymbol{A}(\boldsymbol{I}+\boldsymbol{B}\boldsymbol{A})^{-1}$。

11. 求解下面等式中的矩阵 $\boldsymbol{X}$：

$$\boldsymbol{X}\begin{pmatrix} 2 & 1 & -1 \\ 2 & 1 & 0 \\ 1 & -1 & 1 \end{pmatrix}=\begin{pmatrix} 1 & -1 & 3 \\ 4 & 3 & 2 \end{pmatrix}$$

12. 设 n 阶矩阵 $\boldsymbol{A}$ 和 s 阶矩阵 $\boldsymbol{B}$ 均是可逆的，计算如下分块矩阵的逆：

(1) $\begin{pmatrix} \boldsymbol{O} & \boldsymbol{A} \\ \boldsymbol{B} & \boldsymbol{O} \end{pmatrix}^{-1}$；　　(2) $\begin{pmatrix} \boldsymbol{A} & \boldsymbol{O} \\ \boldsymbol{C} & \boldsymbol{B} \end{pmatrix}^{-1}$

13. 试用初等变换，计算下列方阵的逆：

$$\begin{pmatrix} 3 & -2 & 0 & -1 \\ 0 & 2 & 2 & 1 \\ 1 & -2 & -3 & -2 \\ 0 & 1 & 2 & 1 \end{pmatrix}$$

14. 求解下面线性方程组：

(1) $\begin{cases} 2x_1+3x_2-x_3-7x_4=0 \\ 3x_1+x_2+2x_3-7x_4=0 \\ 4x_1+x_2-3x_3+6x_4=0 \\ x_1-2x_2+5x_3-5x_4=0 \end{cases}$；　　(2) $\begin{cases} 2x+y-z+w=1 \\ 4x+2y-2z+w=2 \\ 2x+y-z-w=1 \end{cases}$

第2章　向量空间

数据经常以二维表格的形式出现。通常数据表的每一行被视为一个对象，数据对象在数据建模中被表示成一个向量，也可以认为是高维空间中的一个点。对数据对象进行处理与操作就可以看作是高维空间中点的变换，因此学习向量空间的知识有助于更清楚地理解处理数据对象的过程。向量空间又称为线性空间，顾名思义，在向量空间中都是线性映射和线性变换，但这并不影响对处理数据对象过程的理解。虽然数据分析和挖掘的过程中存在激活函数等非线性函数，但所占比例并不大，理解线性变换的经过与原因基本上就可以明白数据对象处理方法的几何意义，从而"知其然，知其所以然"。

2.1　向量空间和向量子空间

本节给出向量空间的相关定义。

2.1.1　向量空间

定义 2.1　设$\mathcal{V}$是由向量构成的集合，映射$+$：$\mathcal{V}\times\mathcal{V}\rightarrow\mathcal{V}$和$\cdot$：$\mathbb{R}\times\mathcal{V}\rightarrow\mathcal{V}$分别表示向量加法和数乘运算，则向量空间定义为$V=(\mathcal{V},+,\cdot)$，满足

① (加法闭合性)$\mathcal{V}$在加法运算下是闭合的，即$\forall \boldsymbol{x},\boldsymbol{y}\in\mathcal{V}$有$\boldsymbol{x}+\boldsymbol{y}\in\mathcal{V}$；

② (数乘闭合性)$\mathcal{V}$在数乘运算下是闭合的，即$\forall \boldsymbol{x}\in\mathcal{V}$，$\lambda\in\mathbb{R}$有$\lambda\boldsymbol{x}\in\mathcal{V}$；

③ (加法交换律)$\forall \boldsymbol{x},\boldsymbol{y}\in V$：$\boldsymbol{x}+\boldsymbol{y}=\boldsymbol{y}+\boldsymbol{x}$；

④ (分配律)

— $\forall \boldsymbol{x},\boldsymbol{y}\in\mathcal{V}$，$\lambda\in\mathbb{R}$：$\lambda\cdot(\boldsymbol{x}+\boldsymbol{y})=\lambda\cdot\boldsymbol{x}+\lambda\cdot\boldsymbol{y}$

— $\forall \boldsymbol{x}\in\mathcal{V}$，$\lambda,\varphi\in\mathbb{R}$：$(\lambda+\varphi)\cdot\boldsymbol{x}=\lambda\cdot\boldsymbol{x}+\varphi\cdot\boldsymbol{x}$

⑤ (结合律)

— $\forall \boldsymbol{x},\boldsymbol{y},\boldsymbol{z}\in\mathcal{V}$：$(\boldsymbol{x}+\boldsymbol{y})+\boldsymbol{z}=\boldsymbol{x}+(\boldsymbol{y}+\boldsymbol{z})$

— $\forall \boldsymbol{x}\in\mathcal{V}$，$\lambda,\varphi\in\mathbb{R}$：$\lambda\cdot(\varphi\cdot\boldsymbol{x})=(\lambda\varphi)\cdot\boldsymbol{x}$

⑥ (零向量)在$\mathcal{V}$中存在零向量$\mathbf{0}$，使得对于任意向量$\boldsymbol{x}\in\mathcal{V}$，有$\boldsymbol{x}+0=\boldsymbol{x}$；

⑦ (数乘单位律)$\forall \boldsymbol{x}\in\mathcal{V}$：$1\cdot\boldsymbol{x}=\boldsymbol{x}$。

下面来看几个向量空间的例子。

例 2.1　当$\mathcal{V}=\mathbb{R}^N(N\in\mathbb{N})$时，可在$\mathcal{V}$基础上构造向量空间，其中：

• 向量加法定义为

$$\boldsymbol{x}+\boldsymbol{y}=(x_1,x_2,\cdots,x_N)^{\mathrm{T}}+(y_1,y_2,\cdots,y_N)^{\mathrm{T}}=(x_1+y_1,x_2+y_2,\cdots,x_N+y_N)^{\mathrm{T}}$$

其中，$\boldsymbol{x},\boldsymbol{y}\in\mathbb{R}^N$。

• 向量数乘定义为

$$\lambda\cdot\boldsymbol{x}=\lambda\cdot(x_1,x_2,\cdots,x_N)^{\mathrm{T}}=(\lambda x_1,\lambda x_2,\cdots,\lambda x_N)^{\mathrm{T}}$$

其中，$\boldsymbol{x}\in\mathbb{R}^N$，$\lambda\in\mathbb{R}$。

在不致引起歧义时，$\mathbb{R}^N$也可以直接称为向量空间，此时默认向量加法和向量数乘的运算如例 2.1 中的定义。

例 2.2　当$\mathcal{V}=\mathbb{R}^{M\times N}(M, N\in\mathbb{N})$时，可在$\mathcal{V}$基础上构造向量空间，其中：

- 向量加法定义为

$$\boldsymbol{A}+\boldsymbol{B}=\begin{pmatrix} a_{11} & a_{12} & \cdots & a_{1N} \\ a_{21} & a_{22} & \cdots & a_{2N} \\ \vdots & \vdots & & \vdots \\ a_{M1} & a_{M2} & \cdots & a_{MN} \end{pmatrix}+\begin{pmatrix} b_{11} & b_{12} & \cdots & b_{1N} \\ b_{21} & b_{22} & \cdots & b_{2N} \\ \vdots & \vdots & & \vdots \\ b_{M1} & b_{M2} & \cdots & b_{MN} \end{pmatrix}=\begin{pmatrix} a_{11}+b_{11} & a_{12}+b_{12} & \cdots & a_{1N}+b_{1N} \\ a_{21}+b_{21} & a_{22}+b_{22} & \cdots & a_{2N}+b_{2N} \\ \vdots & \vdots & & \vdots \\ a_{M1}+b_{M1} & a_{M2}+b_{M2} & \cdots & a_{MN}+b_{MN} \end{pmatrix}$$

其中，$\boldsymbol{A}, \boldsymbol{B}\in\mathbb{R}^{M\times N}$。

- 向量数乘定义为

$$\lambda\cdot\boldsymbol{A}=\lambda\cdot\begin{pmatrix} a_{11} & a_{12} & \cdots & a_{1N} \\ a_{21} & a_{22} & \cdots & a_{2N} \\ \vdots & \vdots & & \vdots \\ a_{M1} & a_{M2} & \cdots & a_{MN} \end{pmatrix}=\begin{pmatrix} \lambda a_{11} & \lambda a_{12} & \cdots & \lambda a_{1N} \\ \lambda a_{21} & \lambda a_{22} & \cdots & \lambda a_{2N} \\ \vdots & \vdots & & \vdots \\ \lambda a_{M1} & \lambda a_{M2} & \cdots & \lambda a_{MN} \end{pmatrix}$$

其中，$\boldsymbol{A}\in\mathbb{R}^{M\times N}$，$\lambda\in\mathbb{R}$。

通过例 2.2 可以看到，由 $M\times N$ 的矩阵构成的向量空间与长度为MN 的向量构成的向量空间本质上没有区别，也就是向量空间$\mathbb{R}^{M\times N}$与$\mathbb{R}^{MN}$是等价的。

例 2.3　当$\mathcal{V}=\{\boldsymbol{x}\,|\,\boldsymbol{x}=(x_1, x_2, 0)^{\mathrm{T}}, x_1, x_2\in\mathbb{R}\}$时，可基于例 2.1 中定义的向量加法和数乘运算构造向量空间，容易证明构造出的向量空间满足定义 2.1 中的所有性质。不难看出$\mathcal{V}$是$\mathbb{R}^3$的子集，是三维空间中的一个二维平面，那么究竟这个向量空间$\mathcal{V}$是二维的还是三维的？这个问题我们在本章后面内容中讨论。

需要区分向量空间$\mathbb{R}^{N\times 1}$与$\mathbb{R}^{1\times N}$的差异，前者一般简写成$\mathbb{R}^N$，其中的向量是列向量，后者中的向量是行向量，行向量在本书中记为转置形式，如 $\boldsymbol{x}^{\mathrm{T}}$。这样的定义有助于更为清楚地表达向量乘法，例如列向量与行向量的乘法可以表示成映射$\times$：$\mathbb{R}^{N\times 1}\times\mathbb{R}^{1\times N}\rightarrow\mathbb{R}^{N\times N}$，得到的是一个 $N\times N$ 的矩阵。

2.1.2　向量子空间

如例 2.3 中的$\mathcal{V}$，它是空间$\mathbb{R}^3$的子集，是三维空间中的一个平面，在$\mathcal{V}$的基础上构造向量空间，需要继承向量空间$\mathbb{R}^3$的加法和数乘运算，这个时候我们认为由$\mathcal{V}$构造的向量空间是$\mathbb{R}^3$的子空间。向量子空间在数据处理过程中应用更为广泛，我们研究的对象更多的是高维空间中的超平面，而不是高维空间本身。

定义 2.2　设$V=(\mathcal{V}, +, \cdot)$为向量空间，集合$\mathcal{U}\in\mathcal{V}$且$\mathcal{U}\neq\varnothing$，若$U=(\mathcal{U}, +, \cdot)$是运算$+$：$\mathcal{U}\times\mathcal{U}\rightarrow\mathcal{U}$和$\cdot$：$\mathbb{R}\times\mathcal{U}\rightarrow\mathcal{U}$下的向量空间，则称 U 是 V 的向量子空间/线性子空间，记为 $U\subseteq V$。

进一步给出判断向量子空间的方法。

定理 2.1　设$\mathcal{U}\subseteq\mathbb{R}^N$，则 $U=(\mathcal{U}, +, \cdot)$是$\mathbb{R}^N$的向量子空间，当且仅当以下三个条件满足：

① (加法的闭合性) $\forall \boldsymbol{x}, \boldsymbol{y} \in \mathcal{U}: \boldsymbol{x}+\boldsymbol{y} \in \mathcal{U}$;

② (数乘的闭合性) $\forall \boldsymbol{x} \in \mathcal{U}, \lambda \in \mathbb{R}: \lambda \boldsymbol{x} \in \mathcal{U}$;

③ $\mathbf{0} \in \mathcal{U}$。

根据该定理，我们来分析一下图 2.1 中哪些是$\mathbb{R}^2$的向量子空间，哪些不是。

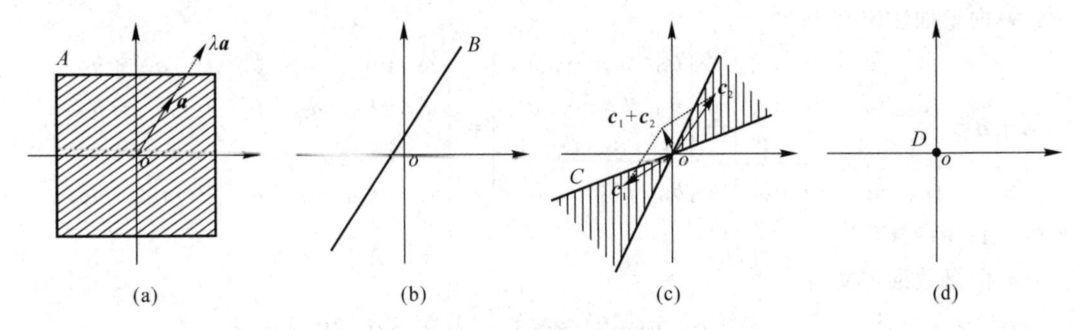

图 2.1 向量子空间判断

① 在空间 A 中，可以找到向量 $\boldsymbol{a} \in A$，但存在 $\lambda \boldsymbol{a} \notin A$，也就是数乘运算不是闭合的，因此 A 不是$\mathbb{R}^2$的向量子空间；

② 在空间 B 中，零向量 $\mathbf{0} \notin B$，因此 B 不是$\mathbb{R}^2$的向量子空间；

③ 在空间 C 中，可以找到向量 $\boldsymbol{c}_1, \boldsymbol{c}_2 \in C$，但 $\boldsymbol{c}_1+\boldsymbol{c}_2 \notin C$，因此 C 不是$\mathbb{R}^2$的向量子空间；

④ 空间 D 只有一个向量：$\mathbf{0}$，因为 $\mathbf{0}+\mathbf{0}=\mathbf{0}$，且 $\lambda \mathbf{0}=\mathbf{0}$，定理 2.1 中的 3 个条件都满足，因此 D 是$\mathbb{R}^2$的向量子空间。

例 2.4 证明线性方程组 $\boldsymbol{A}\boldsymbol{x}=\mathbf{0}$的解集是$\mathbb{R}^N$的向量子空间，其中 N 是 $\boldsymbol{x}$ 的维度。

证明 假设 $\boldsymbol{A}\boldsymbol{x}=\mathbf{0}$ 的解集是$\mathcal{U}$，必然有$\mathcal{U} \subseteq \mathbb{R}^N$，且 $\forall \boldsymbol{u}, \boldsymbol{v} \in \mathcal{U}$，有 $\boldsymbol{A}\boldsymbol{u}=\mathbf{0}$ 和 $\boldsymbol{A}\boldsymbol{v}=\mathbf{0}$，下面三式成立：

① $\boldsymbol{A}(\boldsymbol{u}+\boldsymbol{v})=\boldsymbol{A}\boldsymbol{u}+\boldsymbol{A}\boldsymbol{v}=\mathbf{0}$，则 $\boldsymbol{u}+\boldsymbol{v} \in \mathcal{U}$，即向量加法运算是闭合的；

② $\forall \lambda \in \mathbb{R}$ 有 $\boldsymbol{A}(\lambda \cdot \boldsymbol{u})=\lambda(\boldsymbol{A}\boldsymbol{u})=\mathbf{0}$，则 $\lambda \cdot \boldsymbol{u} \in \mathcal{U}$，即向量数乘运算是闭合的；

③ 因为 $\boldsymbol{A}\mathbf{0}=\mathbf{0}$，所以 $\mathbf{0} \in \mathcal{U}$。

根据定理 2.1，$U=(\mathcal{U}, +, \cdot)$是$\mathbb{R}^N$的向量子空间。

类似地，也容易证明线性方程组 $\boldsymbol{A}\boldsymbol{x}=\boldsymbol{b}(\boldsymbol{b} \neq \mathbf{0})$的解集不是$\mathbb{R}^N$的向量子空间，因为零向量 $\mathbf{0}$ 不在解集中。有必要注意，根据向量子空间的定义，一个向量空间 V 必定是它自己的向量子空间，因此本书在讨论向量子空间时，实际上包含了向量空间。

2.2 向量子空间的基

通过上一节，我们清楚了向量子空间的概念，但向量子空间中一般都有无穷多个向量，如何简单地表示向量子空间呢？这就需要用到基(basis)的概念，这一节我们来介绍向量子空间的基。

2.2.1 线性组合与线性独立

根据定理 2.1，向量子空间中的向量满足加法和数乘运算的闭合性，我们进一步推广，假设在向量子空间 V 中有一组向量 $\boldsymbol{x}_1, \boldsymbol{x}_2, \cdots, \boldsymbol{x}_K \in V$，另有一组实数 $\lambda_1, \lambda_2, \cdots, \lambda_K \in \mathbb{R}$。

根据数乘运算的闭合性，有 $\lambda_1\boldsymbol{x}_1$，$\lambda_2\boldsymbol{x}_2$，…，$\lambda_K\boldsymbol{x}_K\in V$，因此逐步根据加法运算的闭合性，有

$$\lambda_1\boldsymbol{x}_1+\lambda_2\boldsymbol{x}_2\in V$$
$$(\lambda_1\boldsymbol{x}_1+\lambda_2\boldsymbol{x}_2)+\lambda_3\boldsymbol{x}_3\in V$$
$$\cdots\cdots$$
$$(\lambda_1\boldsymbol{x}_1+\lambda_2\boldsymbol{x}_2+\cdots+\lambda_{K-1}\boldsymbol{x}_{K-1})+\lambda_K\boldsymbol{x}_K\in V$$

我们定义向量线性组合的形式如下：

$$\boldsymbol{v}=\lambda_1\boldsymbol{x}_1+\lambda_2\boldsymbol{x}_2+\cdots+\lambda_K\boldsymbol{x}_K=\sum_{k=1}^{K}\lambda_k\boldsymbol{x}_k\in V \tag{2.1}$$

通过上面的分析可知，向量子空间 V 中向量的线性组合必定仍在该空间中。

在线性组合定义的基础上，这里进一步定义线性独立。设向量子空间 V，有一组向量 $\boldsymbol{x}_1$，$\boldsymbol{x}_2$，…，$\boldsymbol{x}_K\in V$。如果方程组 $\sum_{k=1}^{K}\lambda_k\boldsymbol{x}_k=0$ 的解中至少有一个 $\lambda_k\neq0$，称这些向量 $\boldsymbol{x}_1$，$\boldsymbol{x}_2$，…，$\boldsymbol{x}_K$ 是线性相关的；否则，如果上述方程组只有平凡解，即 $\lambda_1=\lambda_2=\cdots=\lambda_K=0$，则 $\boldsymbol{x}_1$，$\boldsymbol{x}_2$，…，$\boldsymbol{x}_K$ 是线性独立的。

假设向量 $\boldsymbol{x}_1$，$\boldsymbol{x}_2$，…，$\boldsymbol{x}_K$ 是线性相关的，也找到了一组解 λ_1^*，λ_2^*，…，$\lambda_K^*\in\mathbb{R}$ 使得 $\lambda_1^*\boldsymbol{x}_1+\lambda_2^*\boldsymbol{x}_2+\cdots+\lambda_K^*\boldsymbol{x}_K=0$。现剔除解中所有为 0 的项，剩下的记为 $\lambda_{k_1}^*$，$\lambda_{k_2}^*$，…，$\lambda_{k_L}^*\neq0$，则 $\lambda_{k_1}^*\boldsymbol{x}_{k_1}+\lambda_{k_2}^*\boldsymbol{x}_{k_2}+\cdots+\lambda_{k_L}^*\boldsymbol{x}_{k_L}=0$，经过移项和乘系数处理得

$$\begin{aligned}\boldsymbol{x}_{k_L}&=\left(-\frac{\lambda_{k_1}^*}{\lambda_{k_L}^*}\right)\boldsymbol{x}_{k_1}+\left(-\frac{\lambda_{k_2}^*}{\lambda_{k_L}^*}\right)\boldsymbol{x}_{k_2}+\cdots+\left(-\frac{\lambda_{k_{L-1}}^*}{\lambda_{k_L}^*}\right)\boldsymbol{x}_{k_{L-1}}\\&=\varphi_1\boldsymbol{x}_{k_1}+\varphi_2\boldsymbol{x}_{k_2}+\cdots+\varphi_{L-1}\boldsymbol{x}_{k_{L-1}}\end{aligned}$$

其中，φ_1，φ_2，…，$\varphi_{L-1}\in\mathbb{R}$。也就是说，当向量 $\boldsymbol{x}_1$，$\boldsymbol{x}_2$，…，$\boldsymbol{x}_K$ 是线性相关时，总能找到其中某个向量是其它某些向量的线性组合，或者某个向量的尺度变化。

下面通过图 2.2 中的两个简单例子来说明线性组合与线性独立。

图 2.2(a)是一个 $\mathbb{R}^2$ 空间，在该空间中与向量 $\boldsymbol{a}$ 线性相关的都可以写成 $\lambda\boldsymbol{a}$ 的形式，如图中的向量 $\boldsymbol{b}$。由于 $\lambda\in\mathbb{R}$ 有无穷取值，与向量 $\boldsymbol{a}$ 线性相关的向量有无穷个，都落在与 $\boldsymbol{a}$ 共线的虚线上。凡是不落在虚线上的向量，如向量 $\boldsymbol{c}$，都与向量 $\boldsymbol{a}$ 线性独立。

在图 2.2(b)的 $\mathbb{R}^3$ 空间中，与向量 $\boldsymbol{a}_1$ 和 $\boldsymbol{a}_2$ 线性相关的都可以写成 $\lambda_1\boldsymbol{a}_1+\lambda_2\boldsymbol{a}_2(\lambda_1,\lambda_2\in\mathbb{R})$的形式，如图中的向量 $\boldsymbol{b}$。所有的线性相关向量构成图中的阴影平面。诸如向量 $\boldsymbol{c}$ 这样的不落在阴影平面上的向量与 $\boldsymbol{a}_1$ 和 $\boldsymbol{a}_2$ 线性独立。

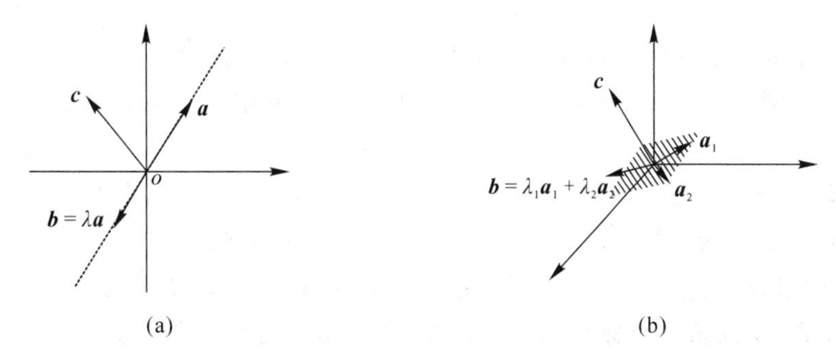

图 2.2　线性相关与线性独立

不难看出，图 2.2 中的虚线和阴影平面都各自是$\mathbb{R}^2$和$\mathbb{R}^3$空间的向量子空间。事实上，与给定某些向量线性相关的所有向量构成一个向量子空间，这一点将在接下来的小节中进一步讨论。

2.2.2 基

首先给出生成集与张成空间的定义。

定义 2.3 设向量集$\mathcal{A}=\{\boldsymbol{x}_1, \boldsymbol{x}_2, \cdots, \boldsymbol{x}_K\}$，$\boldsymbol{x}_1, \boldsymbol{x}_2, \cdots, \boldsymbol{x}_K$ 的所有线性组合构成了集合$\mathcal{V}$，并在此基础上构造向量子空间$V=(\mathcal{V}, +, \cdot)$，则称$\mathcal{A}$是$V$的生成集，称$V$是$\mathcal{A}$的张成空间，记为$V=\text{span}[\mathcal{A}]$或$V=\text{span}[\boldsymbol{x}_1, \boldsymbol{x}_2, \cdots, \boldsymbol{x}_K]$。

在此基础上给出基的定义。

定义 2.4 设向量子空间$V=(\mathcal{V}, +, \cdot)=\text{span}[\mathcal{A}]$，如果不存在$\mathcal{A}$的子集$\widetilde{\mathcal{A}}$能张成$V$，称$V$的生成集$\mathcal{A}$是最小的，此时$\mathcal{A}$中的向量必定都是线性独立的，像这样的向量空间$V$的任何线性独立的、最小的生成集都成为它的基向量或基。

事实上，如果$V=\text{span}[\mathcal{A}]$，则$\mathcal{A}$是$V$的最小生成集与$\mathcal{A}$中的向量相互线性独立是等价的。也就是说，如果$\mathcal{A}$中有线性相关的向量，那么$\mathcal{A}$一定不是$V$的最小生成集，同时如果存在$\widetilde{\mathcal{A}}\subsetneq\mathcal{A}$张成$V$，则要么$\mathcal{A}$张成的是$V$的超空间，要么$\mathcal{A}$中存在线性相关的向量。

根据定义 2.4，符合一个向量空间的基的条件的生成集不止一个，向量空间的基不唯一。例如，$\mathbb{R}^3$空间既可以由基

$$\mathcal{B}=\{\boldsymbol{e}_1, \boldsymbol{e}_2, \boldsymbol{e}_3\}=\left\{\begin{pmatrix}1\\0\\0\end{pmatrix}, \begin{pmatrix}0\\1\\0\end{pmatrix}, \begin{pmatrix}0\\0\\1\end{pmatrix}\right\}$$

生成，通常把基$\mathcal{B}$称为笛卡尔基；也可以由基

$$\mathcal{B}_1=\{\boldsymbol{u}_1, \boldsymbol{u}_2, \boldsymbol{u}_3\}=\left\{\begin{pmatrix}1\\0\\0\end{pmatrix}, \begin{pmatrix}1\\1\\0\end{pmatrix}, \begin{pmatrix}0\\1\\1\end{pmatrix}\right\}$$

生成。对于$\mathbb{R}^3$空间中的向量$\boldsymbol{v}=(a, b, c)^{\mathrm{T}}$，在基为$\mathcal{B}$时，有$\boldsymbol{v}=a\cdot\boldsymbol{e}_1+b\cdot\boldsymbol{e}_2+c\cdot\boldsymbol{e}_3$；当基为$\mathcal{B}_1$时，有$\boldsymbol{v}=\alpha\cdot\boldsymbol{u}_1+\beta\cdot\boldsymbol{u}_2+\gamma\cdot\boldsymbol{u}_3$。其中，

$$\begin{cases}\alpha=a-b+c\\ \beta=b-c\\ \gamma=c\end{cases}$$

也就是说，$\mathbb{R}^3$空间中的任意向量都能由基$\mathcal{B}$或$\mathcal{B}_1$中的向量线性表示。

从上面这个例子，可以看到向量$\boldsymbol{v}$在基$\mathcal{B}$或$\mathcal{B}_1$中线性组合的系数是不同的，我们根据这一点定义坐标。

定义 2.5 设向量子空间V和它的一个基$\mathcal{B}=\{\boldsymbol{u}_1, \boldsymbol{u}_2, \cdots, \boldsymbol{u}_K\}$，$V$中的任意向量$\boldsymbol{x}$在$\mathcal{B}$上都有一个唯一表示(线性组合)：$\boldsymbol{x}=\alpha_1\boldsymbol{u}_1+\alpha_2\boldsymbol{u}_2+\cdots+\alpha_K\boldsymbol{u}_K$，则$\alpha_1, \alpha_2, \cdots, \alpha_K$称为向量$\boldsymbol{x}$在$\mathcal{B}$上的坐标，向量$\boldsymbol{\alpha}=(\alpha_1, \alpha_2, \cdots, \alpha_K)^{\mathrm{T}}\in\mathbb{R}^K$称为向量$\boldsymbol{x}$关于基$\mathcal{B}$的坐标向量/坐标表示。

根据定义 2.5，向量的坐标与基有关，基不同，坐标也就不同。这一点在上面的例子中也充分体现了。

我们再来看下面这个基：

$$\mathcal{A}=\{\boldsymbol{u}_1, \boldsymbol{u}_2, \boldsymbol{u}_3\}=\left\{\begin{pmatrix}1\\1\\0\\0\end{pmatrix}, \begin{pmatrix}1\\-1\\1\\0\end{pmatrix}, \begin{pmatrix}-1\\1\\2\\0\end{pmatrix}\right\}$$

这个基中的向量之间线性独立，每个基向量都属于$\mathbb{R}^4$空间，但$\mathcal{A}$并不是$\mathbb{R}^4$空间的基，因为$\mathbb{R}^4$空间中的向量$(0, 0, 0, 1)^{\mathrm{T}}$不能由$\mathcal{A}$中的基向量线性组合，也就是说$\mathcal{A}$不能张成$\mathbb{R}^4$空间。那么由$\mathcal{A}$张成的空间是什么呢？实际上由$\mathcal{A}$张成的空间与三个坐标轴：

$$\{\boldsymbol{e}_1, \boldsymbol{e}_2, \boldsymbol{e}_3\}=\left\{\begin{pmatrix}1\\0\\0\\0\end{pmatrix}, \begin{pmatrix}0\\1\\0\\0\end{pmatrix}, \begin{pmatrix}0\\0\\1\\0\end{pmatrix}\right\}$$

张成的空间是相同的，是一个以$\boldsymbol{e}_1$，$\boldsymbol{e}_2$，$\boldsymbol{e}_3$为坐标轴的三维立体空间。设向量$\boldsymbol{v}=(a, b, c, 0)^{\mathrm{T}}$，且$\boldsymbol{v}=\alpha\cdot\boldsymbol{u}_1+\beta\cdot\boldsymbol{u}_2+\gamma\cdot\boldsymbol{u}_3$，则

$$\begin{cases}\alpha=\dfrac{1}{2}(a+b)\\ \beta=\dfrac{1}{3}(a-b+c)\\ \gamma=\dfrac{1}{6}(-a+b+2c)\end{cases}$$

也就是任意线性组合$\boldsymbol{v}=a\cdot\boldsymbol{e}_1+b\cdot\boldsymbol{e}_2+c\cdot\boldsymbol{e}_3$都可以唯一表示成$\boldsymbol{u}_1$，$\boldsymbol{u}_2$，$\boldsymbol{u}_3$的线性组合$\alpha\cdot\boldsymbol{u}_1+\beta\cdot\boldsymbol{u}_2+\gamma\cdot\boldsymbol{u}_3$，因此，由$\mathcal{A}$张成的空间与由$\{\boldsymbol{e}_1, \boldsymbol{e}_2, \boldsymbol{e}_3\}$张成的空间是相同的。

通过上面的分析，由$\mathcal{A}$张成的空间是$\mathbb{R}^4$空间中的一个三维子空间。可见由一组基张成的向量子空间的维度，并不能根据基向量的长度确定，而应该根据基中向量的个数确定。假设基$\mathcal{B}=\{\boldsymbol{b}_1, \boldsymbol{b}_2, \cdots, \boldsymbol{b}_K\}$，其中$\boldsymbol{b}_k\in\mathbb{R}^N$且$K\leqslant N$，由$\mathcal{B}$张成的向量子空间记为$V$，则向量子空间$V$的维度$\dim(V)=K$。这点在上文的图2.2中也有体现，在图2.2(a)中向量$\boldsymbol{a}$张成的子空间$\mathrm{span}[\{\boldsymbol{a}\}]$是1维的虚线，在图2.2(b)中由向量$\boldsymbol{a}_1$和$\boldsymbol{a}_2$张成的子空间$\mathrm{span}[\{\boldsymbol{a}_1, \boldsymbol{a}_2\}]$是二维的阴影平面。

设$\mathcal{A}=\{\boldsymbol{u}_1, \boldsymbol{u}_2, \cdots, \boldsymbol{u}_K\}$是向量子空间$V$的基，若这些基向量满足正交条件，即任意两个基向量的内积为0：

$$\langle\boldsymbol{u}_i, \boldsymbol{u}_j\rangle=0, \ \forall\, i\neq j \tag{2.2}$$

则称$\mathcal{A}$为正交基；若正交基$\mathcal{A}$中所有基向量的长度都等于1，即

$$\|\boldsymbol{u}_k\|^2=1, \ k=1, 2, \cdots, K \tag{2.3}$$

则称$\mathcal{A}$为标准正交基。这里定义中用到的内积、正交与向量长度等概念，在后续章节中会详细介绍。

2.3 线性映射

上面讨论了向量子空间，当有两个向量子空间时，它们之间存在什么样的关系，这就是向量子空间之间的映射。本节我们讨论向量子空间之间的线性映射。线性映射在数据科

学中见得非常多，例如深度神经网络中经常会有嵌入(embedding)的操作，把一个词或者一幅图像转换成一个定长的向量，本质上就是通过线性映射完成的。

2.3.1 线性映射

定义 2.6 设有向量子空间 V，W，如果映射 Φ: $V \to W$ 满足

$$\forall \boldsymbol{x}, \boldsymbol{y} \in V; \forall \lambda, \varphi \in \mathbb{R}: \Phi(\lambda \boldsymbol{x} + \varphi \boldsymbol{y}) = \lambda \Phi(\boldsymbol{x}) + \varphi \Phi(\boldsymbol{y}) \tag{2.4}$$

则该映射 Φ 称为线性映射/线性变换。

对于定义 2.6 中的两个向量子空间，设 $\boldsymbol{x}_1, \boldsymbol{x}_2, \cdots, \boldsymbol{x}_K \in V$，$\lambda_1, \lambda_2, \cdots, \lambda_K \in \mathbb{R}$，重复使用式(2.4)，可得

$$\Phi(\lambda_1 \boldsymbol{x}_1 + \lambda_2 \boldsymbol{x}_2 + \cdots + \lambda_K \boldsymbol{x}_K) = \lambda_1 \Phi(\boldsymbol{x}_1) + \lambda_2 \Phi(\boldsymbol{x}_2) + \cdots + \lambda_K \Phi(\boldsymbol{x}_K)$$

例 2.5 设从二维实数空间到复数空间的映射 Φ: $\mathbb{R}^2 \to \mathbb{C}$，其中 $\forall \boldsymbol{x} = (x_1, x_2)^{\mathrm{T}} \in \mathbb{R}^2$，有 $\Phi(\boldsymbol{x}) = x_1 + \mathrm{i}x_2$，试证明映射 Φ 是线性映射。

证明 设向量 $\boldsymbol{x} = (x_1, x_2)^{\mathrm{T}}$，$\boldsymbol{y} = (y_1, y_2)^{\mathrm{T}}$ 以及实数 λ，$\varphi \in \mathbb{R}$，则

$$\begin{aligned}
\Phi(\lambda \cdot \boldsymbol{x} + \varphi \cdot \boldsymbol{y}) &= \Phi\left(\lambda \cdot \begin{pmatrix} x_1 \\ x_2 \end{pmatrix} + \varphi \cdot \begin{pmatrix} y_1 \\ y_2 \end{pmatrix}\right) \\
&= \Phi\left(\begin{pmatrix} \lambda x_1 + \varphi y_1 \\ \lambda x_2 + \varphi y_2 \end{pmatrix}\right) \\
&= (\lambda x_1 + \varphi y_1) + \mathrm{i} \cdot (\lambda x_2 + \varphi y_2) \\
&= \lambda(x_1 + \mathrm{i}x_2) + \varphi(y_1 + \mathrm{i}y_2) \\
&= \lambda \cdot \Phi\left(\begin{pmatrix} x_1 \\ x_2 \end{pmatrix}\right) + \varphi \cdot \Phi\left(\begin{pmatrix} y_1 \\ y_2 \end{pmatrix}\right) \\
&= \lambda \cdot \Phi(\boldsymbol{x}) + \varphi \cdot \Phi(\boldsymbol{y})
\end{aligned}$$

因此映射 Φ 是线性映射。

根据线性映射的定义我们要知道，线性映射的域(domain)V 和上域(codomain)W 不一定是相同维度的向量子空间。如果它们是相同维度的，就是向量的旋转和拉伸变换，可以理解为选择了不同的基造成的。V 和 W 也可以不同，此时可以理解为一张纸(平面)从桌面(二维空间)拿到空中(三维空间)，在桌面上的纸就是 V，有两个坐标轴，在空中的纸是 W，需要三个坐标轴。或者从空中(三维空间)放回桌面(二维空间)。当然纸要保证平直，不能弯曲，但可以拉伸。线性映射能告诉我们在这张纸任意画一个点，这个点放在桌面上的二维坐标与拿到空中时的三维坐标之间的关系。

2.3.2 变换矩阵

定义 2.7 设向量子空间 V, W，各自的基为 $\mathcal{B} = \{\boldsymbol{b}_1, \boldsymbol{b}_2, \cdots, \boldsymbol{b}_N\}$ 和 $\mathcal{C} = \{\boldsymbol{c}_1, \boldsymbol{c}_2, \cdots, \boldsymbol{c}_M\}$，另设线性映射 Φ: $V \to W$，对于 $\forall n \in \{1, 2, \cdots, N\}$，有针对 $\boldsymbol{b}_n$ 关于 $\mathcal{C}$ 的唯一表示 $\Phi(\boldsymbol{b}_n)$：

$$\Phi(\boldsymbol{b}_n) = a_{1n}\boldsymbol{c}_1 + a_{2n}\boldsymbol{c}_2 + \cdots + a_{Mn}\boldsymbol{c}_M = \sum_{m=1}^{M} a_{mn}\boldsymbol{c}_m \tag{2.5}$$

称矩阵 $\mathbf{A}_\Phi = (a_{mn})_{M \times N}$ 为线性映射 Φ 的变换矩阵。

为方便叙述，我们将基 $\mathcal{B}$ 写成分块矩阵的形式 $\boldsymbol{B} = (\boldsymbol{b}_1, \boldsymbol{b}_2, \cdots, \boldsymbol{b}_N)$。假设向量子空间

V，W 中分别有向量 $\boldsymbol{x}$，$\boldsymbol{y}$，且有线性映射 Φ：$V\to W$ 使得 $\boldsymbol{y}=\Phi(\boldsymbol{x})$，向量 $\boldsymbol{x}$ 在基 $\mathcal{B}$ 中的坐标为 $\boldsymbol{\lambda}=(\lambda_1,\lambda_2,\cdots,\lambda_N)^{\mathrm{T}}$，即 $\boldsymbol{x}=\lambda_1\boldsymbol{b}_1+\lambda_2\boldsymbol{b}_2+\cdots+\lambda_N\boldsymbol{b}_N=\boldsymbol{B\lambda}$，向量 $\boldsymbol{y}$ 在基 $\mathcal{C}$ 中的坐标为 $\boldsymbol{\varphi}=(\varphi_1,\varphi_2,\cdots,\varphi_M)^{\mathrm{T}}$，即 $\boldsymbol{y}=\varphi_1\boldsymbol{c}_1+\varphi_2\boldsymbol{c}_2+\cdots+\varphi_N\boldsymbol{c}_N=\boldsymbol{C\varphi}$。根据式(2.5)有

$$\begin{aligned}\Phi(\boldsymbol{x}) &= \Phi(\boldsymbol{B\lambda}) = \Phi(\lambda_1\boldsymbol{b}_1+\lambda_2\boldsymbol{b}_2+\cdots+\lambda_N\boldsymbol{b}_N) = \sum_{n=1}^{N}\lambda_n\Phi(\boldsymbol{b}_n) = \sum_{n=1}^{N}\lambda_n\sum_{m=1}^{M}a_{mn}\boldsymbol{c}_m \\ &= \sum_{m=1}^{M}\left(\sum_{n=1}^{N}a_{mn}\lambda_n\right)\boldsymbol{c}_m = \boldsymbol{C}(\boldsymbol{A}_\Phi\boldsymbol{\lambda}) = \boldsymbol{C\varphi} = \boldsymbol{y}\end{aligned}\tag{2.6}$$

即当 $\boldsymbol{y}=\Phi(\boldsymbol{x})$ 时，它们的坐标向量之间存在关系 $\boldsymbol{\varphi}=\boldsymbol{A}_\Phi\boldsymbol{\lambda}$。也就是说，线性映射表示不同向量子空间下向量之间的线性关系，其对应的变换矩阵决定了向量坐标之间的关系，这两种关系是等价的。

我们来看一个特例，当 $\mathcal{B}=\{\boldsymbol{b}_1,\boldsymbol{b}_2,\cdots,\boldsymbol{b}_N\}$ 和 $\mathcal{C}=\{\boldsymbol{c}_1,\boldsymbol{c}_1,\cdots,\boldsymbol{c}_N\}$ 都是向量子空间 V 的基时，向量子空间 V 中的任何向量都能通过 $\mathcal{C}=\{\boldsymbol{c}_1,\boldsymbol{c}_2,\cdots,\boldsymbol{c}_N\}$ 中向量进行线性组合表示，$\boldsymbol{b}_n\in\mathcal{B}$ 也不例外，可设

$$\boldsymbol{b}_n = a_{1n}\boldsymbol{c}_1+\cdots+a_{Nn}\boldsymbol{c}_N = \sum_{m=1}^{N}a_{mn}\boldsymbol{c}_m\tag{2.7}$$

也就是

$$\boldsymbol{B}=(\boldsymbol{b}_1,\boldsymbol{b}_2,\cdots,\boldsymbol{b}_N)=(\boldsymbol{c}_1,\boldsymbol{c}_2,\cdots,\boldsymbol{c}_N)\begin{pmatrix}a_{11} & a_{12} & \cdots & a_{1N}\\ a_{21} & a_{22} & \cdots & a_{2N}\\ \vdots & \vdots & & \vdots\\ a_{N1} & a_{N2} & \cdots & a_{NN}\end{pmatrix}=\boldsymbol{CA}\tag{2.8}$$

现假设向量 $\boldsymbol{x}\in V$ 在 $\mathcal{B}$ 和 $\mathcal{C}$ 下的坐标向量分别为 $\boldsymbol{\lambda}=(\lambda_1,\lambda_2,\cdots,\lambda_N)^{\mathrm{T}}$ 和 $\boldsymbol{\varphi}=(\varphi_1,\varphi_2,\cdots,\varphi_N)^{\mathrm{T}}$，则有 $\boldsymbol{B\lambda}=\boldsymbol{C\varphi}=\boldsymbol{x}$，式(2.8)两边右乘向量 $\boldsymbol{\lambda}$ 得

$$\boldsymbol{B\lambda}=\boldsymbol{C\varphi}=\boldsymbol{CA\lambda}\Rightarrow\boldsymbol{\varphi}=\boldsymbol{A\lambda}\tag{2.9}$$

这样就得到了与变换矩阵相同的结果，不同的是这里的矩阵 $\boldsymbol{A}$ 是 $N\times N$ 的方阵。我们把上面同一个向量子空间下的线性变换称为恒等映射，对应的矩阵 $\boldsymbol{A}$ 也叫作变换矩阵，但要注意它与定义 2.7 中变换矩阵的区别。

下面给出几个例子来进一步认识变换矩阵。

例 2.6 设线性映射 Φ：$V\to W$，V 上的基 $\boldsymbol{B}=(\boldsymbol{b}_1,\boldsymbol{b}_2,\boldsymbol{b}_3)$ 和 W 上的基 $\boldsymbol{C}=(\boldsymbol{c}_1,\boldsymbol{c}_2,\boldsymbol{c}_3,\boldsymbol{c}_4)$，满足

$$\begin{aligned}\Phi(\boldsymbol{b}_1)&=\boldsymbol{c}_1-\boldsymbol{c}_2+3\boldsymbol{c}_3-\boldsymbol{c}_4\\ \Phi(\boldsymbol{b}_2)&=2\boldsymbol{c}_2+7\boldsymbol{c}_3+2\boldsymbol{c}_4\\ \Phi(\boldsymbol{b}_3)&=3\boldsymbol{c}_2+\boldsymbol{c}_3+4\boldsymbol{c}_4\end{aligned}$$

根据定义 2.7 有 $\Phi(\boldsymbol{b}_k)=\sum\limits_{n=1}^{4}a_{nk}\boldsymbol{c}_n(k=1,2,3)$，因此变换矩阵如下：

$$\boldsymbol{A}_\Phi=(\boldsymbol{a}_1,\boldsymbol{a}_2,\boldsymbol{a}_3)=\begin{pmatrix}1 & 0 & 0\\ -1 & 2 & 3\\ 3 & 7 & 1\\ -1 & 2 & 4\end{pmatrix}$$

其中 $\boldsymbol{a}_k(k=1,2,3)$是 $\Phi(\boldsymbol{b}_k)$关于基 $\boldsymbol{C}$ 的坐标向量。

例 2.7 考虑二维向量空间 $\mathbb{R}^2$ 中的几个线性变换的例子。变换矩阵如下：

$$\boldsymbol{A}_1=\begin{pmatrix}\cos 38^\circ & -\sin 38^\circ\\ \sin 38^\circ & \cos 38^\circ\end{pmatrix},\ \boldsymbol{A}_2=\begin{pmatrix}1.5 & 0\\ 0 & 1\end{pmatrix},\ \boldsymbol{A}_3=\begin{pmatrix}0.5 & 0.5\\ 0.5 & 0.5\end{pmatrix},\ \boldsymbol{A}_4=\begin{pmatrix}0.6 & -0.7\\ 0.4 & 0.5\end{pmatrix}$$

这几个变换矩阵的变换效果如图 2.3 所示。部分的原始数据绘制在图 2.3(a)中。原始数据经矩阵 $\boldsymbol{A}_1$ 的线性变换，实现了将原始数据逆时针旋转 38°，如图 2.3(b)所示。矩阵 $\boldsymbol{A}_2$ 可以将原始数据的横轴拉伸成原来的 1.5 倍，如图 2.3(c)所示。矩阵 $\boldsymbol{A}_3$ 实现的投影变换，能够将二维空间 $\mathbb{R}^2$ 中的所有数据点投影到直线 $y=x$ 上，图 2.3(d)中展示了该矩阵的投影效果。以上都是特殊的线性变换，可以找到变换的规律，但对于如矩阵 $\boldsymbol{A}_4$ 的线性变换没有简单的变换规律，也很难从图 2.3(e)的变换效果中发现规律。

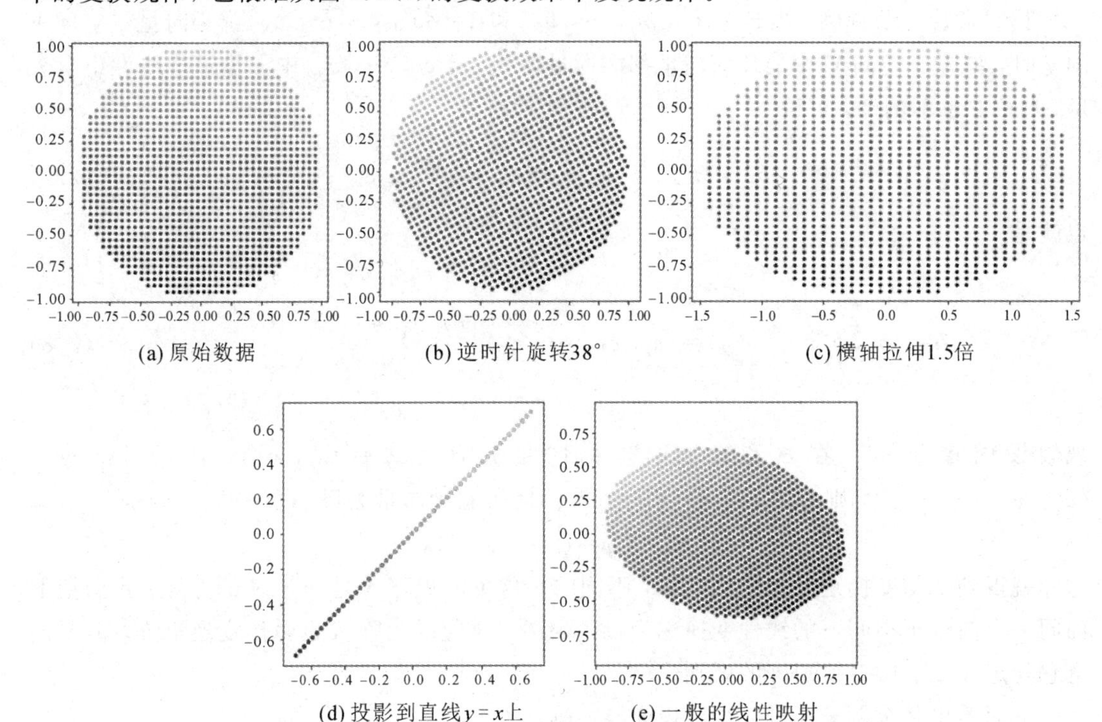

(a) 原始数据　(b) 逆时针旋转38°　(c) 横轴拉伸1.5倍

(d) 投影到直线$y=x$上　(e) 一般的线性映射

图 2.3　二维空间线性映射示例

上例是同一个空间中不同基之间的线性映射，变换过程较为简单易懂，但线性映射更多的是不同维度空间之间的变换，下例直观展示这一过程。

例 2.8 图 2.4 展示了三维空间到二维空间的线性映射，图 2.4(a)局部展示了三维空间的数据点(三维空间中在平面 $x+y+z=0$ 上的一个圆形区域)，数据点颜色的深浅根据 z 轴数值大小而变化。使用如下变换矩阵进行线性映射：

$$\boldsymbol{A}=\begin{pmatrix}-2 & 1 & 0.4\\ 2 & -1.2 & 1.5\end{pmatrix}$$

将三维空间映射到二维空间，得到了图 2.4(b)展示的数据点。

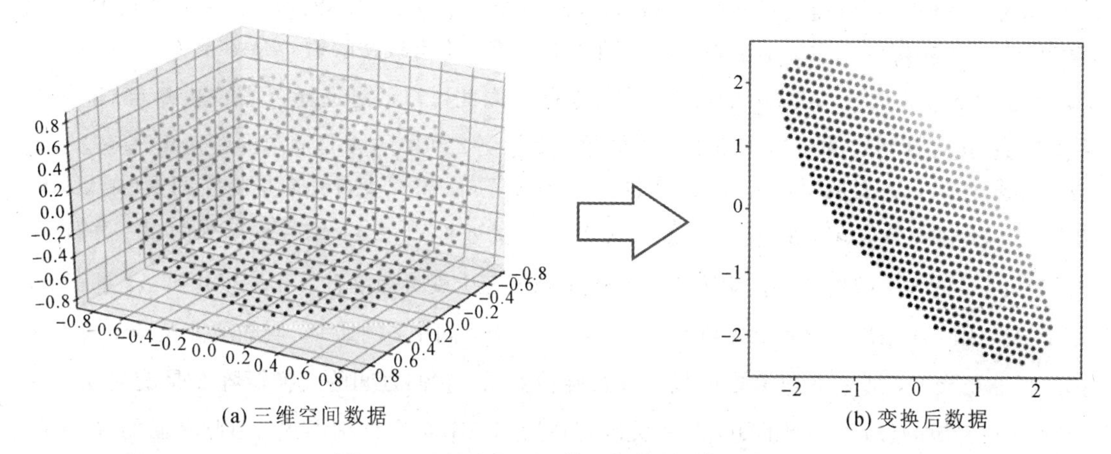

图 2.4 三维空间到二维空间线性映射示例

2.3.3 基变换

在给出基变换的定义之前，我们首先来看一个例子。

例 2.9 假设有一个线性映射是从$\mathbb{R}^2$的笛卡尔基 $\boldsymbol{I}=(\boldsymbol{e}_1\ \ \boldsymbol{e}_2)$到某个空间中基 $\boldsymbol{C}=(\boldsymbol{c}_1\ \ \boldsymbol{c}_2)$的变换，已知其变换矩阵为$\boldsymbol{A}=(\boldsymbol{a}_1\ \ \boldsymbol{a}_2)=\frac{\sqrt{2}}{2}\begin{pmatrix}3 & 3\\-1 & 1\end{pmatrix}$。如果定义$\mathbb{R}^2$上的一个新的基$\boldsymbol{B}=\begin{bmatrix}\cos\frac{\pi}{4} & -\sin\frac{\pi}{4}\\ \sin\frac{\pi}{4} & \cos\frac{\pi}{4}\end{bmatrix}$，此时可计算从 $\boldsymbol{B}$ 到 $\boldsymbol{C}$ 的变换矩阵 $\tilde{\boldsymbol{A}}=[\tilde{\boldsymbol{a}}_1\ \ \tilde{\boldsymbol{a}}_2]$。

根据定义 2.7，设从空间$\mathbb{R}^2$到基 $\boldsymbol{C}$ 所在空间的线性映射为 Φ，则

$$\begin{cases}(\Phi(\boldsymbol{e}_1)\quad \Phi(\boldsymbol{e}_2))=(\boldsymbol{C}\cdot\boldsymbol{a}_1\quad \boldsymbol{C}\cdot\boldsymbol{a}_2)=\boldsymbol{C}\cdot(\boldsymbol{a}_1\quad \boldsymbol{a}_2)=\boldsymbol{CA}\\(\Phi(\boldsymbol{b}_1)\quad \Phi(\boldsymbol{b}_2))=(\boldsymbol{C}\cdot\tilde{\boldsymbol{a}}_1\quad \boldsymbol{C}\cdot\tilde{\boldsymbol{a}}_2)=\boldsymbol{C}\cdot(\tilde{\boldsymbol{a}}_1\quad \tilde{\boldsymbol{a}}_2)=\boldsymbol{C}\tilde{\boldsymbol{A}}\end{cases}\tag{2.10}$$

因为

$$\boldsymbol{B}=\boldsymbol{IB}\Rightarrow(\boldsymbol{b}_1\quad \boldsymbol{b}_2)=(\boldsymbol{e}_1\quad \boldsymbol{e}_2)\boldsymbol{B}=(b_{11}\boldsymbol{e}_1+b_{21}\boldsymbol{e}_2\quad b_{12}\boldsymbol{e}_1+b_{22}\boldsymbol{e}_2)$$

根据线性映射 Φ 的线性性质(见定义 2.6)，有

$$\begin{aligned}(\Phi(\boldsymbol{b}_1)\quad \Phi(\boldsymbol{b}_2))&=(\Phi(b_{11}\boldsymbol{e}_1+b_{21}\boldsymbol{e}_2)\quad \Phi(b_{12}\boldsymbol{e}_1+b_{22}\boldsymbol{e}_2))\\&=(b_{11}\Phi(\boldsymbol{e}_1)+b_{21}\Phi(\boldsymbol{e}_2)\quad b_{12}\Phi(\boldsymbol{e}_1)+b_{22}\Phi(\boldsymbol{e}_2))\\&=(\Phi(\boldsymbol{e}_1)\quad \Phi(\boldsymbol{e}_2))\boldsymbol{B}\end{aligned}$$

将此式代入到式(2.10)中得

$$\boldsymbol{C}\tilde{\boldsymbol{A}}=\boldsymbol{CAB}$$

$$\Rightarrow\tilde{\boldsymbol{A}}=\boldsymbol{AB}=\frac{\sqrt{2}}{2}\begin{pmatrix}3 & 3\\-1 & 1\end{pmatrix}\cdot\begin{bmatrix}\frac{\cos\pi}{4} & -\frac{\sin\pi}{4}\\ \frac{\sin\pi}{4} & \frac{\cos\pi 0}{4}\end{bmatrix}=\begin{pmatrix}3 & 0\\0 & 1\end{pmatrix}$$

对比变换矩阵 $\tilde{\boldsymbol{A}}$ 和 $\boldsymbol{A}$，前者更为简单，只有主对角线上有非 0 值。也更容易理解，与例 2.7 中的 $\boldsymbol{A}_2$ 相似，$\tilde{\boldsymbol{A}}$ 起到了将 $\boldsymbol{B}$ 的第一个基向量方向$\left(\cos\frac{\pi}{4}\quad \sin\frac{\pi}{4}\right)^{\mathrm{T}}$拉伸 3 倍的作用，而 $\boldsymbol{A}$ 的变换效果并不直观。

从这个例子，不难得出下面结论。若任意两个向量子空间 V，W，Φ：$V\to W$ 是从 V 到 W 线性映射，则确定两个向量子空间的基分别为 $\boldsymbol{B}$ 与 $\boldsymbol{C}$ 后，有线性映射 Φ 从 $\boldsymbol{B}$ 到 $\boldsymbol{C}$ 的变换矩阵 $\boldsymbol{A}$。在选择不同的基时，对应的变换矩阵是不同的。因此可以通过选择合适的基 $\widetilde{\boldsymbol{B}}$ 与 $\widetilde{\boldsymbol{C}}$，使得线性映射 Φ 从 $\widetilde{\boldsymbol{B}}$ 到 $\widetilde{\boldsymbol{C}}$ 的变换矩阵 $\widetilde{\boldsymbol{A}}$ 最为简单，就像例 2.9 中的 $\widetilde{\boldsymbol{A}}$ 是简单的对角矩阵一样。此时计算从 $\boldsymbol{B}$ 到 $\boldsymbol{C}$ 的变换矩阵 $\boldsymbol{A}$，可以通过三个步骤完成：第一步得到向量子空间 V 中从 $\boldsymbol{B}$ 到 $\widetilde{\boldsymbol{B}}$ 的恒等映射的变换矩阵 $\boldsymbol{S}$，第二步得到从 $\widetilde{\boldsymbol{B}}$ 到 $\widetilde{\boldsymbol{C}}$ 的变换矩阵 $\widetilde{\boldsymbol{A}}$，第三步得到向量子空间 W 中从 $\widetilde{C}$ 到 C 的恒等映射的变换矩阵 $\boldsymbol{T}$，由 $\boldsymbol{S}$、$\widetilde{\boldsymbol{A}}$ 和 $\boldsymbol{T}$ 三个变换矩阵计算出变换矩阵 $\boldsymbol{A}$。事实上，除了变换矩阵 $\widetilde{\boldsymbol{A}}$ 是形式简单的矩阵，在同一个向量子空间中，例如 V，假如所涉及的基 $\boldsymbol{B}$ 和 $\widetilde{\boldsymbol{B}}$ 都是标准正交的，那么 $\boldsymbol{B}$ 与 $\widetilde{\boldsymbol{B}}$ 之间只是存在旋转关系，它们之间的变换矩阵 $\boldsymbol{S}$ 是旋转变换的矩阵，是特殊而且较为简单的矩阵，相关内容在后续章节会有详细阐述。因此上面的 $\boldsymbol{S}$、$\widetilde{\boldsymbol{A}}$ 和 $\boldsymbol{T}$ 都是简单矩阵，通过它们计算复杂变换矩阵 $\boldsymbol{A}$ 具有可行性，这也是提出基变换的原因。

定理 2.2 设有向量子空间 $V\subseteq\mathbb{R}^N$ 和 $W\subseteq\mathbb{R}^M$ 以及线性映射 Φ：$V\to W$，V 上有基 $\boldsymbol{B}=(\boldsymbol{b}_1,\boldsymbol{b}_2,\cdots,\boldsymbol{b}_N)$ 和 $\widetilde{\boldsymbol{B}}=(\widetilde{\boldsymbol{b}}_1,\widetilde{\boldsymbol{b}}_2,\cdots,\widetilde{\boldsymbol{b}}_N)$，$W$ 上有基 $\boldsymbol{C}=(\boldsymbol{c}_1,\boldsymbol{c}_2,\cdots,\boldsymbol{c}_M)$ 和 $\widetilde{\boldsymbol{C}}=(\widetilde{\boldsymbol{c}}_1,\widetilde{\boldsymbol{c}}_2,\cdots,\widetilde{\boldsymbol{c}}_M)$，$\boldsymbol{A}_\Phi$ 表示线性映射 Φ 从 $\boldsymbol{B}$ 到 $\boldsymbol{C}$ 的变换矩阵，$\widetilde{\boldsymbol{A}}_\Phi$ 表示 Φ 从 $\widetilde{\boldsymbol{B}}$ 到 $\widetilde{\boldsymbol{C}}$ 的变换矩阵，则有

$$\widetilde{\boldsymbol{A}}_\Phi=\boldsymbol{T}^{-1}\boldsymbol{A}_\Phi\boldsymbol{S} \tag{2.11}$$

其中，$\boldsymbol{S}\in\mathbb{R}^{N\times N}$ 表示向量空间 V 上的恒等映射从 $\widetilde{\boldsymbol{B}}$ 到 $\boldsymbol{B}$ 的变换矩阵，$\boldsymbol{T}\in\mathbb{R}^{M\times M}$ 表示向量空间 W 上的恒等映射从 $\widetilde{\boldsymbol{C}}$ 到 $\boldsymbol{C}$ 的变换矩阵。

证明 $\widetilde{\boldsymbol{B}}$ 到 $\boldsymbol{B}$ 的变换矩阵为 $\boldsymbol{S}=(s_{nk})_{N\times N}$，根据式(2.7)有

$$\widetilde{\boldsymbol{b}}_k=s_{1k}\boldsymbol{b}_1+s_{2k}\boldsymbol{b}_2+\cdots+s_{Nk}\boldsymbol{b}_N=\sum_{n=1}^{N}s_{nk}\boldsymbol{b}_n \tag{2.12}$$

同理 $\widetilde{\boldsymbol{C}}$ 到 $\boldsymbol{C}$ 的变换矩阵为 $\boldsymbol{T}=(t_{ml})_{M\times M}$，则有

$$\widetilde{\boldsymbol{c}}_l=t_{1l}\boldsymbol{c}_1+t_{2l}\boldsymbol{c}_2+\cdots+t_{Ml}\boldsymbol{c}_M=\sum_{m=1}^{M}t_{ml}\boldsymbol{c}_m \tag{2.13}$$

设 $\boldsymbol{A}_\Phi=(a_{mn})_{M\times N}$ 和 $\widetilde{\boldsymbol{A}}_\Phi=(\widetilde{a}_{mn})_{M\times N}$，根据定义 2.7，有

$$\Phi(\boldsymbol{b}_n)=a_{1n}\boldsymbol{c}_1+a_{2n}\boldsymbol{c}_2+\cdots+a_{Mn}\boldsymbol{c}_M=\sum_{m=1}^{M}a_{mn}\boldsymbol{c}_m \tag{2.14}$$

和

$$\Phi(\widetilde{\boldsymbol{b}}_n)=\widetilde{a}_{1n}\widetilde{\boldsymbol{c}}_1+\widetilde{a}_{2n}\widetilde{\boldsymbol{c}}_2+\cdots+\widetilde{a}_{Mn}\widetilde{\boldsymbol{c}}_M=\sum_{m=1}^{M}\widetilde{a}_{mn}\widetilde{\boldsymbol{c}}_m \tag{2.15}$$

对式(2.12)两边做线性变换后，代入式(2.14)，可得

$$\begin{aligned}\Phi(\widetilde{\boldsymbol{b}}_k)&=s_{1k}\Phi(\boldsymbol{b}_1)+s_{2k}\Phi(\boldsymbol{b}_2)+\cdots+s_{Nk}\Phi(\boldsymbol{b}_N)\\&=s_{1k}\sum_{m=1}^{M}a_{m1}\boldsymbol{c}_m+s_{2k}\sum_{m=1}^{M}a_{m2}\boldsymbol{c}_m+\cdots+s_{Nk}\sum_{m=1}^{M}a_{mN}\boldsymbol{c}_m\\&=\sum_{n=1}^{N}\sum_{m=1}^{M}s_{nk}a_{mn}\boldsymbol{c}_m\\&=\sum_{m=1}^{M}\left(\sum_{n=1}^{N}a_{mn}s_{nk}\right)\boldsymbol{c}_m\end{aligned} \tag{2.16}$$

把式(2.13)代入到式(2.15)中可得

$$\Phi(\tilde{\boldsymbol{b}}_k)=\sum_{l=1}^{M}\tilde{a}_{lk}\sum_{m=1}^{M}t_{ml}\boldsymbol{c}_m=\sum_{l=1}^{M}\sum_{m=1}^{M}\tilde{a}_{lk}t_{ml}\boldsymbol{c}_m=\sum_{m=1}^{M}\left(\sum_{l=1}^{M}t_{ml}\tilde{a}_{lk}\right)\boldsymbol{c}_m \tag{2.17}$$

结合式(2.16)与式(2.17)，易知对于$\forall\, m=1, 2, \cdots, M$；$k=1, 2, \cdots, N$，都有

$$\sum_{n=1}^{N}a_{mn}s_{nk}=\sum_{l=1}^{M}t_{ml}\tilde{a}_{lk}$$

因为矩阵$\boldsymbol{A}_\Phi$的第m行与矩阵$\boldsymbol{S}$的第n列相乘为$\sum_{n=1}^{N}a_{mn}s_{nk}$，矩阵$\boldsymbol{T}$的第$m$行与矩阵$\tilde{\boldsymbol{A}}_\Phi$的第$n$列相乘为$\sum_{l-1}^{M}t_{ml}\tilde{a}_{lk}$，所以$\boldsymbol{T}\tilde{\boldsymbol{A}}_\Phi=\boldsymbol{A}_\Phi\boldsymbol{S}$，即$\tilde{\boldsymbol{A}}_\Phi=\boldsymbol{T}^{-1}\boldsymbol{A}_\Phi\boldsymbol{S}$，得证。

上面这个证明也可以写成紧凑的矩阵形式，我们可以做个对比。为便于叙述，这里把$(\Phi(\boldsymbol{b}_1), \cdots, \Phi(\boldsymbol{b}_N))$简记为$\Phi(\boldsymbol{B})$，同样也定义矩阵$\Phi(\tilde{\boldsymbol{B}})$。根据线性映射变换矩阵的定义(见式(2.5)和式(2.8))，有

$$\begin{aligned}\Phi(\tilde{\boldsymbol{B}})&=(\Phi(\tilde{\boldsymbol{b}}_1), \Phi(\tilde{\boldsymbol{b}}_2), \cdots, \Phi(\tilde{\boldsymbol{b}}_N))\\&=(\tilde{\boldsymbol{c}}_1, \tilde{\boldsymbol{c}}_2, \cdots, \tilde{\boldsymbol{c}}_M)\begin{pmatrix}\tilde{a}_{11} & \tilde{a}_{12} & \cdots & \tilde{a}_{1N}\\ \tilde{a}_{21} & \tilde{a}_{22} & \cdots & \tilde{a}_{2N}\\ \vdots & \vdots & & \vdots\\ \tilde{a}_{M1} & \tilde{a}_{M2} & \cdots & \tilde{a}_{MN}\end{pmatrix}\\&=\tilde{\boldsymbol{C}}\tilde{\boldsymbol{A}}_\Phi\end{aligned}$$

$$\begin{aligned}\Phi(\boldsymbol{B})&=(\Phi(\boldsymbol{b}_1), \Phi(\boldsymbol{b}_2), \cdots, \Phi(\boldsymbol{b}_N))\\&=(\boldsymbol{c}_1, \boldsymbol{c}_2, \cdots, \boldsymbol{c}_M)\begin{pmatrix}a_{11} & a_{12} & \cdots & a_{1N}\\ a_{21} & a_{22} & \cdots & a_{2N}\\ \vdots & \vdots & & \vdots\\ a_{M1} & a_{M2} & \cdots & a_{MN}\end{pmatrix}\\&=\boldsymbol{C}\boldsymbol{A}_\Phi\end{aligned}$$

又因为$\tilde{\boldsymbol{B}}=\boldsymbol{BS}$与$\tilde{\boldsymbol{C}}=\boldsymbol{CT}$，所以

$$\begin{aligned}&\begin{cases}\Phi(\tilde{\boldsymbol{B}})=\tilde{\boldsymbol{C}}\tilde{\boldsymbol{A}}_\Phi=\boldsymbol{CT}\tilde{\boldsymbol{A}}_\Phi\\ \Phi(\tilde{\boldsymbol{B}})=\Phi(\boldsymbol{BS})=\Phi(\boldsymbol{B})\boldsymbol{S}=CA_\Phi\boldsymbol{S}\end{cases}\\&\Rightarrow\boldsymbol{T}\tilde{\boldsymbol{A}}_\Phi=\boldsymbol{A}_\Phi\boldsymbol{S}\\&\Rightarrow\tilde{\boldsymbol{A}}_\Phi=\boldsymbol{T}^{-1}\boldsymbol{A}_\Phi\boldsymbol{S}\end{aligned}$$

与上面的结果是一致的。

图 2.5 给出了基变换的示意图，线性映射Φ: $V\rightarrow W$在不同基下分别对应了变换矩阵$\boldsymbol{A}_\Phi$和$\tilde{\boldsymbol{A}}_\Phi$，$\tilde{\boldsymbol{A}}_\Phi$将基$\tilde{\boldsymbol{B}}$下的坐标转换到基$\tilde{\boldsymbol{C}}$下，可以先通过矩阵$\boldsymbol{S}$做个向量子空间$V$内部的坐标转换，然后从基$\boldsymbol{B}$下的坐标转换到基$\boldsymbol{C}$下，最后再通过矩阵$\boldsymbol{T}^{-1}$做个向量子空间$W$内部的坐标转换。假设一向量$\boldsymbol{x}$，它在基$\tilde{\boldsymbol{B}}$与基$\tilde{\boldsymbol{C}}$下的坐标分别为$\boldsymbol{\lambda}$与$\boldsymbol{\varphi}$，则有$\boldsymbol{\varphi}=\tilde{\boldsymbol{A}}_\Phi\boldsymbol{\lambda}$，也就是$\boldsymbol{\varphi}=(\boldsymbol{T}^{-1}\boldsymbol{A}_\Phi\boldsymbol{S})\boldsymbol{\lambda}=\boldsymbol{T}^{-1}\cdot(\boldsymbol{A}_\Phi\cdot(\boldsymbol{S\lambda}))$，进行了三次线性变换。从图 2.5 的右图可以看到(4 幅图中的虚线是相同数据点在不同基下的绘制，并非表示基向量)，$\tilde{\boldsymbol{A}}_\Phi$对应的不规则变换可以通过$\boldsymbol{S}$的逆时针旋转，加上$\boldsymbol{A}_\Phi$的尺度伸缩，再加上$\boldsymbol{T}^{-1}$的顺时针变换复现。

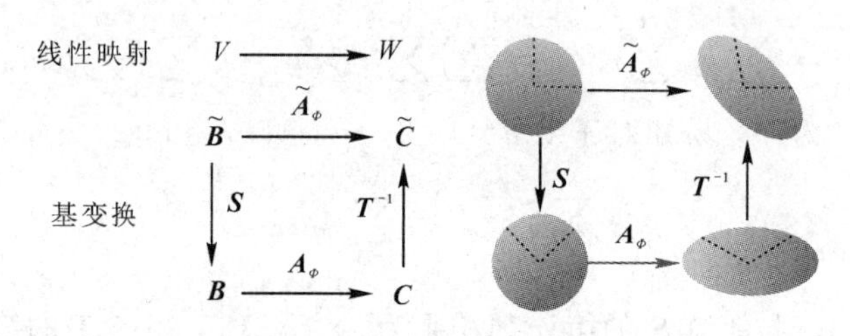

图 2.5　基变换示意图

在此基础上，我们定义等价矩阵和相似矩阵。

定义 2.8　如果存在可逆矩阵 $\boldsymbol{S}\in\mathbb{R}^{N\times N}$ 和 $\boldsymbol{T}\in\mathbb{R}^{M\times M}$，使得 $\tilde{\boldsymbol{A}}=\boldsymbol{T}^{-1}\boldsymbol{A}\boldsymbol{S}$，则称矩阵 $\tilde{\boldsymbol{A}}$，$\boldsymbol{A}\in\mathbb{R}^{M\times N}$ 是等价的。

定义 2.9　如果存在可逆矩阵 $\boldsymbol{S}\in\mathbb{R}^{N\times N}$，使得 $\tilde{\boldsymbol{A}}=\boldsymbol{S}^{-1}\boldsymbol{A}\boldsymbol{S}$，则称矩阵 $\tilde{\boldsymbol{A}}$，$\boldsymbol{A}\in\mathbb{R}^{N\times N}$ 是相似的。

从定义上看，两个矩阵是相似的，则这两个矩阵一定是等价的。下面来看一个基变换的例子。

例 2.10　设有向量子空间 $V=\mathbb{R}^3$ 和 $W=\mathbb{R}^4$，线性映射 Φ: $V\to W$，该线性映射在笛卡尔基 $\boldsymbol{B}=\boldsymbol{I}_3$ 和 $\boldsymbol{C}=\boldsymbol{I}_4$ 的变换矩阵为

$$\boldsymbol{A}_\Phi=\begin{pmatrix}1&2&0\\-1&1&3\\3&7&1\\-1&2&4\end{pmatrix}$$

现在两个子空间中分别有新的基

$$\tilde{\boldsymbol{B}}=\left(\begin{pmatrix}1\\1\\0\end{pmatrix},\begin{pmatrix}0\\1\\1\end{pmatrix},\begin{pmatrix}1\\0\\1\end{pmatrix}\right)$$

和

$$\tilde{\boldsymbol{C}}=\left(\begin{pmatrix}1\\1\\0\\0\end{pmatrix},\begin{pmatrix}1\\0\\1\\0\end{pmatrix},\begin{pmatrix}0\\1\\1\\0\end{pmatrix},\begin{pmatrix}1\\0\\0\\1\end{pmatrix}\right)$$

那么 Φ 关于从 $\tilde{\boldsymbol{B}}$ 到 $\tilde{\boldsymbol{C}}$ 的变换矩阵 $\tilde{\boldsymbol{A}}_\Phi$ 计算过程如下：设从 $\tilde{\boldsymbol{B}}$ 到 $\boldsymbol{B}=\boldsymbol{I}_3$ 的变换矩阵为 $\boldsymbol{S}$，从 $\tilde{\boldsymbol{C}}$ 到 $\boldsymbol{C}=\boldsymbol{I}_4$ 的变换矩阵为 $\boldsymbol{T}$。根据式(2.8)有 $\tilde{\boldsymbol{B}}=\boldsymbol{B}\boldsymbol{S}=\boldsymbol{I}_3\boldsymbol{S}=\boldsymbol{S}$ 与 $\tilde{\boldsymbol{C}}=\boldsymbol{C}\boldsymbol{T}=\boldsymbol{T}$，所以

$$\boldsymbol{S}=\begin{pmatrix}1&0&1\\1&1&0\\0&1&1\end{pmatrix},\ \boldsymbol{T}=\begin{pmatrix}1&1&0&1\\1&0&1&0\\0&1&1&0\\0&0&0&1\end{pmatrix}$$

因此

$$\widetilde{A}_\Phi = T^{-1}A_\Phi S = \begin{pmatrix} 1 & 1 & 0 & 1 \\ 1 & 0 & 1 & 0 \\ 0 & 1 & 1 & 0 \\ 0 & 0 & 0 & 1 \end{pmatrix}^{-1} \begin{pmatrix} 1 & 2 & 0 \\ -1 & 1 & 3 \\ 3 & 7 & 1 \\ -1 & 2 & 4 \end{pmatrix} \begin{pmatrix} 1 & 0 & 1 \\ 1 & 1 & 0 \\ 0 & 1 & 1 \end{pmatrix}$$

$$= \frac{1}{2}\begin{pmatrix} 1 & 1 & -1 & -1 \\ 1 & -1 & 1 & -1 \\ -1 & 1 & 1 & 1 \\ 0 & 0 & 0 & 2 \end{pmatrix} \begin{pmatrix} 3 & 2 & 1 \\ 0 & 4 & 2 \\ 10 & 8 & 4 \\ 1 & 6 & 3 \end{pmatrix}$$

$$= \begin{pmatrix} -4 & -4 & -2 \\ 6 & 0 & 0 \\ 4 & 8 & 4 \\ 1 & 6 & 3 \end{pmatrix}$$

线性映射在很多算法中都得以使用，在许多数据挖掘算法中，经常会遇到乘以一个系数矩阵，其实都不妨将这个系数矩阵视为线性映射的变换矩阵，所起的作用无非就是让数据处理起来更简单。例如在主成分分析方法中，通过系数矩阵把数据原来的变量维度转变为相互正交的各个主成分。

2.4 仿射映射

前面介绍了向量子空间的相关内容。向量子空间有一个特点：必须经过原点，0 维的向量子空间就是原点，1 维的向量子空间是经过原点的一条直线，2 位的向量子空间是经过原点的平面……。定义在向量子空间中的线性映射，必然会把零向量 **0** 映射到零向量 **0**，这制约了我们经常会遇到的平移变换。事实上，在许多问题中，经常需要把一个矩阵、张量或者图像进行放大、缩小、翻转、旋转等变换，这就是常见的仿射映射(affine mapping)。本节中，我们在向量子空间和线性映射的基础上，介绍仿射变换的相关概念。

首先定义仿射子空间。

定义 2.10 设 V 为向量空间，向量 $\boldsymbol{x}_0 \in V$，有向量子空间 $U \subseteq V$，V 的一个仿射子空间定义如下：

$$\begin{aligned} L &= \boldsymbol{x}_0 + U \\ &:= \{\boldsymbol{x}_0 + \boldsymbol{u} \mid \boldsymbol{u} \in U\} \\ &= \{\boldsymbol{v} \in V \mid \exists \boldsymbol{u} \in U: \boldsymbol{v} = \boldsymbol{x}_0 + \boldsymbol{u}\} \end{aligned} \tag{2.18}$$

其中 U 称为方向/方向空间，$\boldsymbol{x}_0$ 称为支撑点。有时仿射子空间也会被称为超平面。

从仿射子空间的定义中不难看出，对于仿射子空间 $L = \boldsymbol{x}_0 + U$，如果($\boldsymbol{b}_1$，$\boldsymbol{b}_2$，…，$\boldsymbol{b}_K$)是 U 的基，那么对于 $\boldsymbol{x} \in L$，都有 $\boldsymbol{x} = \boldsymbol{x}_0 + \lambda_1 \boldsymbol{b}_1 + \lambda_2 \boldsymbol{b}_2 + \cdots + \lambda_K \boldsymbol{b}_K$，其中 λ_1，λ_2，…，$\lambda_K \in \mathbb{R}$。下面看几个关于仿射子空间的例子。

在 $\mathbb{R}^N$ 中，一维仿射子空间称为线，表示为 $\boldsymbol{y} = \boldsymbol{x}_0 + \lambda \boldsymbol{x}_1$，其中 $\lambda \in \mathbb{R}$，$U = \mathrm{span}[\boldsymbol{x}_1] \subseteq \mathbb{R}^N$ 是 $\mathbb{R}^N$ 的一维向量子空间(如图 2.6 所示)。

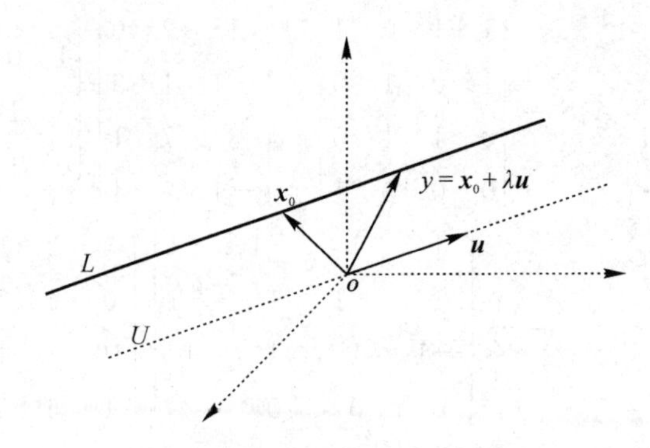

图 2.6 一维仿射子空间

二维仿射子空间称为平面，表示为 $\boldsymbol{y}=\boldsymbol{x}_0+\lambda_1\boldsymbol{x}_1+\lambda_2\boldsymbol{x}_2$，其中 λ_1，$\lambda_2\in\mathbb{R}$，$U=\mathrm{span}[\boldsymbol{x}_1, \boldsymbol{x}_2]\subseteq\mathbb{R}^N$。因为二维向量子空间一定是经过原点的一个平面，加上支撑点后，把这个平面就可以放到高维空间中的任意一个位置。M 维($M<N$)仿射子空间称为超平面，表示为 $\boldsymbol{y}=\boldsymbol{x}_0+\sum_{n=1}^{M}\lambda_n\boldsymbol{x}_n$，其中 $U=\mathrm{span}[\boldsymbol{x}_1, \boldsymbol{x}_2, \cdots, \boldsymbol{x}_M]\subseteq\mathbb{R}^N$。

在此基础上定义仿射。

定义 2.11 设有向量空间 V，W，已知线性映射 Φ：$V\to W$，及向量 $\boldsymbol{a}\in W$，从 V 到 W 的仿射映射定义为

$$\begin{aligned}\phi: V&\to W\\ \boldsymbol{x}&\mapsto\boldsymbol{a}+\Phi(\boldsymbol{x})\end{aligned}\tag{2.19}$$

其中 $\boldsymbol{a}$ 称为 ϕ 的平移向量。

从定义中容易看到，仿射映射等同于线性映射后加上一个平移。

习 题 2

1. 下列哪些集合是 $\mathbb{R}^3$ 的向量子空间，给出论证过程。

(1) $\mathcal{A}=\{(\lambda, \lambda+\mu^3, \lambda-\mu^3) \mid \lambda, \mu\in\mathbb{R}\}$

(2) $\mathcal{B}=\{(\lambda^2, -\lambda^2, 0) \mid \lambda\in\mathbb{R}\}$

(3) 设 $\gamma\in\mathbb{R}$，$\mathcal{C}=\{(\xi_1, \xi_2, \xi_3)\in\mathbb{R}^3 \mid \xi_1-2\xi_2+3\xi_3=\gamma\}$

(4) $\mathcal{D}=\{(\xi_1, \xi_2, \xi_3)\in\mathbb{R}^3 \mid \xi_2\in\mathbb{Z}\}$

2. 设两个向量相互正交，试证明它们线性独立。

3. 下列各组向量是否是线性独立的？

(1)

$$\boldsymbol{x}_1=\begin{pmatrix}2\\-1\\3\end{pmatrix},\quad \boldsymbol{x}_2=\begin{pmatrix}1\\1\\-2\end{pmatrix},\quad \boldsymbol{x}_3=\begin{pmatrix}3\\-3\\8\end{pmatrix}$$

(2)

$$\boldsymbol{x}_1=\begin{pmatrix}1\\2\\1\\0\\0\end{pmatrix},\quad \boldsymbol{x}_2=\begin{pmatrix}1\\1\\0\\1\\1\end{pmatrix},\quad \boldsymbol{x}_3=\begin{pmatrix}1\\0\\0\\1\\1\end{pmatrix}$$

4. 设一组向量：

$$\boldsymbol{x}_1=\begin{pmatrix}1\\1\\1\end{pmatrix},\quad \boldsymbol{x}_2=\begin{pmatrix}1\\2\\3\end{pmatrix},\quad \boldsymbol{x}_3=\begin{pmatrix}2\\-1\\1\end{pmatrix}$$

写出向量 $\boldsymbol{y}=(1, -2, 5)^{\mathrm{T}}$ 关于这组向量的线性组合表示式。

5. 设有向量子空间 U_1 和 U_2，U_1 是线性方程组 $\boldsymbol{A}_1\boldsymbol{x}=\boldsymbol{0}$ 的解空间，U_2 是线性方程组 $\boldsymbol{A}_2\boldsymbol{x}=\boldsymbol{0}$ 的解空间，其中，

$$\boldsymbol{A}_1=\begin{pmatrix}1&0&1\\1&-2&-1\\2&1&3\\1&0&1\end{pmatrix},\ \boldsymbol{A}_2=\begin{pmatrix}3&-3&0\\1&2&3\\7&-5&2\\3&-1&2\end{pmatrix}$$

(1) U_1、U_2 的维数分别是多少？

(2) 写出 U_1 与 U_2 的基。

(3) 写出 $U_1\cap U_2$ 的基。

6. 设 $\mathcal{F}=\{(x, y, z)\in\mathbb{R}^3 \mid x+y-z=0\}$、$\mathcal{G}=\{(a-b, a+b, a-3b) \mid a, b\in\mathbb{R}\}$。

(1) 证明 $\mathcal{F}$ 和 $\mathcal{G}$ 都是 $\mathbb{R}^3$ 的向量子空间。

(2) 不借助任何基向量，计算 $\mathcal{F}\cap\mathcal{G}$。

(3) 分别为 $\mathcal{F}$ 和 $\mathcal{G}$ 确定一组基，根据这两组基计算 $\mathcal{F}\cap\mathcal{G}$，并使用第(2)问的结果进行验证。

7. 请验证下面几个映射是否线性映射。

(1) 设 $a, b\in\mathbb{R}$，

$$\Phi: L^1([a, b])\to\mathbb{R}$$
$$f\mapsto\Phi(f)=\int_a^b f(x)\mathrm{d}x$$

其中，$L^1([a, b])$ 表示由 $[a, b]$ 上的积分函数构成的集合。

(2)

$$\Phi: \mathbb{R}\to\mathbb{R}$$
$$x\mapsto\Phi(x)=\cos(x)$$

(3)

$$\Phi: \mathbb{R}^3\to\mathbb{R}^2$$
$$\boldsymbol{x}\mapsto\begin{pmatrix}1&2&3\\1&4&3\end{pmatrix}\boldsymbol{x}$$

(4) 设 $\theta\in[0, 2\pi)$：

$$\Phi: \mathbb{R}^2\to\mathbb{R}^2$$
$$\boldsymbol{x}\mapsto\begin{pmatrix}\cos(\theta)&\sin(\theta)\\-\sin(\theta)&\cos(\theta)\end{pmatrix}\boldsymbol{x}$$

8. 定义映射 Φ：$\mathbb{R}^2\to\mathbb{R}^2$，对于 $\boldsymbol{x}=(x_1, x_2)^{\mathrm{T}}\in\mathbb{R}^2$，有

$$H(\boldsymbol{x})=\begin{pmatrix}x_1+x_2-1\\3x_1\end{pmatrix}$$

试判断 Φ 是否线性映射。

9. 设线性映射：

$$\Phi: \mathbb{R}^3 \to \mathbb{R}^4$$

$$\Phi\left(\begin{pmatrix} x_1 \\ x_2 \\ x_3 \end{pmatrix}\right) = \begin{pmatrix} 3x_1+2x_2+x_3 \\ x_1+x_2+x_3 \\ x_1-3x_2 \\ 2x_1+3x_2+x_3 \end{pmatrix}$$

(1) 写出变换矩阵 $\boldsymbol{A}_\Phi$。

(2) 写出线性映射 Φ 的核(Kernel)与原像(Image)，分别计算它们的维数 $\dim(\ker(\Phi))$ 和 $\dim(\mathrm{Im}(\Phi))$。

10. 设 $\mathbb{R}^2$ 中的 4 个向量为

$$\boldsymbol{b}_1 = \begin{pmatrix} 2 \\ 1 \end{pmatrix},\ \boldsymbol{b}_2 = \begin{pmatrix} -1 \\ -1 \end{pmatrix},\ \boldsymbol{b}_1' = \begin{pmatrix} 2 \\ -2 \end{pmatrix},\ \boldsymbol{b}_2' = \begin{pmatrix} 1 \\ 1 \end{pmatrix}$$

它们分别组成了 $\mathbb{R}^2$ 的两组基 $\boldsymbol{B}=(\boldsymbol{b}_1, \boldsymbol{b}_2)$ 和 $\boldsymbol{B}'=(\boldsymbol{b}_1', \boldsymbol{b}_2')$。

(1) 分别以向量的形式，绘制这两组基 $\boldsymbol{B}$ 和 $\boldsymbol{B}'$。

(2) 计算由 $\boldsymbol{B}'$ 到 $\boldsymbol{B}$ 的变换矩阵 $\boldsymbol{P}_1$。

(3) 设 $\mathbb{R}^3$ 中的 3 个向量为

$$\boldsymbol{c}_1 = \begin{pmatrix} 1 \\ 2 \\ -1 \end{pmatrix},\ \boldsymbol{c}_2 = \begin{pmatrix} 0 \\ -1 \\ 2 \end{pmatrix},\ \boldsymbol{c}_3 = \begin{pmatrix} 1 \\ 0 \\ -1 \end{pmatrix}$$

试证明 $\boldsymbol{C}=(\boldsymbol{c}_1, \boldsymbol{c}_2, \boldsymbol{c}_3)$ 是 $\mathbb{R}^3$ 的一组基(提示：使用行列式)，并计算由 $\boldsymbol{C}$ 到标准笛卡尔基 $\boldsymbol{C}'=(\boldsymbol{c}_1', \boldsymbol{c}_2', \boldsymbol{c}_3')$ 的变换矩阵 $\boldsymbol{P}_2$。

(4) 设线性映射 $\Phi: \mathbb{R}^2 \to \mathbb{R}^3$

$$\Phi(\boldsymbol{b}_1+\boldsymbol{b}_2) = \boldsymbol{c}_2+\boldsymbol{c}_3$$
$$\Phi(\boldsymbol{b}_1-\boldsymbol{b}_2) = 2\boldsymbol{c}_1-\boldsymbol{c}_2+3\boldsymbol{c}_3$$

计算线性映射 Φ 的由 $\boldsymbol{B}=(\boldsymbol{b}_1, \boldsymbol{b}_2)$ 到 $\boldsymbol{C}=(\boldsymbol{c}_1, \boldsymbol{c}_2, \boldsymbol{c}_3)$ 的变换矩阵 $\boldsymbol{A}_\Phi$。

(5) 计算线性映射 Φ 的由 $\boldsymbol{B}'=(\boldsymbol{b}_1', \boldsymbol{b}_2')$ 到 $\boldsymbol{C}'=(\boldsymbol{c}_1', \boldsymbol{c}_2', \boldsymbol{c}_3')$ 的变换矩阵 $\boldsymbol{A}_\Phi'$。

(6) 设向量 $\boldsymbol{x}\in\mathbb{R}^2$ 在基 $\boldsymbol{B}'$ 下的坐标为 $(2, 3)^{\mathrm{T}}$，分别计算 $\boldsymbol{x}$ 在 $\boldsymbol{B}$ 下的坐标，$\Phi(\boldsymbol{x})$ 在 $\boldsymbol{C}$ 与 $\boldsymbol{C}'$ 下的坐标。

第 3 章　内积空间

本书第 2 章介绍了向量空间，主要阐述了不同向量空间之间的线性变换关系。向量空间由向量构成，每个向量可视作空间中的一个“点”。从几何的角度来看，空间有点、线、面等基本元素，点、线、面之间还存在着距离、夹角等关系，这些都将在本章介绍。

3.1　范　　数

我们知道，每个向量都是以坐标原点为起点、以空间中某个点为终点的一条有向线段。这条线段有长度，定义为范数。

定义 3.1(范数)　向量空间 V 上的范数定义为如下的一个函数：

$$\|\cdot\| : \boldsymbol{x} \to \mathbb{R} \tag{3.1}$$

$$\boldsymbol{x} \mapsto \|\boldsymbol{x}\| \tag{3.2}$$

范数 $\|\boldsymbol{x}\| \in \mathbb{R}$ 用来表示向量 $\boldsymbol{x}$ 的长度，对于所有的 $\lambda \in \mathbb{R}$ 和 $\boldsymbol{x}, \boldsymbol{y} \in V$ 都有如下性质：

① 齐次性：$\|\lambda\boldsymbol{x}\| = |\lambda| \cdot \|\boldsymbol{x}\|$。

② 三角不等式：$\|\boldsymbol{x}+\boldsymbol{y}\| \leqslant \|\boldsymbol{x}\| + \|\boldsymbol{y}\|$。

③ 正定性：$\|\boldsymbol{x}\| \geqslant 0$，$\|\boldsymbol{x}\| = 0 \Leftrightarrow \boldsymbol{x} = \boldsymbol{0}$。

满足上述三条性质的函数都可称为范数，因此范数并不唯一。下面例子中给出了常见的两种范数。

例 3.1(曼哈顿范数)　向量空间 $\mathbb{R}^n$ 上的曼哈顿范数(L_1 范数)定义为

$$\|\boldsymbol{x}\|_1 := \sum_{i=1}^{n} |x_i| \tag{3.3}$$

其中，$\boldsymbol{x} = (x_1, x_2, \cdots, x_n) \in \mathbb{R}^n$，$|\cdot|$ 表示绝对值。图 3.1 的左图展示了 $\mathbb{R}^2$ 空间中所有曼哈顿范数为 1 的向量。

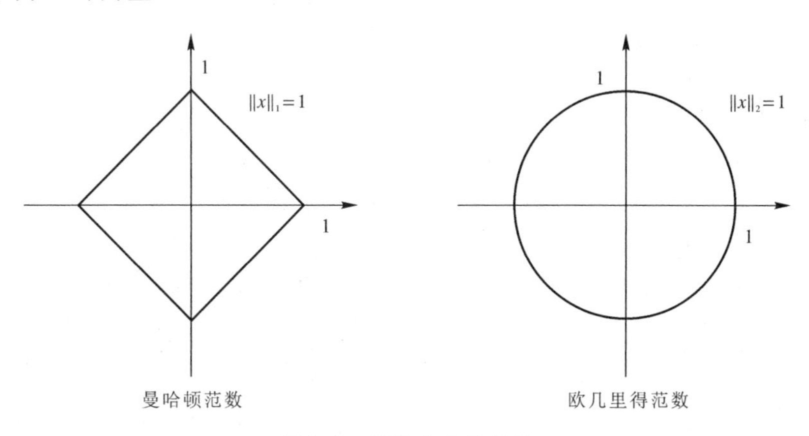

图 3.1　范数为 1 的向量

例 3.2(欧几里得范数) 向量空间$\mathbb{R}^n$上的欧几里得范数(L_2 范数)定义为

$$\| \boldsymbol{x} \|_2 := \sqrt{\sum_{i=1}^{n} \boldsymbol{x}_i^2} = \sqrt{\boldsymbol{x}^{\mathrm{T}} \boldsymbol{x}} \tag{3.4}$$

图 3.1 的右图展示了$\mathbb{R}^2$空间中所有欧几里得范数为 1 的向量。欧几里得范数是最为常见的，本书中如没有特殊说明，默认使用欧几里得范数。

3.2 内 积

内积空间的基础概念是内积，在此基础上可以衍生出向量的诸多几何概念。这里先给出内积的定义。

3.2.1 内积的定义

定义 3.2(内积) 设向量空间 V，及双线性映射 Ω: $V\times V\to\mathbb{R}$，则

① 如果 Ω 是正定的和对称的，则称之为 V 上的内积，一般记为$\langle \boldsymbol{x}, \boldsymbol{y}\rangle$。

② $(V, \langle \cdot, \cdot \rangle)$称为内积空间/内积的向量空间。

我们已经非常熟悉的点积

$$\boldsymbol{x}^{\mathrm{T}} \boldsymbol{y} = \sum_{i=1}^{n} x_i y_i \tag{3.5}$$

就是一种特殊的内积。当内积空间$(V, \langle \cdot, \cdot \rangle)$中的内积使用点积形式时，称之为欧几里得向量空间。

上述定义中涉及了双线性映射的概念，这里进行补充说明。对于所有的 $\boldsymbol{x}, \boldsymbol{y}, \boldsymbol{z}\in V$ 和 $\lambda, \psi\in\mathbb{R}$，有：

$$\langle \lambda\boldsymbol{x}+\psi\boldsymbol{y}, \boldsymbol{z}\rangle=\lambda\langle \boldsymbol{x}, \boldsymbol{z}\rangle+\psi\langle \boldsymbol{y}, \boldsymbol{z}\rangle \tag{3.6}$$

$$\langle \boldsymbol{x}, \lambda\boldsymbol{y}+\psi\boldsymbol{z}\rangle=\lambda\langle \boldsymbol{x}, \boldsymbol{y}\rangle+\psi\langle \boldsymbol{x}, \boldsymbol{z}\rangle \tag{3.7}$$

内积是对称的，意味着$\langle \boldsymbol{x}, \boldsymbol{y}\rangle=\langle \boldsymbol{y}, \boldsymbol{x}\rangle$；内积是正定的，则$\forall \boldsymbol{x}\in V$: $\langle \boldsymbol{x}, \boldsymbol{x}\rangle\geqslant 0$，只有当 $\boldsymbol{x}=\boldsymbol{0}$ 时等号成立，即$\langle \boldsymbol{0}, \boldsymbol{0}\rangle=0$。也就是说，内积有 3 个性质：双线性、对称性、正定性。要想看一个函数是不是内积，需要证明是否满足这 3 个性质。

例 3.3 设向量空间 $V=\mathbb{R}^2$，试证明如下函数是一个内积：

$$\langle \boldsymbol{x}, \boldsymbol{y}\rangle := x_1y_1-(x_1y_2+x_2y_1)+2x_2y_2 \tag{3.8}$$

其中 $\boldsymbol{x}=(x_1, x_2)^{\mathrm{T}}$，$\boldsymbol{y}=(y_1, y_2)^{\mathrm{T}}$。

证明 设 $\lambda, \psi\in\mathbb{R}$。

① 先证双线性。

$$\begin{aligned}\langle \lambda\boldsymbol{x}+\psi\boldsymbol{y}, \boldsymbol{z}\rangle &=(\lambda x_1+\psi y_1)z_1-[(\lambda x_1+\psi y_1)z_2+(\lambda x_2+\psi y_2)z_1]+(\lambda x_2+\psi y_2)z_2\\ &=\lambda[x_1z_1-(x_1z_2+x_2z_1)+x_2z_2]+\psi[y_1z_1-(y_1z_2+y_2z_1)+y_2z_2]\\ &=\lambda\langle \boldsymbol{x}, \boldsymbol{z}\rangle+\psi\langle \boldsymbol{y}, \boldsymbol{z}\rangle\end{aligned}$$

同样，容易证明$\langle \boldsymbol{x}, \lambda\boldsymbol{y}+\psi\boldsymbol{z}\rangle=\lambda\langle \boldsymbol{x}, \boldsymbol{y}\rangle+\psi\langle \boldsymbol{x}, \boldsymbol{z}\rangle$，因此双线性成立。

② 再证对称性。

$$\begin{aligned}\langle \boldsymbol{x}, \boldsymbol{y}\rangle &=x_1y_1-(x_1y_2+x_2y_1)+2x_2y_2\\ &=y_1x_1-(y_1x_2+y_2x_1)+2y_2x_2\\ &=\langle \boldsymbol{y}, \boldsymbol{x}\rangle\end{aligned}$$

因此，对称性成立。

③ 最后证正定性。

$$\begin{aligned}\langle \boldsymbol{x}, \boldsymbol{x}\rangle &= x_1x_1-(x_1x_2+x_2x_1)+2x_2x_2\\ &= x_1^2-2x_1x_2+x_2^2+x_2^2\\ &= (x_1-x_2)^2+x_2^2\geqslant 0\end{aligned}$$

当且仅当 $\boldsymbol{x}=\boldsymbol{0}$ 时，取等号，因此正定性成立。

综上，式(3.8)中定义的函数是一个内积。证毕。

显然，式(3.8)的内积并不是我们经常看到的点积，事实上，内积的形式是多种多样的。

3.2.2 正定矩阵

正定矩阵是非常重要的一类矩阵，在矩阵的各种应用中都是必要的基础条件。先给出正定矩阵的定义。

定义 3.3(正定矩阵) 称对称矩阵 $\boldsymbol{A}\in\mathbb{R}^{n\times n}$ 是正定的，当且仅当 $\forall\, \boldsymbol{x}\in V\backslash\{\boldsymbol{0}\}$ 有 $\boldsymbol{x}^{\mathrm{T}}\boldsymbol{A}\boldsymbol{x}>0$，如果不等式中可能取等号，则称 $\boldsymbol{A}$ 为半正定矩阵。

考虑一个 n 维向量空间 V，其内积为 $\langle\cdot,\cdot\rangle$：$V\times V\to\mathbb{R}$，一个基为 $\boldsymbol{B}=(\boldsymbol{b}_1, \boldsymbol{b}_2, \cdots, \boldsymbol{b}_n)$。通过上一章的内容可知，任何向量 $\boldsymbol{x}$，$\boldsymbol{y}\in V$ 可以写成基向量的线性组合 $\boldsymbol{x}=\sum\limits_{i=1}^{n}\psi_i\boldsymbol{b}_i\in V$ 和 $\boldsymbol{y}=\sum\limits_{j=1}^{n}\lambda_j\boldsymbol{b}_j\in V$，$\boldsymbol{\psi}=(\psi_1, \psi_2, \cdots, \psi_n)^{\mathrm{T}}$ 和 $\boldsymbol{\lambda}=(\lambda_1, \lambda_2, \cdots, \lambda_n)^{\mathrm{T}}$ 分别是向量 $\boldsymbol{x}$ 和 $\boldsymbol{y}$ 的坐标。根据内积的双线性，有

$$\langle \boldsymbol{x}, \boldsymbol{y}\rangle = \left\langle \sum_{i=1}^{n}\psi_i\boldsymbol{b}_i, \sum_{j=1}^{n}\lambda_j\boldsymbol{b}_j\right\rangle = \sum_{i=1}^{n}\sum_{j=1}^{n}\psi_i\langle \boldsymbol{b}_i, \boldsymbol{b}_j\rangle\lambda_j = \boldsymbol{\psi}^{\mathrm{T}}\boldsymbol{A}\boldsymbol{\lambda} \tag{3.9}$$

其中，矩阵 $\boldsymbol{A}$ 中第 i 行第 j 列元素 $A_{ij}=\langle \boldsymbol{b}_i, \boldsymbol{b}_j\rangle$，也就是说矩阵 $\boldsymbol{A}$ 是由基向量的内积构成的。由内积的对称性，可得 $A_{ij}=\langle \boldsymbol{b}_i, \boldsymbol{b}_j\rangle=\langle \boldsymbol{b}_j, \boldsymbol{b}_i\rangle=A_{ji}$，即 $\boldsymbol{A}$ 是对称矩阵；设 $\forall\, \boldsymbol{x}\in V\backslash\{\boldsymbol{0}\}$，其坐标向量 $\boldsymbol{\psi}\neq\boldsymbol{0}$，根据式(3.9)有 $\langle \boldsymbol{x}, \boldsymbol{x}\rangle=\boldsymbol{\psi}^{\mathrm{T}}\boldsymbol{A}\boldsymbol{\psi}>0$，因此 $\boldsymbol{A}$ 一定是正定矩阵。不难得到如下定理。

定理 3.1 设有实数值有限维向量空间 V，基 B 是 V 上的一个基，称 $\langle\cdot,\cdot\rangle$：$V\times V\to\mathbb{R}$ 是内积，当且仅当存在一个正定对称矩阵 $\boldsymbol{A}\in\mathbb{R}^{n\times n}$，满足 $\langle \boldsymbol{x}, \boldsymbol{y}\rangle=\boldsymbol{\psi}^{\mathrm{T}}\boldsymbol{A}\boldsymbol{\lambda}$。

下面来看有关正定矩阵的例子。

例 3.4 设有矩阵

$$\boldsymbol{A}_1=\begin{pmatrix}9 & 6\\ 6 & 5\end{pmatrix}, \boldsymbol{A}_2=\begin{pmatrix}9 & 6\\ 6 & 3\end{pmatrix}$$

及 $\boldsymbol{x}=(x_1, x_2)^{\mathrm{T}}\neq\boldsymbol{0}$，则

(1) $\boldsymbol{A}_1$ 是正定的(因为它是对称的)，因此有

$$\boldsymbol{x}^{\mathrm{T}}\boldsymbol{A}_1\boldsymbol{x}=(x_1\quad x_2)\begin{pmatrix}9 & 6\\ 6 & 5\end{pmatrix}\begin{pmatrix}x_1\\ x_2\end{pmatrix}=9x_1^2+12x_1x_2+5x_2^2=(3x_1+2x_2)^2+x_2^2>0$$

(2) $\boldsymbol{A}_2$ 不是正定的，因此 $\boldsymbol{x}^{\mathrm{T}}\boldsymbol{A}_2\boldsymbol{x}=9x_1^2+12x_1x_2+3x_2^2=(3x_1+2x_2)^2-x_2^2$ 可以小于 0。例如，当 $\boldsymbol{x}=(2, -3)^{\mathrm{T}}$ 时，$\boldsymbol{x}^{\mathrm{T}}\boldsymbol{A}_2\boldsymbol{x}=-9<0$。

3.3 向量长度与距离测度

前面介绍了范数与内积的概念，事实上范数与内积密切相关，任何内积都对应着一个范数，它们之间的关系为 $\|x\|:=\sqrt{\langle x, x\rangle}$。但是这并不意味着任何范数都有内积对应，例如下列 3.1 中的曼哈顿范数就没有对应的内积。

使用不同的内积，向量的长度是不同的，从下面的例子中可以看出这一点。

例 3.5 设向量空间 $\mathbb{R}^2$ 中的向量 $x=(1, 1)^{\mathrm{T}}$，当使用点积作为内积时，该向量的长度为

$$\|x\|=\sqrt{x^{\mathrm{T}}x}=\sqrt{1^2+1^2}=\sqrt{2} \tag{3.10}$$

对内积做如下定义：

$$\langle x, y\rangle:=x^{\mathrm{T}}\begin{pmatrix}1 & -\frac{1}{2}\\ -\frac{1}{2} & 1\end{pmatrix}y=x_1y_1-\frac{1}{2}(x_1y_2+x_2y_1)+x_2y_2 \tag{3.11}$$

此时，$\|x\|=\sqrt{\langle x, x\rangle}=\sqrt{x_1^2-x_1x_2+x_2^2}=\sqrt{1}=1$，这个数值比使用点积时的小。

如果向量 $y=(1, -1)^{\mathrm{T}}$，使用点积时，长度仍旧是 $\|y\|=\sqrt{2}$；当使用式(3.11)中的内积时，$\|y\|=\sqrt{3}$。后者是大于前者的，与向量 $x=(1, 1)^{\mathrm{T}}$ 的情况相反。从这个例子可以清楚看到，并非所有的内积空间都像使用点积的欧几里得空间一样是均匀的。

设内积空间为$(V, \langle\cdot, \cdot\rangle)$，则由内积构造出的范数 $\|\cdot\|$ 满足柯西-施瓦茨不等式：

$$|\langle x, y\rangle|\leqslant\|x\|\cdot\|y\| \tag{3.12}$$

柯西-施瓦茨不等式的证明过程如下：

首先证明极化恒等式和平行四边形法则。由范数与内积的定义可知

$$\|x+y\|^2=\langle x+y, x+y\rangle=\|x\|^2+\|y\|^2+2\langle x, y\rangle$$

同理，$\|x-y\|^2=\|x\|^2+\|y\|^2-2\langle x, y\rangle$，将这两个式子分别相减和相加，得

$$\|x+y\|^2-\|x-y\|^2=4\langle x, y\rangle \quad \text{(极化恒等式)}$$

$$\|x+y\|^2+\|x-y\|^2=2(\|x\|^2+\|y\|^2) \quad \text{(平行四边形法则)}$$

设 x 与 y 都不是零向量(都是零向量时，柯西-施瓦茨不等式显然成立)，令 $u=\|x\|^{-1}x$，$v=\|y\|^{-1}y$，则有 $\|u\|=\|v\|=1$，且$\langle x, y\rangle=\|x\|\|y\|\langle u, v\rangle$。由极化恒等式和平行四边形法则得

$$\langle u, v\rangle\leqslant\frac{1}{4}(\|u+v\|^2+\|u-v\|^2)=\frac{1}{4}(2\|u\|^2+2\|v\|^2)=1 \tag{3.13}$$

因此$\langle x, y\rangle\leqslant\|x\|\cdot\|y\|$。同理可证明$-\langle x, y\rangle=\langle x, -y\rangle\leqslant\|x\|\cdot\|y\|$，即柯西-施瓦茨不等式成立。

在向量长度的基础上，进一步考虑距离与测度的概念。

定义 3.4(距离与测度) 设有内积空间$(V, \langle\cdot, \cdot\rangle)$，向量 $x, y\in V$ 之间的距离定义为

$$d(x, y):=\|x-y\|=\sqrt{\langle x-y, x-y\rangle} \tag{3.14}$$

如果上面定义中的内积使用点积的形式，则距离 $d(x, y)=(x-y)^{\mathrm{T}}(x-y)$ 称为欧几里得距离。

式(3.14)中的映射

$$d: V \times V \to \mathbb{R}$$
$$(\boldsymbol{x}, \boldsymbol{y}) \mapsto d(\boldsymbol{x}, \boldsymbol{y})$$

称为测度。测度 d 满足如下3条性质：

① 正定性：$d(\boldsymbol{x}, \boldsymbol{y}) \geqslant 0$ 且 $d(\boldsymbol{x}, \boldsymbol{x})=0$；

② 对称性：$d(\boldsymbol{x}, \boldsymbol{y}) \geqslant d(\boldsymbol{y}, \boldsymbol{x})$；

③ 三角不等性：$d(\boldsymbol{x}, \boldsymbol{z}) \leqslant d(\boldsymbol{x}, \boldsymbol{y})+d(\boldsymbol{y}, \boldsymbol{z})$。

从上面的定义中容易看出，两个向量 $\boldsymbol{x}$，$\boldsymbol{y}$ 之间的距离，等同于这两个向量之差 $\boldsymbol{x}-\boldsymbol{y}$ 的长度，也就是从向量 $\boldsymbol{x}$ 尾部到向量 $\boldsymbol{y}$ 尾部这条线段的长度。

3.4 角度与正交性

向量之间的几何形状，除了长度、距离之外，还有向量之间的夹角。在线性代数中，我们使用余弦公式来量化向量之间的角度关系。设有内积空间$(V, \langle\cdot, \cdot\rangle)$，向量 $\boldsymbol{x}, \boldsymbol{y} \in V$ 之间的角度记为 ω，限定角度的范围为 $\omega \in [0, \pi]$，则可如下计算角度 ω 的余弦：

$$\cos\omega=\frac{\langle\boldsymbol{x}, \boldsymbol{y}\rangle}{\|\boldsymbol{x}\|\|\boldsymbol{y}\|} \tag{3.15}$$

根据柯西-施瓦茨不等式有

$$-1 \leqslant \frac{\langle\boldsymbol{x}, \boldsymbol{y}\rangle}{\|\boldsymbol{x}\|\|\boldsymbol{y}\|} \leqslant 1 \tag{3.16}$$

这也与余弦 $\cos\omega$ 的取值范围一致。

向量之间的一个特殊角度是90°，两个向量成90°夹角时称它们相互正交。因为 $\cos 90°=0$，根据式(3.15)可知，相互正交的向量，它们的内积等于0。

定义3.5(正交) 设有内积空间$(V, \langle\cdot, \cdot\rangle)$，向量 $\boldsymbol{x}, \boldsymbol{y} \in V$ 时正交，当且仅当$\langle\boldsymbol{x}, \boldsymbol{y}\rangle=0$，记为 $\boldsymbol{x} \perp \boldsymbol{y}$；当这两个向量是单位向量，即 $\|\boldsymbol{x}\|=\|\boldsymbol{y}\|=1$ 时，称 $\boldsymbol{x}$ 和 $\boldsymbol{y}$ 是标准正交的。

从上面的定义中，不难得出 $\mathbf{0}$ 向量与向量空间 V 中的任意向量都是正交的。向量之间的正交性与内积的选择有关，在一个内积空间中相互正交的向量，放到另外一个内积空间中不一定正交。例如空间 $\mathbb{R}^2$ 中的向量 $\boldsymbol{x}=(1, 1)^{\mathrm{T}}$ 和 $\boldsymbol{y}=(-1, 1)^{\mathrm{T}}$，当选择点积作为内积时，$\langle\boldsymbol{x}, \boldsymbol{y}\rangle=\boldsymbol{x}^{\mathrm{T}}\boldsymbol{y}=0$，此时 $\boldsymbol{x} \perp \boldsymbol{y}$；当内积如式

$$\langle\boldsymbol{x}, \boldsymbol{y}\rangle=\boldsymbol{x}^{\mathrm{T}}\begin{pmatrix}1 & 0 \\ 0 & 2\end{pmatrix}\boldsymbol{y}$$

时，$\langle\boldsymbol{x}, \boldsymbol{y}\rangle=1 \neq 0$，此时的 $\boldsymbol{x}$ 与 $\boldsymbol{y}$ 并不正交。在向量正交的基础上，我们进一步给出正交矩阵的定义。

定义3.6(正交矩阵) 称方阵 $\boldsymbol{A} \in \mathbb{R}^{N \times N}$ 是一个正交矩阵，当且仅当它的列向量之间基于点积是标准正交的，此时，

$$\boldsymbol{A}^{\mathrm{T}}\boldsymbol{A}=\boldsymbol{I}=\boldsymbol{A}\boldsymbol{A}^{\mathrm{T}} \tag{3.17}$$

这意味着 $\boldsymbol{A}^{-1}=\boldsymbol{A}^{\mathrm{T}}$，也就是说正交矩阵的逆可以通过转置得到。

现在按照1.1.4小节中的方法对矩阵 $\boldsymbol{A}$ 进行按列分块，得 $\boldsymbol{A}=(\boldsymbol{a}_1, \boldsymbol{a}_2, \cdots, \boldsymbol{a}_N)$，$\boldsymbol{A}$ 的列向量之间是标准正交的，意味着 $\|\boldsymbol{a}_n\|=1$ 且$\boldsymbol{a}_m^{\mathrm{T}}\boldsymbol{a}_n=0(m \neq n \in \{1, \cdots, N\})$，此时

$$\boldsymbol{A}^{\mathrm{T}}\boldsymbol{A}=\begin{pmatrix}\boldsymbol{a}_1^{\mathrm{T}} \\ \boldsymbol{a}_2^{\mathrm{T}} \\ \vdots \\ \boldsymbol{a}_N^{\mathrm{T}}\end{pmatrix} \cdot (\boldsymbol{a}_1 \quad \boldsymbol{a}_2 \quad \cdots \quad \boldsymbol{a}_N)=\begin{pmatrix}\|\boldsymbol{a}_1\|^2 & \boldsymbol{a}_1^{\mathrm{T}}\boldsymbol{a}_2 & \cdots & \boldsymbol{a}_1^{\mathrm{T}}\boldsymbol{a}_N \\ \boldsymbol{a}_2^{\mathrm{T}}\boldsymbol{a}_1 & \|\boldsymbol{a}_2\|^2 & \cdots & \boldsymbol{a}_2^{\mathrm{T}}\boldsymbol{a}_N \\ \vdots & \vdots & & \vdots \\ \boldsymbol{a}_N^{\mathrm{T}}\boldsymbol{a}_1 & \boldsymbol{a}_N^{\mathrm{T}}\boldsymbol{a}_2 & \cdots & \|\boldsymbol{a}_N\|^2\end{pmatrix}=\boldsymbol{I}$$

正交矩阵有两个不变性：

(1) 长度不变性。当我们使用正交矩阵 $\boldsymbol{A}$ 对一个向量 $\boldsymbol{x}$ 进行变换时，得到的新向量 $\boldsymbol{y}=\boldsymbol{A}\boldsymbol{x}$，其长度 $\|\boldsymbol{y}\|^2=\|\boldsymbol{x}\|^2$，不发生改变。以点积为例，有

$$\|\boldsymbol{y}\|^2=\|\boldsymbol{A}\boldsymbol{x}\|^2=(\boldsymbol{A}\boldsymbol{x})^{\mathrm{T}}(\boldsymbol{A}\boldsymbol{x})=\boldsymbol{x}^{\mathrm{T}}\boldsymbol{A}^{\mathrm{T}}\boldsymbol{A}\boldsymbol{x}=\boldsymbol{x}^{\mathrm{T}}\boldsymbol{I}\boldsymbol{x}=\boldsymbol{x}^{\mathrm{T}}\boldsymbol{x}=\|\boldsymbol{x}\|^2 \tag{3.18}$$

(2) 角度不变性。当使用正交矩阵 $\boldsymbol{A}$ 对向量 $\boldsymbol{x}$ 和 $\boldsymbol{y}$ 进行变换时，变换后的向量之间的夹角不变化，即

$$\cos\omega=\frac{(\boldsymbol{A}\boldsymbol{x})^{\mathrm{T}}(\boldsymbol{A}\boldsymbol{y})}{\|\boldsymbol{A}\boldsymbol{x}\|\ \|\boldsymbol{A}\boldsymbol{y}\|}=\frac{\boldsymbol{x}^{\mathrm{T}}\boldsymbol{A}^{\mathrm{T}}\boldsymbol{A}\boldsymbol{y}}{\sqrt{\boldsymbol{x}^{\mathrm{T}}\boldsymbol{A}^{\mathrm{T}}\boldsymbol{A}\boldsymbol{x}}\sqrt{\boldsymbol{y}^{\mathrm{T}}\boldsymbol{A}^{\mathrm{T}}\boldsymbol{A}\boldsymbol{y}}}=\frac{\boldsymbol{x}^{\mathrm{T}}\boldsymbol{y}}{\|\boldsymbol{x}\|\ \|\boldsymbol{y}\|} \tag{3.19}$$

上述两个不变性并不难理解，以正交矩阵作为变换矩阵的线性变换，实际上是将向量空间进行了一定角度的旋转，并不会产生拉伸和扭曲，也就不会出现向量长度和夹角的变化。

3.5 正交投影

投影是向量空间中的一种重要的线性变换，应用广泛。我们先来看看投影的定义。

定义 3.7(投影)　设有向量空间 V 和它的一个子空间 $U\subseteq V$，如果线性映射 π：$V\to U$ 满足 $\pi^2=\pi\cdot\pi=\pi$，则称该线性映射为投影。

上述定义中，$\pi\cdot\pi(\boldsymbol{x})=\pi(\pi(\boldsymbol{x}))$。也就是说，设 $\boldsymbol{x}\in V$，$\exists\boldsymbol{u}\in U$ 使得 $\boldsymbol{u}=\pi(\boldsymbol{x})$，同时 $\boldsymbol{u}=\pi(\boldsymbol{u})$。这就像太阳照射的影子一样(如图 3.2 所示)，在阳光的照射下，图中实线所示的一根杆子会在地面上投射出影子(虚线)。现在假设这根杆子平放在地面上的虚线处，投射出的影子仍然是这条虚线，这与上面投影的定义相符。

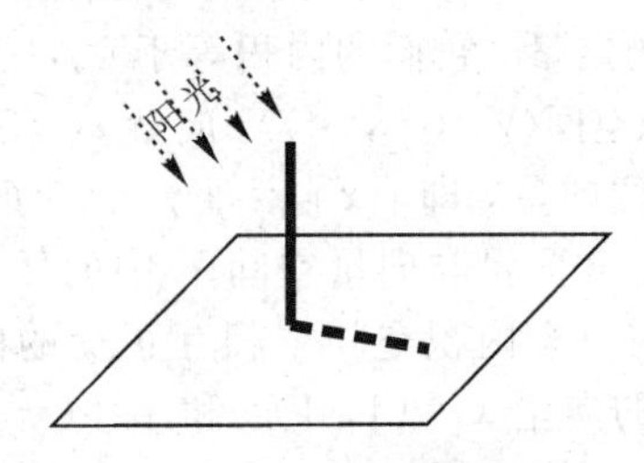

图 3.2　光照投影

投影 π 的变换矩阵记为 $\boldsymbol{P}_\pi$，称之为投影矩阵。根据投影的定义，不难得到 $\boldsymbol{P}_\pi^2=\boldsymbol{P}_\pi$，即投影矩阵是幂等矩阵。最常见的投影方式是正交投影，本节将通过不同维度上的正交投影来阐述投影的数学表达方式。

3.5.1 一维子空间投影(线上投影)

设 $\mathbb{R}^N$ 中的一维空间 U，它的基为 $\boldsymbol{b}\in\mathbb{R}^N$，另设 $\boldsymbol{x}$ 是 $\mathbb{R}^N$ 中的任一向量，我们将 $\boldsymbol{x}$ 投影到 U 上，找到距离 $\boldsymbol{x}$ 最近的向量 $\pi_U(\boldsymbol{x})\in U$，如图 3.3 所示。下面叙述这个正交投影的过程。

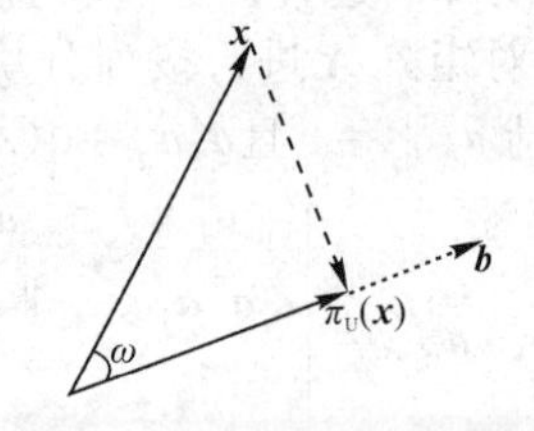

图 3.3　一维子空间的投影

（1）$\pi_U(\boldsymbol{x})$是距离 $\boldsymbol{x}$ 最近的向量，即 $\|\boldsymbol{x}-\pi_U(\boldsymbol{x})\|$ 最小，根据几何知识，$\boldsymbol{x}-\pi_U(\boldsymbol{x})$ 与 $\boldsymbol{b}$ 正交，也就是$\langle \boldsymbol{x}-\pi_U(\boldsymbol{x}), \boldsymbol{b}\rangle=(\boldsymbol{x}-\pi_U(\boldsymbol{x}))^{\mathrm{T}}\boldsymbol{b}=0$（这里把内积设为点积）。设投影向量 $\pi_U(\boldsymbol{x})$在一维空间 U 上的坐标为 λ，则 $\pi_U(\boldsymbol{x})=\lambda\boldsymbol{b}$，有

$$\langle \boldsymbol{x}-\pi_U(\boldsymbol{x}), \boldsymbol{b}\rangle=(\boldsymbol{x}-\pi_U(\boldsymbol{x}))^{\mathrm{T}}\boldsymbol{b}=0$$

$$\overset{\pi_U(\boldsymbol{x})=\lambda\boldsymbol{b}}{\Longleftrightarrow}\quad(\boldsymbol{x}-\lambda\boldsymbol{b})^{\mathrm{T}}\boldsymbol{b}=0$$

$$\Longleftrightarrow \boldsymbol{x}^{\mathrm{T}}\boldsymbol{b}-\lambda\boldsymbol{b}^{\mathrm{T}}\boldsymbol{b}=0$$

$$\Longleftrightarrow \lambda=\frac{\boldsymbol{x}^{\mathrm{T}}\boldsymbol{b}}{\boldsymbol{b}^{\mathrm{T}}\boldsymbol{b}}=\frac{\boldsymbol{b}^{\mathrm{T}}\boldsymbol{x}}{\|\boldsymbol{b}\|^2} \tag{3.20}$$

（2）根据式(3.15)，在图 3.3 中，

$$\cos\omega=\frac{\boldsymbol{b}^{\mathrm{T}}\boldsymbol{x}}{\|\boldsymbol{b}\|\cdot\|\boldsymbol{x}\|}$$

因此

$$\pi_U(\boldsymbol{x})=\lambda\boldsymbol{b}=\frac{\boldsymbol{b}^{\mathrm{T}}\boldsymbol{x}}{\|\boldsymbol{b}\|^2}\boldsymbol{b}=\frac{\boldsymbol{b}^{\mathrm{T}}\boldsymbol{x}}{\|\boldsymbol{b}\|\cdot\|\boldsymbol{x}\|}\cdot\frac{\|\boldsymbol{x}\|}{\|\boldsymbol{b}\|}\boldsymbol{b}=\cos\omega\cdot\frac{\|\boldsymbol{x}\|}{\|\boldsymbol{b}\|}\boldsymbol{b} \tag{3.21}$$

计算投影向量 $\pi_U(\boldsymbol{x})$的长度：

$$\|\pi_U(\boldsymbol{x})\|=|\cos\omega|\cdot\frac{\|\boldsymbol{x}\|}{\|\boldsymbol{b}\|}\|\boldsymbol{b}\|=|\cos\omega|\cdot\|\boldsymbol{x}\| \tag{3.22}$$

（3）接下来计算投影矩阵。设投影矩阵为 $\boldsymbol{P}_\pi$，则 $\pi_U(\boldsymbol{x})=\boldsymbol{P}_\pi\boldsymbol{x}$，又因为

$$\pi_U(\boldsymbol{x})=\frac{\boldsymbol{b}^{\mathrm{T}}\boldsymbol{x}}{\|\boldsymbol{b}\|^2}\boldsymbol{b}=\boldsymbol{b}\,\frac{\boldsymbol{b}^{\mathrm{T}}\boldsymbol{x}}{\|\boldsymbol{b}\|^2}=\frac{\boldsymbol{b}\boldsymbol{b}^{\mathrm{T}}}{\|\boldsymbol{b}\|^2}\boldsymbol{x}$$

$$\Rightarrow \boldsymbol{P}_\pi=\frac{\boldsymbol{b}\boldsymbol{b}^{\mathrm{T}}}{\|\boldsymbol{b}\|^2}=\frac{\boldsymbol{b}\boldsymbol{b}^{\mathrm{T}}}{\boldsymbol{b}^{\mathrm{T}}\boldsymbol{b}} \tag{3.23}$$

下面验证投影矩阵的性质：

$$\boldsymbol{P}_\pi^2=\boldsymbol{P}_\pi\cdot\boldsymbol{P}_\pi=\frac{\boldsymbol{b}\boldsymbol{b}^{\mathrm{T}}}{\boldsymbol{b}^{\mathrm{T}}\boldsymbol{b}}\cdot\frac{\boldsymbol{b}\boldsymbol{b}^{\mathrm{T}}}{\boldsymbol{b}^{\mathrm{T}}\boldsymbol{b}}=\frac{\boldsymbol{b}(\boldsymbol{b}^{\mathrm{T}}\boldsymbol{b})\boldsymbol{b}^{\mathrm{T}}}{\boldsymbol{b}^{\mathrm{T}}\boldsymbol{b}\cdot\boldsymbol{b}^{\mathrm{T}}\boldsymbol{b}}=\frac{\boldsymbol{b}\boldsymbol{b}^{\mathrm{T}}}{\boldsymbol{b}^{\mathrm{T}}\boldsymbol{b}}=\boldsymbol{P}_\pi$$

$$\boldsymbol{P}_\pi\cdot\pi_U(\boldsymbol{x})=\boldsymbol{P}_\pi\cdot\boldsymbol{P}_\pi\cdot\boldsymbol{x}=\boldsymbol{P}_\pi\cdot\boldsymbol{x}=\pi_U(\boldsymbol{x})$$

例 3.6 设一维向量子空间 U 的基向量为 $\boldsymbol{b}=(1, 2, 2)^{\mathrm{T}}$，则可根据式(3.23)计算该子空间的投影矩阵：

$$\boldsymbol{P}_\pi=\frac{\boldsymbol{b}\boldsymbol{b}^{\mathrm{T}}}{\boldsymbol{b}^{\mathrm{T}}\boldsymbol{b}}=\frac{1}{9}\begin{pmatrix}1\\2\\2\end{pmatrix}(1\quad 2\quad 2)=\frac{1}{9}\begin{pmatrix}1&2&2\\2&4&4\\2&4&4\end{pmatrix}$$

现假设向量 $\boldsymbol{x}=(1, 1, 1)^{\mathrm{T}}$，计算它到子空间 U 的投影：

$$\pi_U(\boldsymbol{x})=\boldsymbol{P}_\pi\boldsymbol{x}=\frac{1}{9}\begin{pmatrix}1&2&2\\2&4&4\\2&4&4\end{pmatrix}\begin{pmatrix}1\\1\\1\end{pmatrix}=\frac{1}{9}\begin{pmatrix}5\\10\\10\end{pmatrix}$$

3.5.2 多维子空间投影

接下来将一维子空间投影的过程扩展到多维子空间中。设向量子空间 U 是空间 $\mathbb{R}^N$上的一个 M 维子空间，$1\leqslant M\leqslant N$，它的基为$(\boldsymbol{b}_1, \boldsymbol{b}_2, \cdots, \boldsymbol{b}_M)$。另有向量 $\boldsymbol{x}\in\mathbb{R}^N$，现要把向量 $\boldsymbol{x}$ 投影到 U 上，找到距离 $\boldsymbol{x}$ 最近的投影向量 $\pi_U(\boldsymbol{x})\in U$，如图 3.4 所示。根据向量的坐标表示方法，投影向量可写作基向量的线性组合：

$$\pi_U(\boldsymbol{x}) = \sum_{m=1}^{M} \lambda_m \boldsymbol{b}_m \tag{3.24}$$

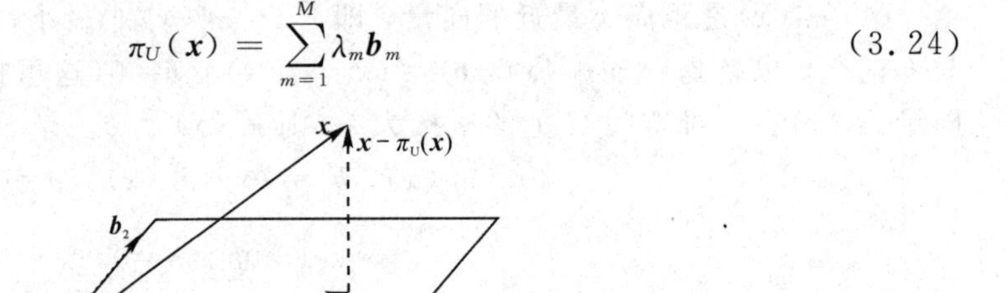

图 3.4 二维子空间的投影

(1) 首先计算坐标 $\lambda_1, \lambda_2, \cdots, \lambda_M$。$\pi_U(\boldsymbol{x})$距离 $\boldsymbol{x}$ 最近，那么 $\boldsymbol{x}-\pi_U(\boldsymbol{x})\perp U$，即 $\boldsymbol{x}-\pi_U(\boldsymbol{x})$与 U 上的任意向量都正交，即 $\boldsymbol{x}-\pi_U(\boldsymbol{x})\perp \boldsymbol{b}_m (m=1, 2, \cdots, M)$，根据正交的定义，有

$$\langle \boldsymbol{b}_m, \boldsymbol{x}-\pi_U(\boldsymbol{x})\rangle = \boldsymbol{b}_m^{\mathrm{T}}(\boldsymbol{x}-\pi_U(\boldsymbol{x}))=0 \tag{3.25}$$

令 $\boldsymbol{B}=(\boldsymbol{b}_1, \boldsymbol{b}_2, \cdots, \boldsymbol{b}_M)$，$\boldsymbol{\lambda}=(\lambda_1, \lambda_2, \cdots, \lambda_M)^{\mathrm{T}}$，则 $\pi_U(\boldsymbol{x})=\boldsymbol{B\lambda}$，代入到式(3.25)中有 $\boldsymbol{b}_m^{\mathrm{T}}(\boldsymbol{x}-\boldsymbol{B\lambda})=0$，因此

$$\begin{pmatrix} \boldsymbol{b}_1^{\mathrm{T}} \\ \boldsymbol{b}_2^{\mathrm{T}} \\ \vdots \\ \boldsymbol{b}_M^{\mathrm{T}} \end{pmatrix}(\boldsymbol{x}-\boldsymbol{B\lambda})=\boldsymbol{0} \Leftrightarrow \boldsymbol{B}^{\mathrm{T}}(\boldsymbol{x}-\boldsymbol{B\lambda})=0$$

$$\Leftrightarrow \boldsymbol{B}^{\mathrm{T}}\boldsymbol{B\lambda}=\boldsymbol{B}^{\mathrm{T}}x$$

$$\Leftrightarrow \boldsymbol{\lambda}=(\boldsymbol{B}^{\mathrm{T}}\boldsymbol{B})^{-1}\boldsymbol{B}^{\mathrm{T}}\boldsymbol{x} \tag{3.26}$$

(2) 计算投影向量 $\pi_U(\boldsymbol{x})$。

$$\pi_U(\boldsymbol{x})=\boldsymbol{B\lambda}=\boldsymbol{B}(\boldsymbol{B}^{\mathrm{T}}\boldsymbol{B})^{-1}\boldsymbol{B}^{\mathrm{T}}\boldsymbol{x} \tag{3.27}$$

(3) 计算投影矩阵 $\boldsymbol{P}_\pi$。因为 $\boldsymbol{P}_\pi\boldsymbol{x}=\pi_U(\boldsymbol{x})=\boldsymbol{B}(\boldsymbol{B}^{\mathrm{T}}\boldsymbol{B})^{-1}\boldsymbol{B}^{\mathrm{T}}\boldsymbol{x}$，所以

$$\boldsymbol{P}_\pi=\boldsymbol{B}(\boldsymbol{B}^{\mathrm{T}}\boldsymbol{B})^{-1}\boldsymbol{B}^{\mathrm{T}} \tag{3.28}$$

容易证明式(3.28)中的投影矩阵满足幂等律，即$\boldsymbol{P}_\pi^2=\boldsymbol{P}_\pi=\boldsymbol{B}(\boldsymbol{B}^{\mathrm{T}}\boldsymbol{B})^{-1}\boldsymbol{B}^{\mathrm{T}}$。当上述投影子空间的维度退化到一维时，基 $\boldsymbol{B}$ 也退化成 $N\times 1$ 的向量，记为 $\boldsymbol{b}$，此时式(3.28)变换为

$$\boldsymbol{P}_\pi=\boldsymbol{b}(\boldsymbol{b}^{\mathrm{T}}\boldsymbol{b})^{-1}\boldsymbol{b}^{\mathrm{T}}=\frac{\boldsymbol{b}\boldsymbol{b}^{\mathrm{T}}}{\boldsymbol{b}^{\mathrm{T}}\boldsymbol{b}}$$

与式(3.23)一致。

例 3.7 设有$\mathbb{R}^3$的二维子空间 U，它的基为

$$\boldsymbol{B}=\begin{pmatrix} 1 & 0 \\ 1 & 1 \\ 1 & 2 \end{pmatrix}$$

试着找出向量 $\boldsymbol{x}=(6, 0, 0)^{\mathrm{T}}$ 在子空间 U 上的投影 $\pi_U(\boldsymbol{x})$。

首先计算

$$\boldsymbol{B}^{\mathrm{T}}\boldsymbol{B}=\begin{pmatrix} 1 & 1 & 1 \\ 0 & 1 & 2 \end{pmatrix}\begin{pmatrix} 1 & 0 \\ 1 & 1 \\ 1 & 2 \end{pmatrix}=\begin{pmatrix} 3 & 3 \\ 3 & 5 \end{pmatrix}$$

$$\boldsymbol{B}^{\mathrm{T}}\boldsymbol{x}=\begin{pmatrix} 1 & 1 & 1 \\ 0 & 1 & 2 \end{pmatrix}\begin{pmatrix} 6 \\ 0 \\ 0 \end{pmatrix}=\begin{pmatrix} 6 \\ 0 \end{pmatrix}$$

根据式(3.26)，有

$$\boldsymbol{\lambda}=(\boldsymbol{B}^{\mathrm{T}}\boldsymbol{B})^{-1}\boldsymbol{B}^{\mathrm{T}}\boldsymbol{x}=\begin{pmatrix}3 & 3\\3 & 5\end{pmatrix}^{-1}\begin{pmatrix}6\\0\end{pmatrix}=\begin{pmatrix}5\\-3\end{pmatrix}$$

进一步有 $\pi_U(\boldsymbol{x})=\boldsymbol{B\lambda}=(5, 2, -1)^{\mathrm{T}}$，根据式(3.28)，有

$$\boldsymbol{P}_\pi=\boldsymbol{B}(\boldsymbol{B}^{\mathrm{T}}\boldsymbol{B})^{-1}\boldsymbol{B}^{\mathrm{T}}=\frac{1}{6}\begin{pmatrix}5 & 2 & -1\\2 & 2 & 2\\-1 & 2 & 5\end{pmatrix}$$

再来回顾线性方程组 $\boldsymbol{Ax}=\boldsymbol{b}$，将系数矩阵按行分块，即 $\boldsymbol{A}=(\boldsymbol{a}_1, \boldsymbol{a}_2, \cdots, \boldsymbol{a}_N)$。对于所有 $\boldsymbol{x}=(x_1, x_2, \cdots, x_N)^{\mathrm{T}}\in\mathbb{R}^N$，有

$$\boldsymbol{Ax}=\sum_{n=1}^{N}x_n\boldsymbol{a}_n$$

因此基于 $\boldsymbol{A}$，可以张成一个空间 $U'=\{\boldsymbol{u}\mid\boldsymbol{u}=\boldsymbol{Ax}\}$。当线性方程组中的向量 $\boldsymbol{b}\in U'$ 时，$\boldsymbol{b}$ 一定能表示成 $\boldsymbol{a}_1, \boldsymbol{a}_2, \cdots, \boldsymbol{a}_N$ 的线性组合，此时线性方程组有解；否则线性方程组无解。

当线性方程组无解时，可以计算近似解，一种计算近似解的方法是找到 $\boldsymbol{b}$ 到子空间 U' 的正交投影 $\pi_{U'}(\boldsymbol{b})$，求解的线性方程组近似为 $\boldsymbol{Ax}=\pi_{U'}(\boldsymbol{b})$。因为 $\pi_{U'}(\boldsymbol{b})\in U'$，该线性方程组有解，根据式(3.27)得 $\pi_U{}'(\boldsymbol{b})=\boldsymbol{A}(\boldsymbol{A}^{\mathrm{T}}\boldsymbol{A})^{-1}\boldsymbol{A}^{\mathrm{T}}\boldsymbol{b}$，因此该线性方程组的解为 $\boldsymbol{x}^*=(\boldsymbol{A}^{\mathrm{T}}\boldsymbol{A})^{-1}\boldsymbol{A}^{\mathrm{T}}\boldsymbol{b}$，该解就是最小二乘解。

3.5.3　Gram-Schmidt 正交化

在第2章中介绍向量子空间的基时，我们提到了一类基——正交基，但是当时并未给出获取正交基的方法。本小节将介绍一种可以把任意基$(\boldsymbol{b}_1, \boldsymbol{b}_2, \cdots, \boldsymbol{b}_N)$转化成标准正交基$(\boldsymbol{u}_1, \boldsymbol{u}_2, \cdots, \boldsymbol{u}_N)$的方法——Gram-Schmidt(格拉姆-施密特)正交化。Gram-Schmidt 正交化的步骤如下：

(1) 令 $\boldsymbol{u}_1:=\boldsymbol{b}_1$；

(2) 由 $\boldsymbol{u}_1$ 张成一维空间 $\mathrm{span}[\boldsymbol{u}_1]$，将 $\boldsymbol{b}_2$ 投影到该一维空间上，得到投影向量 $\pi_{\mathrm{span}[\boldsymbol{u}_1]}(\boldsymbol{b}_2)$，令 $\boldsymbol{u}_2:=\boldsymbol{b}_2-\pi_{\mathrm{span}[\boldsymbol{u}_1]}(\boldsymbol{b}_2)$，根据正交投影的定义有 $\boldsymbol{u}_2\perp\boldsymbol{u}_1$；

……

(k)由 $\boldsymbol{u}_1, \boldsymbol{u}_2, \cdots, \boldsymbol{u}_{k-1}$ 张成子空间 $\mathrm{span}[\boldsymbol{u}_1, \boldsymbol{u}_2, \cdots, \boldsymbol{u}_{k-1}]$，将 $\boldsymbol{b}_k$ 投影到该子空间上，得到投影向量 $\pi_{\mathrm{span}[\boldsymbol{u}_1, \boldsymbol{u}_2, \cdots, \boldsymbol{u}_{k-1}]}(\boldsymbol{b}_k)$，令 $\boldsymbol{u}_k:=\boldsymbol{b}_k-\pi_{\mathrm{span}[\boldsymbol{u}_1, \boldsymbol{u}_2, \cdots, \boldsymbol{u}_{k-1}]}(\boldsymbol{b}_k)$，根据正交投影的定义有 $\boldsymbol{u}_k\perp\boldsymbol{u}_n(n=1, 2, \cdots, k-1)$；

……

经过上述 Gram-Schmidt 正交化过程得到了相互正交的向量 $\boldsymbol{u}_1, \boldsymbol{u}_2, \cdots, \boldsymbol{u}_N$，如果还想获得一组标准正交基，只需要将这些正交的基向量分别除以各自的长度即可，即 $\boldsymbol{u}_n/\|\boldsymbol{u}_n\|$ $(n=1, 2, \cdots, N)$。

3.5.4　仿射子空间投影

上述内容中，我们介绍了如何将一个向量投影到低维子空间 U 上。接下来，我们尝试将一个向量投影到一个仿射子空间上。设向量子空间 U 的一个仿射子空间 $L=\boldsymbol{x}_0+U$，要求向量 $\boldsymbol{x}$ 到仿射子空间 L 上的投影，首先用 $\boldsymbol{x}$ 减去支撑点 $\boldsymbol{x}_0$ 得到新的向量 $\boldsymbol{x}-\boldsymbol{x}_0$，然后计

算出向量 $\boldsymbol{x}-\boldsymbol{x}_0$ 到子空间 U 的投影 $\pi_U(\boldsymbol{x}-\boldsymbol{x}_0)$，最后用 $\pi_U(\boldsymbol{x}-\boldsymbol{x}_0)$ 加上支撑点 $\boldsymbol{x}_0$ 得到向量 $\boldsymbol{x}$ 到仿射子空间 L 上的投影 $\pi_L(\boldsymbol{x})$，也就是

$$\pi_L(\boldsymbol{x})=\boldsymbol{x}_0+\pi_U(\boldsymbol{x}-\boldsymbol{x}_0) \tag{3.29}$$

这个过程如图 3.5 所示。

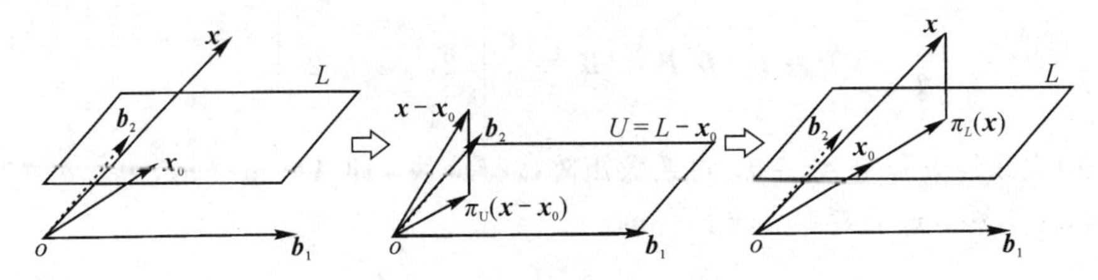

图 3.5 仿射子空间的投影

不难看出，向量 $\boldsymbol{x}$ 到仿射子空间 L 的距离与 $\boldsymbol{x}-\boldsymbol{x}_0$ 到子空间 U 的距离相等，即

$$\begin{aligned} d(\boldsymbol{x}, L) &= \|\boldsymbol{x}-\pi_L(\boldsymbol{x})\| \\ &= \|\boldsymbol{x}-(\boldsymbol{x}_0+\pi_U(\boldsymbol{x}-\boldsymbol{x}_0))\| \\ &= d(\boldsymbol{x}-\boldsymbol{x}_0, U) \end{aligned} \tag{3.30}$$

3.6 旋　转

在 3.4 节中，我们已经看到了正交的变换矩阵具有长度和角度不变性，正交变换矩阵实施的是旋转变换，本节我们讨论旋转变换。旋转是一种特殊的线性变换，它实现了将向量子空间围绕原点旋转一个确定的角度的功能。

3.6.1 $\mathbb{R}^2$空间中的旋转

$\mathbb{R}^2$空间中的旋转是指一个平面绕着原点逆时针旋转一个角度 θ，如图 3.6 所示，当然也可以理解为在原来基向量的顺时针 θ 角处重新确定了基向量。因为旋转是在同一个向量子空间中的线性变换，不会改变向量子空间的维度，根据上一章中有关线性变换的叙述，旋转变换是一种典型的恒等变换。

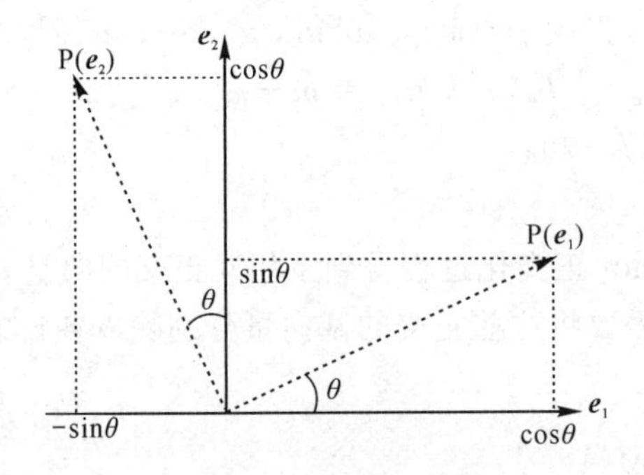

图 3.6 二维空间的旋转

设旋转前，$\mathbb{R}^2$空间使用了标准基：

$$\left\{\boldsymbol{e}_1=\begin{pmatrix}1\\0\end{pmatrix}, \boldsymbol{e}_2=\begin{pmatrix}0\\1\end{pmatrix}\right\}$$

如图3.6所示，在经逆时针旋转角度θ后，$\boldsymbol{e}_1$和$\boldsymbol{e}_2$在新基中的坐标为

$$\mathrm{P}(\boldsymbol{e}_1)=\begin{pmatrix}\cos\theta\\ \sin\theta\end{pmatrix},\quad \mathrm{P}(\boldsymbol{e}_2)=\begin{pmatrix}-\sin\theta\\ \cos\theta\end{pmatrix}$$

因此可得旋转的变换矩阵：

$$\begin{aligned}\boldsymbol{R}(\theta)&=\boldsymbol{R}(\theta)[\boldsymbol{e}_1\quad \boldsymbol{e}_2]\\ &=(\mathrm{P}(\boldsymbol{e}_1)\quad P(\boldsymbol{e}_2))\\ &=\begin{pmatrix}\cos\theta & -\sin\theta\\ \sin\theta & \cos\theta\end{pmatrix}\end{aligned}\tag{3.31}$$

这个变换矩阵称为旋转矩阵。

3.6.2 $\mathbb{R}^3$空间中的旋转

与$\mathbb{R}^2$空间中的旋转相比，$\mathbb{R}^3$空间的情况更复杂一点，平面可以围绕任意一根经过原点的轴进行任意角度的旋转。这里我们先考虑一些简单的旋转方式：围绕3个坐标轴旋转(如图3.7所示)。首先规定旋转的正方向：右手大拇指指向旋转轴的正方向，四指弯曲方向为旋转正方向。例如图3.7中围绕坐标轴$\boldsymbol{e}_3$的旋转，右手大拇指指向$\boldsymbol{e}_3$的正方向，即竖直向上，此时四指弯曲方向是从$\boldsymbol{e}_1$到$\boldsymbol{e}_2$的方向。

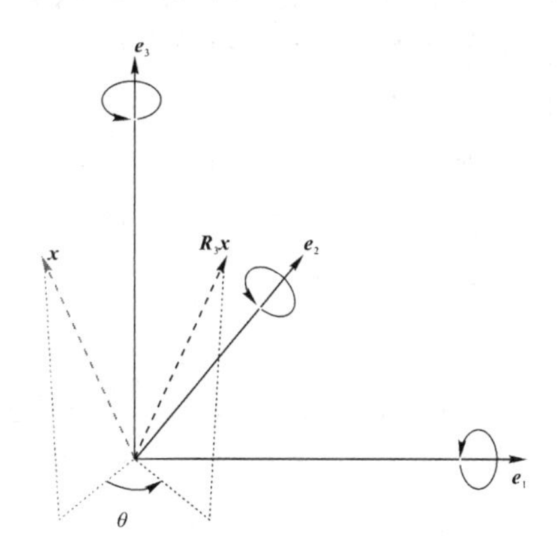

图3.7 三维空间的旋转

按照3.6.1小节的方法，当围绕坐标轴$\boldsymbol{e}_1$旋转角度θ时，旋转矩阵为

$$\boldsymbol{R}_1(\theta)=\begin{pmatrix}1 & 0 & 0\\ 0 & \cos\theta & -\sin\theta\\ 0 & \sin\theta & \cos\theta\end{pmatrix}\tag{3.32}$$

当围绕坐标轴$\boldsymbol{e}_2$旋转角度θ时，旋转矩阵为

$$\boldsymbol{R}_2(\theta)=\begin{pmatrix}\cos\theta & 0 & \sin\theta\\ 0 & 1 & 0\\ -\sin\theta & 0 & \cos\theta\end{pmatrix}\tag{3.33}$$

当围绕坐标轴$\boldsymbol{e}_3$旋转角度θ时，旋转矩阵为

$$\boldsymbol{R}_3(\theta)=\begin{pmatrix}\cos\theta & -\sin\theta & 0\\ \sin\theta & \cos\theta & 0\\ 0 & 0 & 1\end{pmatrix}\tag{3.34}$$

事实上围绕任意轴旋转都可以分解成多次的围绕坐标轴的旋转。

3.6.3 高维空间中的旋转

类似地，在 N 维欧几里得向量空间中的旋转都可以先固定其中的 $N-2$ 维，只旋转剩余的二维平面，这种旋转方式称为 Givens 旋转。

定义 3.8(Givens 旋转) 设有 N 维欧几里得向量空间 V，恒等映射 Φ：$V\to V$ 的变换矩阵定义为

$$\boldsymbol{R}_{ij}(\theta):=\begin{bmatrix} \boldsymbol{I}_{i-1} & 0 & \cdots & \cdots & 0 \\ 0 & \cos\theta & 0 & -\sin\theta & 0 \\ 0 & 0 & \boldsymbol{I}_{j-i-1} & 0 & 0 \\ 0 & \sin\theta & 0 & \cos\theta & 0 \\ 0 & \cdots & \cdots & 0 & \boldsymbol{I}_{N-j} \end{bmatrix}\in\mathbb{R}^{N\times N} \tag{3.35}$$

其中，$1\leqslant i<j\leqslant n$，$\theta\in\mathbb{R}$，称恒等映射 Φ 为 Givens 旋转。

3.6.4 标准正交基下的旋转

上文中的旋转都是空间中二维平面的旋转——Givens 旋转，旋转矩阵都是改变 2 行 2 列的单位矩阵，是特殊的一类旋转变换。更为一般的旋转方式是怎样的呢？下面我们从标准正交基的视角来看旋转变换。

设在向量空间 V 中，它的标准正交基为 $\boldsymbol{B}=(\boldsymbol{b}_1, \boldsymbol{b}_2, \cdots, \boldsymbol{b}_N)$，现在该空间中发生了一次旋转，根据旋转的长度和角度不变性，旋转后向量空间 V 新的基 $\boldsymbol{C}=(\boldsymbol{c}_1, \boldsymbol{c}_2, \cdots, \boldsymbol{c}_N)$ 也是标准正交基。对于向量 $\boldsymbol{x}\in V$，设它在基 $\boldsymbol{B}$ 中坐标为 $\boldsymbol{\lambda}=(\lambda_1, \lambda_2, \cdots, \lambda_N)^{\mathrm{T}}$，在基 $\boldsymbol{C}$ 中的坐标为 $\boldsymbol{\psi}=(\psi_1, \psi_2, \cdots, \psi_N)^{\mathrm{T}}$。

根据坐标关系有 $\boldsymbol{B\lambda}=\boldsymbol{C\psi}$，该式左右两边同乘 $\boldsymbol{B}^{\mathrm{T}}$，则有 $\boldsymbol{\lambda}=\boldsymbol{B}^{\mathrm{T}}\boldsymbol{C\psi}$。根据第 2 章中恒等变换的定义 $\boldsymbol{\lambda}=\boldsymbol{R\psi}$，其中 $\boldsymbol{R}$ 表示该旋转的变换矩阵，则 $\boldsymbol{R}=\boldsymbol{B}^{\mathrm{T}}\boldsymbol{C}$。因为 $\boldsymbol{B}$ 和 $\boldsymbol{C}$ 都是标准正交矩阵，所以旋转矩阵 $\boldsymbol{R}$ 有如下性质：

$$\boldsymbol{RR}^{\mathrm{T}}=\boldsymbol{B}^{\mathrm{T}}\boldsymbol{CC}^{\mathrm{T}}\boldsymbol{B}=\boldsymbol{I} \tag{3.36}$$

$$\det(\boldsymbol{RR}^{\mathrm{T}})=\det(\boldsymbol{R})^2=\det(\boldsymbol{I})=1$$

$$\Rightarrow\det(\boldsymbol{R})=1 \tag{3.37}$$

其中式(3.37)的推导用到了第 1 章中行列式的相关性质。

习 题 3

1. 设 $\|\cdot\|$ 是向量空间 V 上与内积 $\langle\cdot,\cdot\rangle$ 对应的范数，试证明对于所有 $\boldsymbol{x}, \boldsymbol{y}\in V$，有

$$\|\boldsymbol{x}+\boldsymbol{y}\|\ \|\boldsymbol{x}-\boldsymbol{y}\|\leqslant\|\boldsymbol{x}\|^2+\|\boldsymbol{y}\|^2$$

2. 设空间 $\mathbb{R}^2$ 中的映射 $\langle\cdot,\cdot\rangle$ 定义为

$$\langle\boldsymbol{x}, \boldsymbol{y}\rangle:=\boldsymbol{x}^{\mathrm{T}}\underbrace{\begin{pmatrix}2 & 0\\ 1 & 2\end{pmatrix}}_{\boldsymbol{A}}\boldsymbol{y}$$

其中向量 $\boldsymbol{x}, \boldsymbol{y}\in\mathbb{R}^2$，那么 $\langle\cdot,\cdot\rangle$ 是不是内积？

3. 试证明，若矩阵 $\boldsymbol{B}$ 是非奇异的，则 $\boldsymbol{A}=\boldsymbol{B}\boldsymbol{B}^{\mathrm{T}}$ 一定是正定的。

4. 令 $\boldsymbol{x}$，$\boldsymbol{y}$ 是欧几里得空间 $\mathbb{R}^N$ 中的两个向量，试证明三角不等式 $\|\boldsymbol{x}+\boldsymbol{y}\|\leqslant\|\boldsymbol{x}\|+\|\boldsymbol{y}\|$。(提示：展开 $\|\boldsymbol{x}+\boldsymbol{y}\|^2$，利用柯西-施瓦茨不等式)

5. 设 $\boldsymbol{B}=(\boldsymbol{v}_1, \boldsymbol{v}_2, \cdots, \boldsymbol{v}_N)$ 是向量子空间 W 的正交基，$\boldsymbol{u}\in W$，试证明：若 $\boldsymbol{u}=a_1\boldsymbol{v}_1+a_2\boldsymbol{v}_2+\cdots+a_N\boldsymbol{v}_N$，则 $\|\boldsymbol{u}\|^2=|a_1|^2+|a_2|^2+\cdots+|a_N|^2$。

6. 设 $\boldsymbol{B}=(\boldsymbol{v}_1, \boldsymbol{v}_2, \boldsymbol{v}_3)$ 是欧几里得空间 $\mathbb{R}^3$ 的一组交基，给定向量 $\boldsymbol{u}\in\mathbb{R}^3$，确定该向量的坐标 a_1，a_2，a_3，使得 $\boldsymbol{u}=a_1\boldsymbol{v}_1+a_2\boldsymbol{v}_2+a_3\boldsymbol{v}_3$。

7. 设有基于点积的欧几里得向量空间 $\mathbb{R}^5$，向量子空间 $U\subseteq\mathbb{R}^5$ 和向量 $\boldsymbol{x}\in\mathbb{R}^5$ 如下给定：

$$U=\operatorname{span}\left[\begin{pmatrix}0\\-1\\2\\0\\2\end{pmatrix}, \begin{pmatrix}1\\-3\\1\\-1\\2\end{pmatrix}, \begin{pmatrix}-3\\4\\1\\2\\1\end{pmatrix}, \begin{pmatrix}-1\\-3\\5\\0\\7\end{pmatrix}\right], \quad \boldsymbol{x}=\begin{pmatrix}-1\\-9\\-1\\4\\1\end{pmatrix}$$

(1) 计算将 $\boldsymbol{x}$ 投影到 U 上的正交投影向量 $\pi_U(\boldsymbol{x})$。

(2) 计算 $\boldsymbol{x}$ 到 U 的距离 d。

8. 设空间 $\mathbb{R}^3$ 中的内积为

$$\langle\boldsymbol{x}, \boldsymbol{y}\rangle := \boldsymbol{x}^{\mathrm{T}}\begin{pmatrix}2 & 1 & 0\\1 & 2 & -1\\0 & -1 & 2\end{pmatrix}\boldsymbol{y}$$

其中，$\boldsymbol{e}_1$，$\boldsymbol{e}_2$，$\boldsymbol{e}_3$ 为 $\mathbb{R}^3$ 的笛卡尔基向量，试求解以下问题：

(1) 设子空间 $U=\operatorname{span}[\boldsymbol{e}_1, \boldsymbol{e}_3]$，计算 $\boldsymbol{e}_2$ 映射到 U 上的正交投影向量 $\pi_U(\boldsymbol{e}_2)$。(提示：正交性与内积的形式有关)

(2) 计算距离 $d(\boldsymbol{e}_2, U)$。

(3) 在图上绘制出 $\boldsymbol{e}_1$，$\boldsymbol{e}_2$，$\boldsymbol{e}_3$ 和 $\pi_U(\boldsymbol{e}_2)$。

9. 使用 Gram-Schmidt 正交化方法构造向量子空间 $V=\operatorname{span}[\boldsymbol{v}_1, \boldsymbol{v}_2, \boldsymbol{v}_3]$ 的正交基和标准正交基，其中，

$$\boldsymbol{v}_1=\begin{pmatrix}0\\2\\1\\1\end{pmatrix}, \quad \boldsymbol{v}_2=\begin{pmatrix}0\\3\\1\\1\end{pmatrix}, \quad \boldsymbol{v}_3=\begin{pmatrix}1\\1\\1\\0\end{pmatrix}$$

10. 将下面向量旋转 30°：

$$x_1 := \begin{pmatrix}2\\3\end{pmatrix}, \quad x_2 := \begin{pmatrix}0\\-1\end{pmatrix}$$

第4章 矩阵分解

在数据科学中经常会用到矩阵分解这一实用工具。例如主成分分析法的本质是对协方差矩阵进行特征值分解，从而找出相互独立的主成分，更好地区分散布信息。在大语言模型的微调(Fine Tune)中也会涉及矩阵分解。大语言模型的参数通常是一个庞大的矩阵，设为$\boldsymbol{W}\in\mathbb{R}^{M\times N}$，其中$M$，$N$都是非常大的整数，例如$10^4$的量级，这样整个参数量就是$M\times N$，即$10^8$量级。如果想对$\boldsymbol{W}$进行微调，就要得到一个同样大小的矩阵$\Delta\boldsymbol{W}$，通过累加($\boldsymbol{W}'=\boldsymbol{W}+\Delta\boldsymbol{W}$)实现。想要训练一个$10^8$量级的矩阵$\Delta\boldsymbol{W}$将占用巨大显存，这把计算资源不够的企业和个人阻挡在门外。许多微调方法的提出致力于降低微调门槛，LORA方法就是其中之一。其主要思想是把矩阵$\Delta\boldsymbol{W}$分解成两个小的矩阵$\boldsymbol{A}\in\mathbb{R}^{M\times k}$与$\boldsymbol{B}\in\mathbb{R}^{k\times N}$，使得$\Delta\boldsymbol{W}=\boldsymbol{A}\cdot\boldsymbol{B}$，其中$k$是一个非常小的整数，例如8。这样一个$10^8$量级的矩阵$\Delta\boldsymbol{W}$就被分解成了2个$10^4$量级的矩阵，极大降低了参数数量。实验证明，LORA方法具有非常好的微调效果。

本章学习矩阵分解方法，主要是一些常用的矩阵分解方法及其思想。希望通过本章的学习，读者能够以此为抓手，想明白数据科学中一些常用技巧的本质。例如我们知道一个浅层神经网络就能无限逼近任何函数，那么为什么还需要深度神经网络？这个问题也可以使用矩阵分解的思想进行定性解释。

4.1 特征值和特征向量

特征值与特征向量我们并不陌生，在本科阶段的线性代数中就已经学习过，然而虽然多数同学都能够正确地求解出一个矩阵的特征值和特征向量，但对于特征值和特征向量的意义和作用却很少有人清楚。在本节内容中，我们尝试从几何意义的角度深层次理解特征值和特征向量，为后文的特征值分解打好基础。先来看一个定义。

定义4.1 设方阵$\boldsymbol{A}\in\mathbb{R}^{N\times N}$，实数$\lambda\in\mathbb{R}$和向量$\boldsymbol{x}\in\mathbb{R}^N\backslash\{\boldsymbol{0}\}$，如果它们满足如下的特征值方程：

$$\boldsymbol{A}\boldsymbol{x}=\lambda\boldsymbol{x} \tag{4.1}$$

分别称λ和$\boldsymbol{x}$为$\boldsymbol{A}$的特征值和特征向量。

1. 特征向量的共线性

两个向量指向同一个方向或者相反的方向，称这两个向量是共线的。特征向量的共线性是说如果向量$\boldsymbol{x}$为矩阵$\boldsymbol{A}$的特征向量，那么任意与$\boldsymbol{x}$共线的非零向量，都是$\boldsymbol{A}$的特征向量。设实数$c\in\mathbb{R}\backslash\{0\}$，因为$\boldsymbol{A}\boldsymbol{x}=\lambda\boldsymbol{x}$，有

$$\boldsymbol{A}(c\boldsymbol{x})=c\boldsymbol{A}\boldsymbol{x}=c\lambda\boldsymbol{x}=\lambda(c\boldsymbol{x}) \tag{4.2}$$

所以$c\boldsymbol{x}$也是$\boldsymbol{A}$的特征向量。

在式(4.1)的特征值方程中，我们把矩阵$\boldsymbol{A}$视作变换矩阵，特征值方程的左侧$\boldsymbol{A}\boldsymbol{x}$可以

理解为，通过线性映射把原空间中坐标向量 $\boldsymbol{x}$ 变换到新空间中，新的坐标向量为 $\boldsymbol{Ax}$。如果新坐标向量 $\boldsymbol{Ax}$ 与原坐标向量 $\boldsymbol{x}$ 共线，即 $\boldsymbol{Ax}=\lambda\boldsymbol{x}$，则把 $\boldsymbol{x}$ 称为 $\boldsymbol{A}$ 的特征向量。特征向量就是经变换矩阵为 $\boldsymbol{A}$ 的线性变换后，不改变方向的那根轴上的所有向量。如图 4.1 所示，变换矩阵实现了沿直线 l 的拉伸变换，将图中的虚线圆拉伸成了实线椭圆。不难看出，终点在直线 l 上的向量，经变换后仍然共线。而终点不在直线 l 上的向量，如图中向量 $\boldsymbol{a}$，变换成了向量 $\boldsymbol{a}'$，变换前后不共线，因此 $\boldsymbol{a}$ 不是变换矩阵的特征向量。

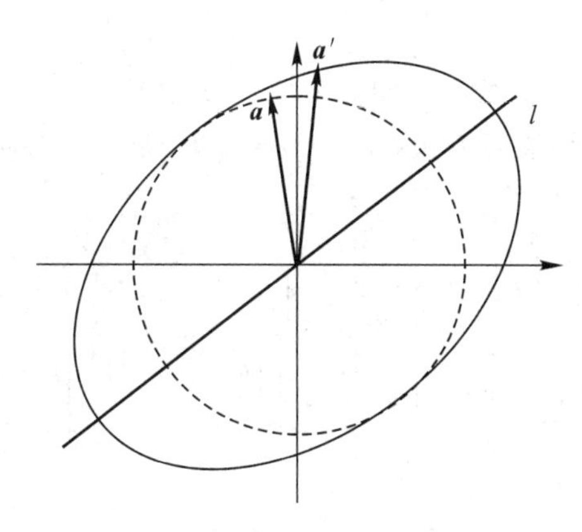

图 4.1　特征向量示意图

2. 特征值方程的解

对等式(4.1)进行移项操作：

$$(\boldsymbol{A}-\lambda\boldsymbol{I}_N)\boldsymbol{x}=\boldsymbol{0} \tag{4.3}$$

得到一个齐次线性方程组，这个齐次线性方程组的非平凡解就是矩阵 $\boldsymbol{A}$ 的特征向量。根据线性方程组解的性质，式(4.3)有非平凡解的条件是系数矩阵不满秩，因此以下几个表述是等价的：

(1) λ 是方阵 $\boldsymbol{A}\in\mathbb{R}^{N\times N}$ 的特征值；

(2) 齐次线性方程组 $(\boldsymbol{A}-\lambda\boldsymbol{I}_N)\boldsymbol{x}=\boldsymbol{0}$ 有非平凡解；

(3) 系数矩阵不满秩，$\mathrm{rank}(\boldsymbol{A}-\lambda\boldsymbol{I}_N)<N$；

(4) 系数矩阵的行列式为 0，$\det(\boldsymbol{A}-\lambda\boldsymbol{I}_N)=0$。

那么给定特征值 λ，矩阵 $\boldsymbol{A}$ 最多有多少个不相关的特征向量呢？根据线性代数知识，不难得到如下结论：设 $\mathrm{rank}(\boldsymbol{A}-\lambda\boldsymbol{I}_N)=r<N$，齐次线性方程组 $(\boldsymbol{A}-\lambda\boldsymbol{I}_N)\boldsymbol{x}=\boldsymbol{0}$ 的解空间将是一个 $(N-r)$ 维的向量子空间，最多可以找到 $(N-r)$ 个不相关的向量(构成解空间的基)，此时矩阵 $\boldsymbol{A}$ 最多有 $(\boldsymbol{N}-\boldsymbol{r})$ 个不相关的特征向量。有如下定义：

定义 4.2(特征空间和特征谱)　对于方阵 $\boldsymbol{A}\in\mathbb{R}^{N\times N}$，它关于特征值 λ 对应的所有特征向量的集合张成 $\mathbb{R}^N$ 的一个子空间，称之为 $\boldsymbol{A}$ 关于 λ 的特征空间，记为 E_λ，称 $\boldsymbol{A}$ 的所有特征值的集合为特征谱，简称 $\boldsymbol{A}$ 的谱。

4.1.1　特征多项式

在上文中，我们提到如果实数 λ 是方阵 $\boldsymbol{A}$ 的特征值，则有 $\det(\boldsymbol{A}-\lambda\boldsymbol{I}_N)=0$。反过来说，我们可以通过求解方程 $\det(\boldsymbol{A}-\lambda\boldsymbol{I}_N)=0$ 计算出方阵 $\boldsymbol{A}$ 的特征值，因此有必要理清该方程的左侧是什么形式。

定义 4.3(特征多项式) 设方阵 $\boldsymbol{A}\in\mathbb{R}^{N\times N}$ 和实数 $\lambda\in\mathbb{R}^N$，称下式为特征多项式(Characteristic Polynomial)：

$$p_A(\lambda)=\det(\boldsymbol{A}-\lambda\boldsymbol{I})=c_0+c_1\lambda+c_2\lambda^2+\cdots+c_{N-1}\lambda^{N-1}+(-1)^N\lambda^N \tag{4.4}$$

其中，$c_0, c_1, \cdots, c_{N-1}\in\mathbb{R}$，特别地，有 $c_0=\det(\boldsymbol{A})$ 和 $c_{N-1}=(-1)^{N-1}\mathrm{tr}(\boldsymbol{A})$。

不难得到如下定理：

定理 4.1 $\lambda\in\mathbb{R}$ 是方阵 $\boldsymbol{A}\in\mathbb{R}^{N\times N}$ 的特征值，当且仅当 λ 是 $\boldsymbol{A}$ 的特征多项式 $p_A(\lambda)$ 的根。

我们来看一个例子。

例 4.1 设方阵 $\boldsymbol{A}\in\mathbb{R}^{3\times 3}$，试展开特征多项式 $p_A(\lambda)$。

先根据行列式的按行/列展开方法，把 $\det(\boldsymbol{A}+\theta\boldsymbol{I}_3)$ 展开成多项式形式：

$$\begin{aligned}\det(\boldsymbol{A}+\theta\boldsymbol{I}_3)&=\begin{vmatrix}a_{11}+\theta & a_{12} & a_{13}\\ a_{21} & a_{22}+\theta & a_{23}\\ a_{31} & a_{32} & a_{33}+\theta\end{vmatrix}\\&=\theta^3+\theta^2(a_{11}+a_{22}+a_{33})+\theta\left(\begin{vmatrix}a_{11} & a_{12}\\ a_{21} & a_{22}\end{vmatrix}+\begin{vmatrix}a_{11} & a_{13}\\ a_{31} & a_{33}\end{vmatrix}+\begin{vmatrix}a_{22} & a_{23}\\ a_{32} & a_{33}\end{vmatrix}\right)+\\&\quad\begin{vmatrix}a_{11} & a_{12} & a_{13}\\ a_{21} & a_{22} & a_{23}\\ a_{31} & a_{32} & a_{33}\end{vmatrix}\\&=\theta^3+\theta^2\mathrm{tr}_1(\boldsymbol{A})+\theta\mathrm{tr}_2(\boldsymbol{A})+\mathrm{tr}_3(\boldsymbol{A})\end{aligned} \tag{4.5}$$

其中，$\mathrm{tr}_i(\boldsymbol{A})$ 表示矩阵 $\boldsymbol{A}$ 的所有 i 阶主子式之和，在这里 $\mathrm{tr}_1(\boldsymbol{A})=\mathrm{tr}(\boldsymbol{A})$，$\mathrm{tr}_3(\boldsymbol{A})=\det(\boldsymbol{A})$。上面展开多项式形式的具体细节，可自行推导。

接着把式(4.5)中的 θ 替换成 $-\lambda$，得

$$\begin{aligned}p_A(\lambda)&=4\det(\boldsymbol{A}-\lambda\boldsymbol{I}_3)\\&=\mathrm{tr}_3(\boldsymbol{A})-\mathrm{tr}_2(\boldsymbol{A})\lambda+\mathrm{tr}_1(\boldsymbol{A})\lambda^2-\lambda^3\\&=\det(\boldsymbol{A})-\mathrm{tr}_2(\boldsymbol{A})\lambda+\mathrm{tr}(\boldsymbol{A})\lambda^2-\lambda^3\end{aligned} \tag{4.6}$$

这样我们就知道了式(4.4)中的系数 c_i 就是所有 i 阶主子式之和 $\mathrm{tr}_i(\boldsymbol{A})$。

下面用一个例子来看计算矩阵特征值和特征向量的过程，该计算过程已经在线性代数中学习过，因此这里不进行详细介绍。

例 4.2 试计算下面 2×2 矩阵的特征值和特征向量。

$$\boldsymbol{A}=\begin{pmatrix}4 & 2\\ 1 & 3\end{pmatrix} \tag{4.7}$$

步骤 1：列出特征多项式。根据定义 4.3 列出特征多项式：

$$\begin{aligned}p_A(\lambda)&=\det(\boldsymbol{A}-\lambda\boldsymbol{I})\\&=\det\left(\begin{pmatrix}4 & 2\\ 1 & 3\end{pmatrix}-\begin{pmatrix}\lambda & 0\\ 0 & \lambda\end{pmatrix}\right)\\&=10-7\lambda+\lambda^2\end{aligned} \tag{4.8}$$

步骤 2：计算特征值。对特征多项式进行因子分解：

$$p_A(\lambda)=10-7\lambda+\lambda^2=(2-\lambda)(5-\lambda) \tag{4.9}$$

得到根 $\lambda_1=2$ 和 $\lambda_2=5$，这就是矩阵 $\boldsymbol{A}$ 的两个特征值。

步骤3：计算特征向量。分别将特征值代入到下式中求解线性方程组，计算出特征向量 $\boldsymbol{x}$：

$$\begin{pmatrix} 4-\lambda & 2 \\ 1 & 3-\lambda \end{pmatrix}\boldsymbol{x}=\boldsymbol{0} \tag{4.10}$$

代入 $\lambda_1=2$，得到

$$\begin{pmatrix} 4-2 & 2 \\ 1 & 3-2 \end{pmatrix}\boldsymbol{x}=\begin{pmatrix} 2 & 2 \\ 1 & 1 \end{pmatrix}\boldsymbol{x}=\boldsymbol{0} \tag{4.11}$$

求解这个线性方程组，得通解 $c\begin{pmatrix} 1 \\ -1 \end{pmatrix}$，因此该特征值的特征向量可取 $\boldsymbol{x}_1=\begin{pmatrix} 1 \\ -1 \end{pmatrix}$。

类似地，代入 $\lambda_2=5$，得线性方程组：

$$\begin{pmatrix} 4-5 & 2 \\ 1 & 3-5 \end{pmatrix}\boldsymbol{x}=\begin{pmatrix} -1 & 2 \\ 1 & -2 \end{pmatrix}\boldsymbol{x}=\boldsymbol{0} \tag{4.12}$$

解出通解 $c\begin{pmatrix} 2 \\ 1 \end{pmatrix}$，对应的特征向量可取 $\boldsymbol{x}_2=\begin{pmatrix} 2 \\ 1 \end{pmatrix}$。

这样就计算出了矩阵 $\boldsymbol{A}$ 的所有特征值和特征向量。

4.1.2 与行列式和迹的关系

下面我们来看矩阵特征值与行列式和迹的关系。不妨再来分析定义4.3的特征多项式，设方阵 $\boldsymbol{A}\in\mathbb{R}^{N\times N}$ 的特征值为 $\lambda_1, \lambda_2, \cdots, \lambda_N$，则

$$p_A(\lambda)=\det(\boldsymbol{A}-\lambda\boldsymbol{I})=(\lambda_1-\lambda)\cdots(\lambda_N-\lambda) \tag{4.13}$$

将上式展开成多项式的形式

$$p_A(\lambda)=(-\lambda)^N+(-\lambda)^{N-1}\sum_{i=1}^{N}\lambda_i+(-\lambda)^{N-2}\sum_{i=1}^{N}\sum_{\substack{j=1,\\ j\neq i}}^{N}\lambda_i\lambda_j+\cdots+\prod_{i=1}^{N}\lambda_i \tag{4.14}$$

结合式(4.4)得

$$c_0=\det(\boldsymbol{A})=\prod_{i=1}^{N}\lambda_i \tag{4.15}$$

$$c_{N-1}=(-1)^{N-1}\mathrm{tr}(\boldsymbol{A})=(-1)^{N-1}\sum_{i=1}^{N}\lambda_i \tag{4.16}$$

因此有如下两个定理。

定理4.2 方阵 $\boldsymbol{A}\in\mathbb{R}^{N\times N}$ 的行列式等于它所有特征值的乘积，即

$$\det(\boldsymbol{A})=\prod_{i=1}^{N}\lambda_i \tag{4.17}$$

其中，λ_i 表示 $\boldsymbol{A}$ 的(可能重复的)特征值。

定理4.3 方阵 $\boldsymbol{A}\in\mathbb{R}^{N\times N}$ 的迹等于它所有特征值之和，即

$$\mathrm{tr}(\boldsymbol{A})=\sum_{i=1}^{N}\lambda_i \tag{4.18}$$

其中，λ_i 表示 $\boldsymbol{A}$ 的(可能重复的)特征值。

上述两个定理的几何解释如图4.2所示。以矩阵 $\boldsymbol{A}\in\mathbb{R}^{3\times 3}$ 的特征向量 $\boldsymbol{v}_1, \boldsymbol{v}_2, \boldsymbol{v}_3$ 为边的方向，以特征值 $\lambda_1, \lambda_2, \lambda_3$ 的绝对值为各边的长度，构建平行六面体。此时矩阵 $\boldsymbol{A}$ 的行列式 $\det(\boldsymbol{A})$ 等于该平行六面体的带符号体积。当所有特征值都为正数时，矩阵 $\boldsymbol{A}$ 的迹 $\mathrm{tr}(\boldsymbol{A})$ 与

该平行六面体的周长成正比。

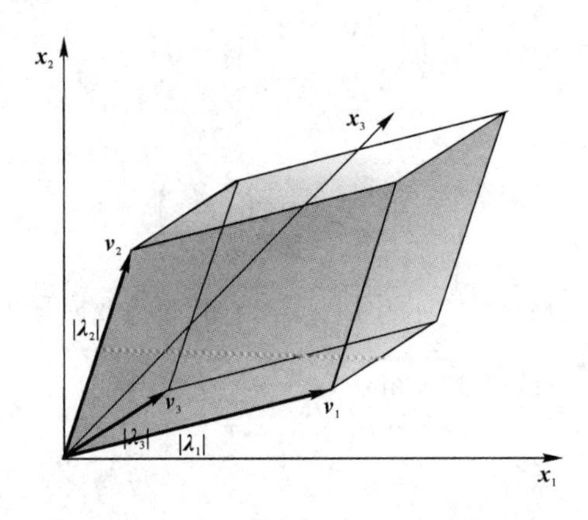

图 4.2 特征值与行列式/迹的关系

4.1.3 几何意义

下面从几何的角度，分析几个特殊矩阵作为变换矩阵时与特征向量和特征值之间的联系。

(1) $\boldsymbol{A}_1=\begin{bmatrix}\frac{1}{2} & 0\\ 0 & 2\end{bmatrix}$。该矩阵的线性变换将横向数值压缩至原来的$\frac{1}{2}$，将纵向数值拉伸至原来的 2 倍(见图 4.3(b))。矩阵的第一个特征向量 $\boldsymbol{v}_1$ 沿横轴方向，对应的特征值为 $\lambda_1=\frac{1}{2}$，起压缩作用。第二个特征向量 $\boldsymbol{v}_2$ 沿纵轴方向，对应的特征值为 $\lambda_2=2$，起拉伸作用。$\det(\boldsymbol{A}_1)=1$，线性变换前后面积不变。

(2) $\boldsymbol{A}_2=\begin{bmatrix}1 & \frac{1}{2}\\ 0 & 1\end{bmatrix}$。该矩阵实现错切变换，即将横轴以上部分向右推移，将横轴以下部分向左推移(见图 4.3(c))。矩阵的两个特征向量 $\boldsymbol{v}_1$，$\boldsymbol{v}_2$ 共线，都沿横轴方向，特征值 $\lambda_1=\lambda_2=1$。$\det(\boldsymbol{A}_2)=1$，线性变换前后面积不变。

(3) $\boldsymbol{A}_3=\begin{bmatrix}\cos\left(\frac{\pi}{6}\right) & -\sin\left(\frac{\pi}{6}\right)\\ \sin\left(\frac{\pi}{6}\right) & \cos\left(\frac{\pi}{6}\right)\end{bmatrix}$。从第 3 章可知，矩阵 $\boldsymbol{A}_3$ 实现了旋转变换，即将所有点围绕原点逆时针旋转$\frac{\pi}{6}$的角度(见图 4.3(d))。因为是旋转变换，所以变换前后的一对向量不可能共线，不符合前面论述的“特征向量共线性”这一性质，因此该矩阵没有特征向量，在图中无法绘制出来。事实上，将矩阵 $\boldsymbol{A}_3$ 代入到线性方程 $\det(\boldsymbol{A}-\lambda\boldsymbol{I})=0$ 中，不能得到实数根。$\det(\boldsymbol{A}_3)=1$，线性变换前后面积不变。

(4) $\boldsymbol{A}_4=\begin{pmatrix}1 & -1\\ -1 & 1\end{pmatrix}$。该矩阵将二维空间降成一维空间(见图 4.3(d))。从代数上解释，$\mathrm{rank}(\boldsymbol{A}_4)=1<2$，是一个降维映射；同时 $\det(\boldsymbol{A}_4)=0\Rightarrow\det(\boldsymbol{A}_4-0\cdot\boldsymbol{I})=0$，0 是 $\boldsymbol{A}_4$ 的一个特征值，在对应特征向量的方向上，变换后的结果都为 0，空间中在该方向上坍缩。矩阵的特征向量为 $\boldsymbol{v}_1=(1,1)^{\mathrm{T}}$ 和 $\boldsymbol{v}_2=(1,-1)^{\mathrm{T}}$，对应的特征值分别为 $\lambda_1=0$、$\lambda_2=2$，在 $\boldsymbol{v}_1$

方向上坍缩，在 $\boldsymbol{v}_2$ 方向上拉伸。$\det(\boldsymbol{A}_4)=0$，线性映射后的面积为 0。

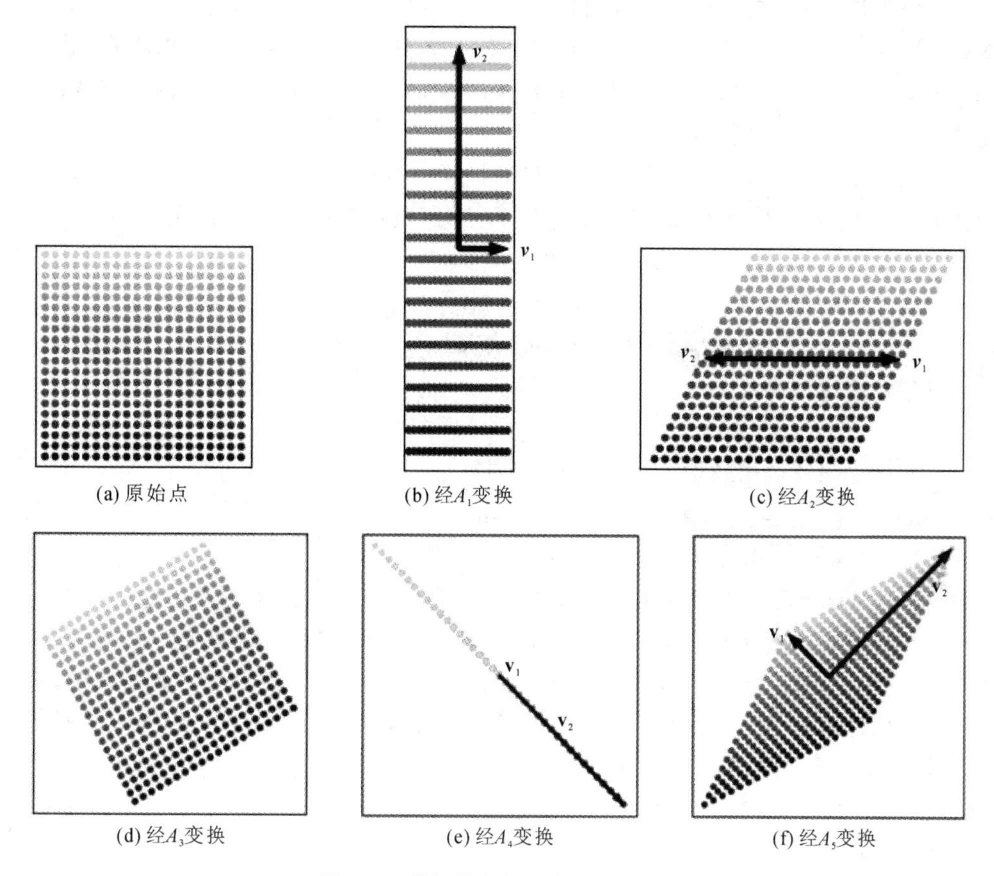

图 4.3　特征值与行列式/迹的关系

(5) $\boldsymbol{A}_5=\begin{pmatrix}1 & \frac{1}{2}\\ \frac{1}{2} & 1\end{pmatrix}$。该矩阵实现非轴上的伸缩变换(见图 4.3(e))。矩阵的第一个特征向量 $\boldsymbol{v}_1=(-1,1)^{\mathrm{T}}$，对应的特征值 $\lambda_1=\frac{1}{2}$，在该方向上压缩至原来的$\frac{1}{2}$。矩阵的第二个特征向量 $\boldsymbol{v}_2=(1,1)^{\mathrm{T}}$，对应的特征值 $\lambda_2=2$，在该方向上拉伸至原来的 2 倍。$|\det(\boldsymbol{A}_5)|=\frac{3}{4}$，线性映射后的面积缩水 75%。

4.1.4　对称矩阵的特征值与特征向量

在实际应用中，多数时候遇到的都是对称矩阵，例如协方差矩阵就是对称矩阵，因此专门讨论对称矩阵十分必要。下面首先介绍谱定理。

定理 4.4(谱定理)　如果方阵 $\boldsymbol{A}\in\mathbb{R}^{N\times N}$是对称的，那么由 $\boldsymbol{A}$ 的特征向量可组成的相应向量空间 V 的标准正交基，且 $\boldsymbol{A}$ 的所有特征值都必然是实数。

谱定理告诉我们对称矩阵 $\boldsymbol{A}$ 的特征值和特征向量必然存在，而且具有较为理想的特点，这些特点将为后面的特征值分解提供可行的基础。这里我们先对谱定理进行证明。

(1) 证明对称矩阵 $\boldsymbol{A}$ 的特征值是实数。

设 λ 是 $\boldsymbol{A}$ 的特征值，$\boldsymbol{u}$ 是 λ 对应的特征向量，则有 $\boldsymbol{A}\boldsymbol{u}=\lambda\boldsymbol{u}$，该等式两边同乘 $\boldsymbol{u}$ 的共轭转置 $\boldsymbol{u}^{\mathrm{H}}$，得 $\boldsymbol{u}^{\mathrm{H}}\boldsymbol{A}\boldsymbol{u}=\lambda\boldsymbol{u}^{\mathrm{H}}\boldsymbol{u}$。因为矩阵 $\boldsymbol{A}$ 是对称实矩阵，有 $(\boldsymbol{u}^{\mathrm{H}}\boldsymbol{A}\boldsymbol{u})^{\mathrm{H}}=\boldsymbol{u}^{\mathrm{H}}\boldsymbol{A}^{\mathrm{H}}\boldsymbol{u}=\boldsymbol{u}^{\mathrm{H}}\boldsymbol{A}\boldsymbol{u}$，而 $(\lambda\boldsymbol{u}^{\mathrm{H}}\boldsymbol{u})^{\mathrm{H}}=\bar{\lambda}\boldsymbol{u}^{\mathrm{H}}\boldsymbol{u}$，$\bar{\lambda}$ 表示 λ 的共轭，因此有 $(\boldsymbol{u}^{\mathrm{H}}\boldsymbol{A}\boldsymbol{u})^{\mathrm{H}}=\boldsymbol{u}^{\mathrm{H}}\boldsymbol{A}\boldsymbol{u}=\bar{\lambda}\boldsymbol{u}^{\mathrm{H}}\boldsymbol{u}$。上面已得到 $\boldsymbol{u}^{\mathrm{H}}\boldsymbol{A}\boldsymbol{u}=\lambda\boldsymbol{u}^{\mathrm{H}}\boldsymbol{u}$，综合可得 $\bar{\lambda}=\lambda$，λ 必然是实数。

(2) 证明对称矩阵 $\boldsymbol{A}$ 的不同特征值对应的特征向量相互正交。

设 λ_1，λ_2 是 $\boldsymbol{A}$ 的两个不相等的特征值，它们对应的特征向量分别是 $\boldsymbol{u}_1$，$\boldsymbol{u}_2$，则有 $\boldsymbol{A}\boldsymbol{u}_1=\lambda_1\boldsymbol{u}_1$ 和 $\boldsymbol{A}\boldsymbol{u}_2=\lambda_2\boldsymbol{u}_2$，在这两个等式两边分别左乘 $\boldsymbol{u}_2^{\mathrm{T}}$ 和 $\boldsymbol{u}_1^{\mathrm{T}}$，得

$$\boldsymbol{u}_2^{\mathrm{T}}\boldsymbol{A}\boldsymbol{u}_1=\lambda_1\boldsymbol{u}_2^{\mathrm{T}}\boldsymbol{u}_1 \tag{4.19}$$

$$\boldsymbol{u}_1^{\mathrm{T}}\boldsymbol{A}\boldsymbol{u}_2=\lambda_2\boldsymbol{u}_1^{\mathrm{T}}\boldsymbol{u}_2 \tag{4.20}$$

对式(4.19)两边转置得

$$\boldsymbol{u}_1^{\mathrm{T}}\boldsymbol{A}\boldsymbol{u}_2=\lambda_1\boldsymbol{u}_1^{\mathrm{T}}\boldsymbol{u}_2 \tag{4.21}$$

将式(4.20)和式(4.21)相减得

$$(\lambda_1-\lambda_2)\boldsymbol{u}_1^{\mathrm{T}}\boldsymbol{u}_2=0 \tag{4.22}$$

因为 $\lambda_1\neq\lambda_2$，则 $\boldsymbol{u}_1^{\mathrm{T}}\boldsymbol{u}_2=0$，即 $\boldsymbol{u}_1$，$\boldsymbol{u}_2$ 相互正交。

(3) 证明对称矩阵 $\boldsymbol{A}$ 的重复特征值对应的多个特征向量之间可相互正交。

设 $\boldsymbol{A}$ 的特征值 λ 有重复度 m，即特征值方程的系数矩阵满足 $\mathrm{rank}(\boldsymbol{A}-\lambda\boldsymbol{I})=N-m$，此时特征值方程 $(\boldsymbol{A}-\lambda\boldsymbol{I})\boldsymbol{x}=0$ 的解集是一个 m 维的向量子空间，因此可利用 Gram-Schmidt 正交化方法构造出该子空间的正交基，即 m 个相互正交的向量，这些向量可作为矩阵 $\boldsymbol{A}$ 的特征向量。

综上，谱定理得证。

接下来我们来看一个简单的例子。

例 4.3 设对称矩阵

$$\boldsymbol{A}=\begin{pmatrix}3&2&2\\2&3&2\\2&2&3\end{pmatrix} \tag{4.23}$$

计算得 $\boldsymbol{A}$ 的特征多项式为

$$p_A(\lambda)=-(\lambda-1)^2(\lambda-7) \tag{4.24}$$

得特征值 $\lambda_1=1$ 和 $\lambda_2=7$，其中 λ_1 是重复特征值。分别代入特征值方程计算特征向量，构造出特征空间

$$E_1=\mathrm{span}\left(\underbrace{\begin{pmatrix}-1\\1\\0\end{pmatrix}}_{u_1},\ \underbrace{\begin{pmatrix}-1\\0\\1\end{pmatrix}}_{u_2}\right),\ E_7=\mathrm{span}\left(\underbrace{\begin{pmatrix}1\\1\\1\end{pmatrix}}_{u_3}\right) \tag{4.25}$$

容易看到 $\boldsymbol{u}_3$ 与 $\boldsymbol{u}_1$，$\boldsymbol{u}_2$ 是正交的，但是 $\boldsymbol{u}_1$，$\boldsymbol{u}_2$ 之间不是正交的。我们使用 Gram-Schmidt 方法对 $\boldsymbol{u}_1$，$\boldsymbol{u}_2$ 进行正交化改造得

$$\boldsymbol{u}_1'=\begin{pmatrix}-1\\1\\0\end{pmatrix},\ \boldsymbol{u}_2'=\frac{1}{2}\begin{pmatrix}-1\\-1\\2\end{pmatrix} \tag{4.26}$$

由此计算出的特征向量 $\boldsymbol{u}_1'$，$\boldsymbol{u}_2'$，$\boldsymbol{u}_3$ 之间都是相互正交的。上述证明只给出了特征向量之间相互正交，而没有进一步证明它们之间是标准正交的，其实只要对所有特征向量进行标准化，即除以自己的范数，即可构造出相互之间是标准正交的特征向量。

下面给出定义和定理。

定义 4.4(可对角化) 若方阵 $\boldsymbol{A}\in\mathbb{R}^{N\times N}$与一个对角矩阵相似(矩阵相似的定义见第2章2.3.3小节)，则称矩阵 $\boldsymbol{A}$ 是可对角化的，即存在对角矩阵 $\boldsymbol{D}$，使得 $\boldsymbol{D}=\boldsymbol{P}^{-1}\boldsymbol{A}\boldsymbol{P}$，其中矩阵 $\boldsymbol{P}\in\mathbb{R}^{N\times N}$是可逆的。

在下文中，我们将看到可基于对称矩阵 $\boldsymbol{A}$ 的特征值构造对角矩阵，基于特征向量构造可逆矩阵，完成对称矩阵的对角化。

定理 4.5 任意对称矩阵 $\boldsymbol{A}$ 都是可对角化的。

设对称矩阵 $\boldsymbol{A}\in\mathbb{R}^{N\times N}$，根据谱定理(定理4.4)，该矩阵有 N 个实数的特征值 λ_1，λ_2，…，λ_N，分别对应了 N 个相互之间是标准正交的特征向量 $\boldsymbol{u}_1$，$\boldsymbol{u}_2$，…，$\boldsymbol{u}_N$，满足

$$\begin{cases}\boldsymbol{A}\boldsymbol{u}_1=\lambda_1\boldsymbol{u}_1\\ \boldsymbol{A}\boldsymbol{u}_2=\lambda_2\boldsymbol{u}_2\\ \qquad\vdots\\ \boldsymbol{A}\boldsymbol{u}_N=\lambda_N\boldsymbol{u}_N\end{cases}\tag{4.27}$$

上式等价于

$$\boldsymbol{A}(\boldsymbol{u}_1\quad\boldsymbol{u}_2\quad\cdots\quad\boldsymbol{u}_N)=(\boldsymbol{u}_1\quad\boldsymbol{u}_2\quad\cdots\quad\boldsymbol{u}_N)\begin{pmatrix}\lambda_1&0&\cdots&0\\0&\lambda_2&\cdots&0\\\vdots&\vdots&&\vdots\\0&0&\cdots&\lambda_N\end{pmatrix}\tag{4.28}$$

先构造两个矩阵 $\boldsymbol{U}=(\boldsymbol{u}_1,\boldsymbol{u}_2,\cdots,\boldsymbol{u}_N)$和 $\boldsymbol{\Lambda}=\mathrm{diag}(\lambda_1,\lambda_2,\cdots,\lambda_N)$，则

$$\boldsymbol{A}\boldsymbol{U}=\boldsymbol{U}\boldsymbol{\Lambda}\tag{4.29}$$

再来看矩阵 $\boldsymbol{U}$。因为 $\boldsymbol{u}_1$，$\boldsymbol{u}_2$，…，$\boldsymbol{u}_N$ 是标准正交的，所以 $\boldsymbol{U}$ 是一个标准正交矩阵，即 $\boldsymbol{U}^{\mathrm{T}}\boldsymbol{U}=\boldsymbol{I}$，有 $\boldsymbol{U}^{-1}=\boldsymbol{U}^{\mathrm{T}}$，$\boldsymbol{U}$ 必然是可逆矩阵，因此对式(4.29)两边左乘 $\boldsymbol{U}^{-1}$得

$$\boldsymbol{U}^{-1}\boldsymbol{A}\boldsymbol{U}=\boldsymbol{\Lambda}\tag{4.30}$$

也可以把式(4.30)写成如下等价形式：

$$\boldsymbol{U}^{\mathrm{T}}\boldsymbol{A}\boldsymbol{U}=\boldsymbol{\Lambda}\tag{4.31}$$

上述内容即证明了定理4.5。

再来看式(4.28)，得

$$\boldsymbol{A}\boldsymbol{U}=(\lambda_1\boldsymbol{u}_1\quad\lambda_2\boldsymbol{u}_2\quad\cdots\quad\lambda_N\boldsymbol{u}_N)\tag{4.32}$$

等式两边同乘 $\boldsymbol{U}^{\mathrm{T}}$，得

$$\boldsymbol{A}=(\lambda_1\boldsymbol{u}_1\quad\lambda_2\boldsymbol{u}_2\quad\cdots\quad\lambda_N\boldsymbol{u}_N)\begin{pmatrix}\boldsymbol{u}_1^{\mathrm{T}}\\\boldsymbol{u}_2^{\mathrm{T}}\\\vdots\\\boldsymbol{u}_N^{\mathrm{T}}\end{pmatrix}$$

$$\Rightarrow\boldsymbol{A}=\sum_{n=1}^{N}\lambda_n\boldsymbol{u}_n\boldsymbol{u}_n^{\mathrm{T}}\tag{4.33}$$

该式称为对称矩阵 $\boldsymbol{A}$ 的谱分解。

再看一个经常使用的定理。

定理 4.6 对称矩阵 $\boldsymbol{A}$ 的特征值都是正的，当且仅当矩阵 $\boldsymbol{A}$ 是正定的。

根据式(4.31)有 $\boldsymbol{A}=\boldsymbol{U\Lambda U}^{\mathrm{T}}$，因此 $\forall \boldsymbol{x}$，有

$$\boldsymbol{x}^{\mathrm{T}}\boldsymbol{A}\boldsymbol{x}=\boldsymbol{x}^{\mathrm{T}}\boldsymbol{U\Lambda U}^{\mathrm{T}}\boldsymbol{x}=\boldsymbol{y}^{\mathrm{T}}\boldsymbol{\Lambda}\boldsymbol{y} \tag{4.34}$$

其中，$\boldsymbol{y}=\boldsymbol{U}^{\mathrm{T}}\boldsymbol{x}$。因此矩阵 $\boldsymbol{A}$ 的正定性与矩阵 $\boldsymbol{\Lambda}$ 的正定性是等价的，下面讨论矩阵 $\boldsymbol{\Lambda}$ 的正定性。我们把 $\boldsymbol{y}^{\mathrm{T}}\boldsymbol{\Lambda}\boldsymbol{y}$ 展开，得

$$\boldsymbol{y}^{\mathrm{T}}\boldsymbol{\Lambda}\boldsymbol{y}=\sum_{n=1}^{N}\lambda_n y_n^2 \tag{4.35}$$

因此要保证 $\boldsymbol{y}^{\mathrm{T}}\boldsymbol{\Lambda}\boldsymbol{y}>0$，必须所有 $\lambda_n>0(n=1, 2, \cdots, N)$，此时矩阵 $\boldsymbol{\Lambda}$ 和 $\boldsymbol{A}$ 是正定的。

4.2 Rayleigh 商

在数据科学中，Rayleigh 商是与特征值和特征向量相关的常用方法，接下来介绍 Rayleigh 商。

定义 4.5(Rayleigh 商) 对称矩阵 $\boldsymbol{A}\in\mathbb{R}^{N\times N}$ 的 Rayleigh 商定义为映射 R_A：$\mathbb{R}^N\to\mathbb{R}$：

$$R_A(\boldsymbol{x})=\frac{\boldsymbol{x}^{\mathrm{T}}\boldsymbol{A}\boldsymbol{x}}{\boldsymbol{x}^{\mathrm{T}}\boldsymbol{x}} \tag{4.36}$$

其中，向量 $\boldsymbol{x}\in\mathbb{R}^N$。

直接从定义上看，Rayleigh 商用于对空间中的每一个向量给出与矩阵 $\boldsymbol{A}$ 相关的度量。从定理 3.1 可知，如果对称矩阵 $\boldsymbol{A}$ 是正定的，则式(4.36)中的分子 $\boldsymbol{x}^{\mathrm{T}}\boldsymbol{A}\boldsymbol{x}$ 可视作向量 $\boldsymbol{x}$ 的内积 $\langle\boldsymbol{x}, \boldsymbol{x}\rangle=\|\boldsymbol{x}\|^2$，其所在内积空间由正定对称矩阵 $\boldsymbol{A}$ 决定。式(4.36)的分母是向量 $\boldsymbol{x}$ 的点积，即欧几里得空间中的内积，在这里可视作标准化系数。在 $\mathbb{R}^2$ 空间中，欧几里得空间的等高线是圆形，非欧内积空间的等高线是椭圆形，两个向量终点在同一条等高线上，意味着这两个向量长度相同。如图 4.4 所示，向量 $\boldsymbol{x}_1$，$\boldsymbol{x}_2$ 都在圆形(虚线)上，它们在欧几里得空间上有相同的长度。但是以等高线为图中椭圆的视角来看，向量 $\boldsymbol{x}_1$ 在椭圆外部，而向量 $\boldsymbol{x}_2$ 位于椭圆内部，因此在椭圆对应的非欧空间中，向量 $\boldsymbol{x}_1$ 的长度要大于向量 $\boldsymbol{x}_2$ 的。此时代入到式(4.36)中计算 Rayleigh 商，即 $R_A(\boldsymbol{x}_1)>R_A(\boldsymbol{x}_2)$。在此空间中，Rayleigh 商最大的方向必然是椭圆短轴方向，而最小的方向是长轴方向。

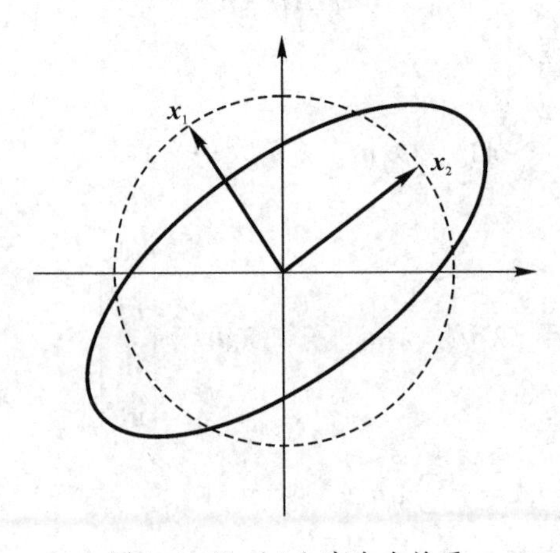

图 4.4 Rayleigh 商大小关系

Rayleigh 商有如下性质：

(1) 齐次性：$R_{\beta A}(\alpha \boldsymbol{x})=\beta R_A(\boldsymbol{x})$。首先 Rayleigh 商与向量 $\boldsymbol{x}$ 的长度无关，只与方向有关；其次对称矩阵 $\boldsymbol{A}$ 的缩放线性反映到 Rayleigh 商的数值上。

(2) 平移不变性：$R_{\boldsymbol{A}-\alpha \boldsymbol{I}}(\boldsymbol{x})=R_A(\boldsymbol{x})-\alpha$。

(3) 正交性：$\boldsymbol{x}\perp(\boldsymbol{A}-R_A(\boldsymbol{x})\boldsymbol{I})\boldsymbol{x}$。

Rayleigh 商与特征值的关系主要体现在下面这个定理上。

定理 4.7(Rayleigh-Ritz 定理) 设对称矩阵 $\boldsymbol{A}\in\mathbb{R}^{N\times N}$，$\lambda_{\min}$与 $\lambda_{\max}$分别是 $\boldsymbol{A}$ 的最小与最大特征值，则

$$\max_{x\neq 0} R_A(\boldsymbol{x})=\max_{x\neq 0}\frac{\boldsymbol{x}^{\mathrm{T}}\boldsymbol{A}\boldsymbol{x}}{\boldsymbol{x}^{\mathrm{T}}\boldsymbol{x}}=\lambda_{\max} \tag{4.37}$$

$$\min_{x\neq 0} R_A(\boldsymbol{x})=\min_{x\neq 0}\frac{\boldsymbol{x}^{\mathrm{T}}\boldsymbol{A}\boldsymbol{x}}{\boldsymbol{x}^{\mathrm{T}}\boldsymbol{x}}=\lambda_{\min} \tag{4.38}$$

该定理的证明如下。因为 $\boldsymbol{x}\neq 0$，构造单位向量 $\boldsymbol{y}=\frac{\boldsymbol{x}}{\|\boldsymbol{x}\|}$，则

$$\frac{\boldsymbol{x}^{\mathrm{T}}\boldsymbol{A}\boldsymbol{x}}{\boldsymbol{x}^{\mathrm{T}}\boldsymbol{x}}=\frac{\boldsymbol{x}^{\mathrm{T}}}{\sqrt{\boldsymbol{x}^{\mathrm{T}}\boldsymbol{x}}}\boldsymbol{A}\frac{\boldsymbol{x}}{\sqrt{\boldsymbol{x}^{\mathrm{T}}\boldsymbol{x}}}=\left(\frac{\boldsymbol{x}}{\|\boldsymbol{x}\|}\right)^{\mathrm{T}}\boldsymbol{A}\left(\frac{\boldsymbol{x}}{\|\boldsymbol{x}\|}\right)=\boldsymbol{y}^{\mathrm{T}}\boldsymbol{A}\boldsymbol{y} \tag{4.39}$$

根据定理 4.5，因为 $\boldsymbol{A}$ 是对称矩阵，存在正交矩阵 $\boldsymbol{U}$ 和对角矩阵 $\boldsymbol{\Lambda}=\mathrm{diag}(\lambda_1, \lambda_2, \cdots, \lambda_N)$，使得 $\boldsymbol{A}=\boldsymbol{U}\boldsymbol{\Lambda}\boldsymbol{U}^{\mathrm{T}}$，代入到式(4.39)中，有

$$\boldsymbol{y}^{\mathrm{T}}\boldsymbol{A}\boldsymbol{y}=\boldsymbol{y}^{\mathrm{T}}\boldsymbol{U}\boldsymbol{\Lambda}\boldsymbol{U}^{\mathrm{T}}\boldsymbol{y}=(\boldsymbol{U}^{\mathrm{T}}\boldsymbol{y})^{\mathrm{T}}\boldsymbol{\Lambda}(\boldsymbol{U}^{\mathrm{T}}\boldsymbol{y})=\sum_{n=1}^{N}\lambda_n\left|(\boldsymbol{U}^{\mathrm{T}}\boldsymbol{y})_n\right|^2 \tag{4.40}$$

因为 $\sum_{n=1}^{N}\left|(\boldsymbol{U}^{\mathrm{T}}\boldsymbol{y})_n\right|^2=\boldsymbol{y}^{\mathrm{T}}\boldsymbol{y}=1$，因此

$$\begin{aligned}&\lambda_{\min}\sum_{n=1}^{N}\left|(\boldsymbol{U}^{\mathrm{T}}\boldsymbol{y})_n\right|^2\leqslant\sum_{n=1}^{N}\lambda_n\left|(\boldsymbol{U}^{\mathrm{T}}\boldsymbol{y})_n\right|^2\leqslant\lambda_{\max}\sum_{n=1}^{N}\left|(\boldsymbol{U}^{\mathrm{T}}\boldsymbol{y})_n\right|^2\\&\Rightarrow\lambda_{\min}\boldsymbol{y}^{\mathrm{T}}\boldsymbol{y}\leqslant\boldsymbol{y}^{\mathrm{T}}\boldsymbol{A}\boldsymbol{y}\leqslant\lambda_{\max}\boldsymbol{y}^{\mathrm{T}}\boldsymbol{y}\\&\Rightarrow\lambda_{\min}\leqslant\boldsymbol{y}^{\mathrm{T}}\boldsymbol{A}\boldsymbol{y}\leqslant\lambda_{\max}\end{aligned} \tag{4.41}$$

得证。

令 $\boldsymbol{x}_{\min}$是矩阵 $\boldsymbol{A}$ 的 $\lambda_{\min}$对应的特征向量，则

$$\frac{\boldsymbol{x}_{\min}^{\mathrm{T}}\boldsymbol{A}\boldsymbol{x}_{\min}}{\boldsymbol{x}_{\min}^{\mathrm{T}}\boldsymbol{x}_{\min}}=\frac{\boldsymbol{x}_{\min}^{\mathrm{T}}(\lambda_{\min}\boldsymbol{x}_{\min})}{\boldsymbol{x}_{\min}^{\mathrm{T}}\boldsymbol{x}_{\min}}=\lambda_{\min} \tag{4.42}$$

也就是最小特征值对应的特征向量 $\boldsymbol{x}_{\min}$及其共线向量的 Rayleigh 商取最小值 $\lambda_{\min}$。同理可知最大特征值对应的特征向量 $\boldsymbol{x}_{\max}$及其共线向量的 Rayleigh 商取最大值 $\lambda_{\max}$。

4.3 Cholesky 分解

Cholesky 分解可以将对称正定矩阵分解成两个简单矩阵相乘的形式，在实际应用中非常有用。

定理 4.8(Cholesky 分解) 对称正定矩阵 $\boldsymbol{A}=(a_{nn})_{N\times N}\in\mathbb{R}^{N\times N}$可以分解成乘积 $\boldsymbol{A}=\boldsymbol{L}\boldsymbol{L}^{\mathrm{T}}$，其中 $\boldsymbol{L}$ 是一个对角线元素为正数的下三角矩阵，即

$$\begin{pmatrix} a_{11} & a_{12} & \cdots & a_{1N} \\ a_{21} & a_{22} & \cdots & a_{2N} \\ \vdots & \vdots & & \vdots \\ a_{N1} & a_{N2} & \cdots & a_{NN} \end{pmatrix} = \begin{pmatrix} l_{11} & 0 & \cdots & 0 \\ l_{21} & l_{22} & \cdots & 0 \\ \vdots & \vdots & & \vdots \\ l_{N1} & l_{N2} & \cdots & l_{NN} \end{pmatrix} \begin{pmatrix} l_{11} & l_{12} & \cdots & l_{N1} \\ 0 & l_{22} & \cdots & l_{N2} \\ \vdots & \vdots & & \vdots \\ 0 & 0 & \cdots & l_{NN} \end{pmatrix} \tag{4.43}$$

其中，$\boldsymbol{L}$ 称为 $\boldsymbol{A}$ 的 Cholesky 因子，具有唯一性。

Cholesky 分解在对称正定矩阵的行列式计算中非常有用，使用传统方式计算矩阵行列式，需要逐级按行/列展开，效率非常低。我们来看 Cholesky 分解如何加速行列式的计算。设对称正定矩阵 $\boldsymbol{A}$，它的 Cholesky 分解结果为 $\boldsymbol{A}-\boldsymbol{L}\boldsymbol{L}^{\mathrm{T}}$，根据行列式的性质

$$\det(\boldsymbol{A})=\det(\boldsymbol{L})\det(L^{\mathrm{T}})=\det(\boldsymbol{L})^2 \tag{4.44}$$

因为 $\boldsymbol{L}$ 是下三角矩阵，有 $\det(\boldsymbol{L}) = \sum_{n=1}^{N} l_{nn}$，因此

$$\det(\boldsymbol{A}) = \sum_{n=1}^{N} l_{nn}^2 \tag{4.45}$$

Cholesky 分解的过程也并不麻烦，下面看一个示例。

例 4.4 对对称正定矩阵 $\boldsymbol{A}\in\mathbb{R}^{3\times 3}$ 进行 Cholesky 分解 $\boldsymbol{A}=\boldsymbol{L}\boldsymbol{L}^{\mathrm{T}}$，即给出下式中所有 l_{ij} 的计算方法

$$\boldsymbol{A}=\begin{pmatrix} a_{11} & a_{21} & a_{31} \\ a_{21} & a_{22} & a_{32} \\ a_{31} & a_{32} & a_{33} \end{pmatrix}=\boldsymbol{L}\boldsymbol{L}^{\mathrm{T}}=\begin{pmatrix} l_{11} & 0 & 0 \\ l_{21} & l_{22} & 0 \\ l_{31} & l_{32} & l_{33} \end{pmatrix}\begin{pmatrix} l_{11} & l_{21} & l_{31} \\ 0 & l_{22} & l_{32} \\ 0 & 0 & l_{33} \end{pmatrix} \tag{4.46}$$

把等式右边相乘，得

$$\boldsymbol{A}=\begin{pmatrix} a_{11} & a_{21} & a_{31} \\ a_{21} & a_{22} & a_{32} \\ a_{31} & a_{32} & a_{33} \end{pmatrix}=\begin{pmatrix} l_{11}^2 & l_{21}l_{11} & l_{31}l_{11} \\ l_{21}l_{11} & l_{21}^2+l_{22}^2 & l_{31}l_{21}+l_{32}l_{22} \\ l_{31}l_{11} & l_{31}l_{21}+l_{32}l_{22} & l_{31}^2+l_{32}^2+l_{33}^2 \end{pmatrix} \tag{4.47}$$

一一对照式(4.47)两边，逐个计算，不难得到如下结果：

$$\begin{cases} l_{11}=\sqrt{a_{11}} \\ l_{21}=\dfrac{1}{l_{11}}a_{21} \\ l_{31}=\dfrac{1}{l_{11}}a_{31} \\ l_{22}=\sqrt{a_{22}-l_{21}^2} \\ l_{32}=\dfrac{1}{l_{22}}(a_{32}-l_{31}l_{21}) \\ l_{33}=\sqrt{a_{33}-(l_{31}^2+l_{32}^2)} \end{cases} \tag{4.48}$$

这样就完成了对矩阵 $\boldsymbol{A}$ 的 Cholesky 分解。

4.4 QR 分解

QR(正交三角)分解可以将一个一般矩阵分解成正交矩阵和上三角矩阵的乘积，不要求被分解的矩阵是方阵，更不要求对称性或正定性。QR 分解在实际应用中非常常用，因此这里进行简单介绍。

定理 4.9(QR 分解) 设矩阵 $\boldsymbol{A}\in\mathbb{R}^{M\times N}$($M\geqslant N$, 对于 $M<N$ 的情况可转置后求解)，存在列正交的矩阵 $\boldsymbol{Q}\in\mathbb{R}^{M\times M}$ 和上三角矩阵 $\boldsymbol{R}\in\mathbb{R}^{M\times N}$，使得 $\boldsymbol{A}=\boldsymbol{QR}$。当 $M=N$ 时，$\boldsymbol{Q}$ 是正交矩阵；当 $\boldsymbol{A}$ 是非奇异的方阵时，则 $\boldsymbol{R}$ 的所有对角线元素都是正数，同时 $\boldsymbol{Q}$ 与 $\boldsymbol{R}$ 都是唯一的。

QR 分解中的矩阵 $\boldsymbol{Q}$ 的各列之间总是可以变换得到标准正交关系。如果矩阵 $\boldsymbol{Q}=(\boldsymbol{q}_1, \boldsymbol{q}_2, \cdots, \boldsymbol{q}_M)$的各列 $\boldsymbol{q}_m$ 不是单位向量，可通过下式进行变换

$$\boldsymbol{Q}'=\boldsymbol{Q}\cdot\operatorname{diag}\left(\frac{1}{\|\boldsymbol{q}_1\|}, \frac{1}{\|\boldsymbol{q}_2\|}, \cdots, \frac{1}{\|\boldsymbol{q}_M\|}\right) \tag{4.49}$$

$\boldsymbol{Q}'$中的各列之间是标准正交关系，此时

$$\begin{aligned}\boldsymbol{A}&=\boldsymbol{QR}\\&=\boldsymbol{Q}'\cdot\operatorname{diag}(\|\boldsymbol{q}_1\|, \|\boldsymbol{q}_2\|, \cdots, \|\boldsymbol{q}_M\|)\cdot\boldsymbol{R}\\&=\boldsymbol{Q}'\boldsymbol{R}'\end{aligned} \tag{4.50}$$

该式中，$\boldsymbol{R}$ 左乘一个对角矩阵，并不会改变 $\boldsymbol{R}$ 的上三角形状，$\boldsymbol{R}'$仍是上三角矩阵。因此新的分解 $\boldsymbol{A}=\boldsymbol{Q}'\boldsymbol{R}'$还是 QR 分解。

QR 分解有如下性质：

(1) 设对于矩阵 $\boldsymbol{A}\in\mathbb{R}^{M\times N}$的 QR 分解为 $\boldsymbol{A}=\boldsymbol{QR}$，那么 $\boldsymbol{A}^{\mathrm{T}}\boldsymbol{A}=(\boldsymbol{QR})^{\mathrm{T}}(\boldsymbol{QR})=R^{\mathrm{T}}\boldsymbol{R}$，令矩阵 $\boldsymbol{G}$ 为 $\boldsymbol{R}^{\mathrm{T}}$ 的左侧 N 列，即 $\boldsymbol{G}$ 为下三角的方阵，则

$$\boldsymbol{A}^{\mathrm{T}}\boldsymbol{A}=\boldsymbol{R}^{\mathrm{T}}\boldsymbol{R}=(\boldsymbol{G}\quad \boldsymbol{O}_{N\times(M-N)})\begin{pmatrix}\boldsymbol{G}^{\mathrm{T}}\\ \boldsymbol{O}_{(M-N)\times N}\end{pmatrix}=\boldsymbol{GG}^{\mathrm{T}} \tag{4.51}$$

因此 $\boldsymbol{G}$ 是 $\boldsymbol{A}^{\mathrm{T}}\boldsymbol{A}$ 的 Cholesky 因子。

(2) 设矩阵 $\boldsymbol{A}, \boldsymbol{B}\in\mathbb{R}^{M\times N}$，要使 $\boldsymbol{A}^{\mathrm{T}}\boldsymbol{A}=\boldsymbol{B}^{\mathrm{T}}\boldsymbol{B}$ 得到满足，当且仅当存在正交矩阵 $\boldsymbol{Q}\in\mathbb{R}^{M\times M}$，使得 $\boldsymbol{QA}=\boldsymbol{B}$。证明这个性质不难，通过这个性质我们可以得到一个规律，满足上述 $\boldsymbol{A}^{\mathrm{T}}\boldsymbol{A}=\boldsymbol{B}^{\mathrm{T}}\boldsymbol{B}$ 条件的两个矩阵 $\boldsymbol{A}, \boldsymbol{B}$ 之间有旋转关系：$\boldsymbol{A}$ 经旋转变换后可得到 $\boldsymbol{B}$。这是因为标准正交矩阵 $\boldsymbol{Q}$ 作为变换矩阵，实施旋转变换，这一点在上一章就证明过了。

下面给出基于 Gram-Schmidt(格拉姆-施密特)正交化方法进行 QR 分解的过程。

先将定理 4.9 中的矩阵 $\boldsymbol{A}\in\mathbb{R}^{M\times N}$表示成列分块形式：$\boldsymbol{A}=(\boldsymbol{a}_1, \boldsymbol{a}_2, \cdots, \boldsymbol{a}_N)$。下面使用 Gram-Schmidt 正交化方法构造出相互之间标准正交的向量 $\boldsymbol{q}_1, \boldsymbol{q}_2, \cdots, \boldsymbol{q}_N$。

步骤 1：对向量 $\boldsymbol{a}_1$ 进行标准化得到 $\boldsymbol{q}_1$。

$$r_{11}=\|\boldsymbol{a}_1\|, \boldsymbol{q}_1=\frac{\boldsymbol{a}_1}{r_{11}} \tag{4.52}$$

步骤 2：计算与 $\boldsymbol{q}_1$ 正交的标准向量 $\boldsymbol{q}_2$。

计算 $\boldsymbol{a}_2$ 到空间 span[$\boldsymbol{a}_1$]的投影向量

$$\pi_{\mathrm{span}[\boldsymbol{a}_1]}(\boldsymbol{a}_2)=\frac{\boldsymbol{a}_1\boldsymbol{a}_1^{\mathrm{T}}}{\boldsymbol{a}_1^{\mathrm{T}}\boldsymbol{a}_1}\boldsymbol{a}_2=\boldsymbol{q}_1\boldsymbol{q}_1^{\mathrm{T}}\boldsymbol{a}_2=\boldsymbol{q}_1 r_{12} \tag{4.53}$$

其中，$r_{12}=\boldsymbol{q}_1^{\mathrm{T}}\boldsymbol{a}_2$。用 $\boldsymbol{a}_2$ 减去投影向量 $\pi_{\mathrm{span}[\boldsymbol{a}_1]}(\boldsymbol{a}_2)$，再进行标准化，可得 $\boldsymbol{q}_2$

$$\boldsymbol{q}_2=\frac{\boldsymbol{a}_2-\boldsymbol{q}_1 r_{12}}{\|\boldsymbol{a}_2-\boldsymbol{q}_1 r_{12}\|}=\frac{\boldsymbol{a}_2-\boldsymbol{q}_1 r_{12}}{r_{22}} \tag{4.54}$$

其中，$r_{22}=\|\boldsymbol{a}_2-\boldsymbol{q}_1 r_{12}\|$。

步骤 3：计算与 $\boldsymbol{q}_1$，$\boldsymbol{q}_2$ 都正交的标准向量 $\boldsymbol{q}_3$。

计算 $\boldsymbol{a}_3$ 到空间 span[$\boldsymbol{a}_1$，$\boldsymbol{a}_2$]的投影向量

$$\begin{aligned}\pi_{\mathrm{span}[a_1,a_2]}(\boldsymbol{a}_3)&=\pi_{\mathrm{span}[q_1,q_2]}(\boldsymbol{a}_3)\\&=(\boldsymbol{q}_1\quad\boldsymbol{q}_2)\left(\begin{pmatrix}\boldsymbol{q}_1^{\mathrm{T}}\\\boldsymbol{q}_2^{\mathrm{T}}\end{pmatrix}(\boldsymbol{q}_1\quad\boldsymbol{q}_2)\right)^{-1}\begin{pmatrix}\boldsymbol{q}_1^{\mathrm{T}}\\\boldsymbol{q}_2^{\mathrm{T}}\end{pmatrix}\boldsymbol{a}_3\\&=\boldsymbol{q}_1\boldsymbol{q}_1^{\mathrm{T}}\boldsymbol{a}_3+\boldsymbol{q}_2\boldsymbol{q}_2^{\mathrm{T}}\boldsymbol{a}_3\\&=\boldsymbol{q}_1r_{13}+\boldsymbol{q}_2r_{23}\end{aligned}\tag{4.55}$$

其中，$r_{13}=\boldsymbol{q}_1^{\mathrm{T}}\boldsymbol{a}_3$，$r_{23}=\boldsymbol{q}_2^{\mathrm{T}}\boldsymbol{a}_3$。用 $\boldsymbol{a}_3$ 减去投影向量后标准化，即可得

$$\boldsymbol{q}_3=\frac{\boldsymbol{a}_3-\boldsymbol{q}_1r_{13}-\boldsymbol{q}_2r_{23}}{\|\boldsymbol{a}_3-\boldsymbol{q}_1r_{13}-\boldsymbol{q}_2r_{23}\|}=\frac{\boldsymbol{a}_3-\boldsymbol{q}_1r_{13}-\boldsymbol{q}_2r_{23}}{r_{33}}\tag{4.56}$$

其中，$r_{33}=\|\boldsymbol{a}_3-\boldsymbol{q}_1r_{13}-\boldsymbol{q}_2r_{23}\|$。

……

步骤 n：用同样的方法计算与 $\boldsymbol{q}_1$，$\boldsymbol{q}_2$，…，$\boldsymbol{q}_{n-1}$正交的标准向量 $\boldsymbol{q}_n(2\leqslant n\leqslant N)$。

$\boldsymbol{a}_n$ 到空间 span[$\boldsymbol{a}_1$，$\boldsymbol{a}_2$，…，$\boldsymbol{a}_{n-1}$]的投影向量为

$$\begin{aligned}\pi_{\mathrm{span}[a_1,a_2,\cdots,a_{n-1}]}(\boldsymbol{a}_n)&=\boldsymbol{q}_1\boldsymbol{q}_1^{\mathrm{T}}\boldsymbol{a}_n+\boldsymbol{q}_2\boldsymbol{q}_2^{\mathrm{T}}\boldsymbol{a}_n+\cdots+\boldsymbol{q}_{n-1}\boldsymbol{q}_{n-1}^{\mathrm{T}}\boldsymbol{a}_n\\&=\boldsymbol{q}_1r_{1n}+\boldsymbol{q}_2r_{2n}+\cdots+\boldsymbol{q}_{n-1}r_{n-1,n}\\&=\sum_{i=1}^{n-1}\boldsymbol{q}_ir_{in}\end{aligned}\tag{4.57}$$

其中，$r_{in}=\boldsymbol{q}_i^{\mathrm{T}}\boldsymbol{a}_n(1\leqslant i\leqslant n-1)$。通过下式计算 $\boldsymbol{q}_n$

$$\boldsymbol{q}_n=\frac{\boldsymbol{a}_n-\sum_{i=1}^{n-1}\boldsymbol{q}_ir_{in}}{r_{nn}}\tag{4.58}$$

其中，$r_{nn}=\|\boldsymbol{a}_n-\sum_{i=1}^{n-1}\boldsymbol{q}_ir_in\|$。

……

计算完毕后，分别构造矩阵 $\boldsymbol{Q}=(\boldsymbol{q}_1,\boldsymbol{q}_2,\cdots,\boldsymbol{q}_N)$和上三角矩阵 $\boldsymbol{R}=(r_{ij})_{N\times N}$，容易验证矩阵 $\boldsymbol{A}=\boldsymbol{QR}$，也就完成了 QR 分解。

4.5 特征值分解

在 4.1.4 小节中，我们提到了可对角化的概念，通过对角化，我们为一个方阵找到了与之相似的对角矩阵。在这一节，我们沿着这个视角进行更深入的分析，讨论极具使用价值的特征值分解方法。

4.5.1 概念与性质

定理 4.10(特征值分解) 方阵 $\boldsymbol{A}\in\mathbb{R}^{N\times N}$可被分解成

$$\boldsymbol{A}=\boldsymbol{U\Lambda U}^{-1}\tag{4.59}$$

当且仅当 $\boldsymbol{A}$ 的特征向量能构成空间$\mathbb{R}^N$的基，其中 $\boldsymbol{U}\in\mathbb{R}^{N\times N}$是非奇异的，$\boldsymbol{\Lambda}$ 是由 $\boldsymbol{A}$ 的特征值构成的对角矩阵。

因为 $\boldsymbol{A}$ 的特征向量能构成空间 $\mathbb{R}^N$ 的基，则 $\boldsymbol{A}$ 必然有 N 个线性无关的特征向量，设为 $\boldsymbol{u}_1$，$\boldsymbol{u}_2$，…，$\boldsymbol{u}_N$，设各特征向量对应的特征值为 λ_1，λ_2，…，λ_N，则有

$$\begin{cases} \boldsymbol{A}\boldsymbol{u}_1=\lambda_1\boldsymbol{u}_1 \\ \boldsymbol{A}\boldsymbol{u}_2=\lambda_2\boldsymbol{u}_2 \\ \quad\vdots \\ \boldsymbol{A}\boldsymbol{u}_N=\lambda_N\boldsymbol{u}_N \end{cases}$$

$$\Rightarrow \boldsymbol{A}(\boldsymbol{u}_1\quad \boldsymbol{u}_2\quad \cdots\quad \boldsymbol{u}_N)=(\boldsymbol{u}_1\quad \boldsymbol{u}_2\quad \cdots\quad \boldsymbol{u}_N)\begin{pmatrix} \lambda_1 & 0 & \cdots & 0 \\ 0 & \lambda_2 & \cdots & 0 \\ \vdots & \vdots & & \vdots \\ 0 & 0 & \cdots & \lambda_N \end{pmatrix}$$

$$\Rightarrow \boldsymbol{A}\boldsymbol{U}=\boldsymbol{U}\boldsymbol{\Lambda}$$

$$\Rightarrow \boldsymbol{A}=\boldsymbol{U}\boldsymbol{\Lambda}\boldsymbol{U}^{-1} \tag{4.60}$$

上式反过来也同样成立，因此定理 4.10 是成立的。

如果 $\boldsymbol{A}$ 是对称矩阵，根据定理 4.5，容易得到如下结论：

定理 4.11　对称矩阵一定可以进行特征值分解。

下面来看一个特征值分解的例子。

例 4.5　对矩阵 $\boldsymbol{A}=\begin{pmatrix} 2 & 1 \\ 1 & 2 \end{pmatrix}$ 进行特征值分解。

步骤 1：计算特征值和特征向量。

列特征多项式

$$\begin{aligned} \det(\boldsymbol{A}-\lambda\boldsymbol{I}) &= \det\left(\begin{pmatrix} 2-\lambda & 1 \\ 1 & 2-\lambda \end{pmatrix}\right) \\ &=(2-\lambda)^2-1 \\ &=\lambda^2-4\lambda+3 \\ &=(\lambda-3)(\lambda-1) \end{aligned} \tag{4.61}$$

解出特征值分别为 $\lambda_1=1$ 和 $\lambda_2=3$，分别代入特征值方程

$$\begin{pmatrix} 1 & 1 \\ 1 & 1 \end{pmatrix}\boldsymbol{x}=0，\begin{pmatrix} -1 & 1 \\ 1 & -1 \end{pmatrix}\boldsymbol{x}=0 \tag{4.62}$$

分别解得标准正交特征向量

$$\boldsymbol{u}_1=\frac{1}{\sqrt{2}}\begin{pmatrix} 1 \\ -1 \end{pmatrix}，\boldsymbol{u}_2=\frac{1}{\sqrt{2}}\begin{pmatrix} 1 \\ 1 \end{pmatrix} \tag{4.63}$$

步骤 2：特征向量 $\boldsymbol{u}_1$，$\boldsymbol{u}_2$ 构成了 $\mathbb{R}^2$ 空间的一个基，因此矩阵 $\boldsymbol{A}$ 可实施特征值分解。

步骤 3：构造矩阵 $\boldsymbol{A}$ 施特征值分解。拼接特征向量构造非奇异矩阵 $\boldsymbol{U}$

$$\boldsymbol{U}=(\boldsymbol{u}_1\quad \boldsymbol{u}_2)=\frac{1}{\sqrt{2}}\begin{pmatrix} 1 & 1 \\ -1 & 1 \end{pmatrix} \tag{4.64}$$

根据特征值构造对角矩阵

$$\boldsymbol{\Lambda}=\begin{pmatrix} 1 & 0 \\ 0 & 3 \end{pmatrix} \tag{4.65}$$

不难看出矩阵 $\boldsymbol{U}$ 是标准正交的，有 $\boldsymbol{U}^{-1}=\boldsymbol{U}^{\mathrm{T}}$。因此矩阵 $\boldsymbol{A}$ 的特征值分解结果如下：

$$\underbrace{\begin{pmatrix}2 & 1\\1 & 2\end{pmatrix}}_{A}=\underbrace{\frac{1}{\sqrt{2}}\begin{pmatrix}1 & 1\\-1 & 1\end{pmatrix}}_{U}\underbrace{\begin{pmatrix}1 & 0\\0 & 3\end{pmatrix}}_{\Lambda}\underbrace{\frac{1}{\sqrt{2}}\begin{pmatrix}1 & -1\\1 & 1\end{pmatrix}}_{U^{-1}} \tag{4.66}$$

特征值分解有如下性质：

(1) 方便计算矩阵的幂。

设方阵 $\boldsymbol{A}$ 的特征值分解结果为 $\boldsymbol{A}=\boldsymbol{U\Lambda U}^{-1}$，计算矩阵 $\boldsymbol{A}$ 的幂时，可利用特征值分解进行简化计算

$$\begin{aligned}\boldsymbol{A}^k &= (\boldsymbol{U\Lambda U}^{-1})^k\\&=\boldsymbol{U\Lambda U}^{-1}\cdot\boldsymbol{U\Lambda U}^{-1}\cdots\boldsymbol{U\Lambda U}^{-1}\\&=\boldsymbol{U\Lambda}(\underbrace{\boldsymbol{U}^{-1}\boldsymbol{U}}_{\boldsymbol{I}})\boldsymbol{\Lambda}(\underbrace{\boldsymbol{U}^{-1}\boldsymbol{U}}_{\boldsymbol{I}})\cdots(\underbrace{\boldsymbol{U}^{-1}\boldsymbol{U}}_{\boldsymbol{I}})\boldsymbol{\Lambda U}^{-1}\\&=\boldsymbol{U\Lambda}^k\boldsymbol{U}^{-1}\end{aligned} \tag{4.67}$$

同时

$$\boldsymbol{\Lambda}^k=\begin{bmatrix}\lambda_1 & 0 & \cdots & 0\\0 & \lambda_2 & \cdots & 0\\\vdots & \vdots & & \vdots\\0 & 0 & \cdots & \lambda_N\end{bmatrix}^k=\begin{bmatrix}\lambda_1^k & 0 & \cdots & 0\\0 & \lambda_2^k & \cdots & 0\\\vdots & \vdots & & \vdots\\0 & 0 & \cdots & \lambda_N^k\end{bmatrix} \tag{4.68}$$

因此可以大大简化计算。

(2) 方便计算矩阵的行列式。

设方阵 $\boldsymbol{A}$ 的特征值分解结果为 $\boldsymbol{A}=\boldsymbol{U\Lambda U}^{-1}$，那么

$$\begin{aligned}\det(\boldsymbol{A}) &= \det(\boldsymbol{U\Lambda U}^{-1})\\&= \det(\boldsymbol{U})\det(\boldsymbol{\Lambda})\det(\boldsymbol{U}^{-1})\\&= \det(\boldsymbol{U})\det(\boldsymbol{\Lambda})\frac{1}{\det(\boldsymbol{U})}\\&= \det(\boldsymbol{\Lambda})\\&= \prod_{n=1}^{N}\lambda_n\end{aligned} \tag{4.69}$$

这样计算效率更高。

4.5.2 几何意义

本小节来学习特征值分解的几何意义。特征值分解是把复杂的线性变换分解成几个简单的线性变换组合，使得变换的过程更容易被人们理解，也更容易被控制。

设矩阵 $\boldsymbol{A}\in\mathbb{R}^2$ 是关于标准基的线性映射的变换矩阵，经矩阵 $\boldsymbol{A}$ 的变换，从图 4.5 中左上图的圆形区域，变换成右上图的椭圆形区域，这是一个相对复杂的变换，不容易推理出变换逻辑。把 $\boldsymbol{A}$ 进行特征值分解得 $\boldsymbol{A}=\boldsymbol{U\Lambda U}^{-1}$，根据第 2 章的基变换相关内容，我们知道直接进行 $\boldsymbol{A}$ 的变换，与先做 $\boldsymbol{U}^{-1}$ 的变换，然后做 $\boldsymbol{\Lambda}$ 的变换，最后做 $\boldsymbol{U}$ 的变换是等价的。我们不妨看看经特征值分解后的 3 次变换过程分别进行了怎样的变换。

(1) $\boldsymbol{U}^{-1}$ 的变换(左上图→左下图)。左上图展示了两个特征向量在原始标准基中的位置，经 $\boldsymbol{U}^{-1}$ 的变换后，原始的标准基变成了由 $\boldsymbol{u}_1$，$\boldsymbol{u}_2$ 构成的新基，当 $\boldsymbol{u}_1$，$\boldsymbol{u}_2$ 相互之间标准

正交时，该过程实际上完成了一次旋转变换。

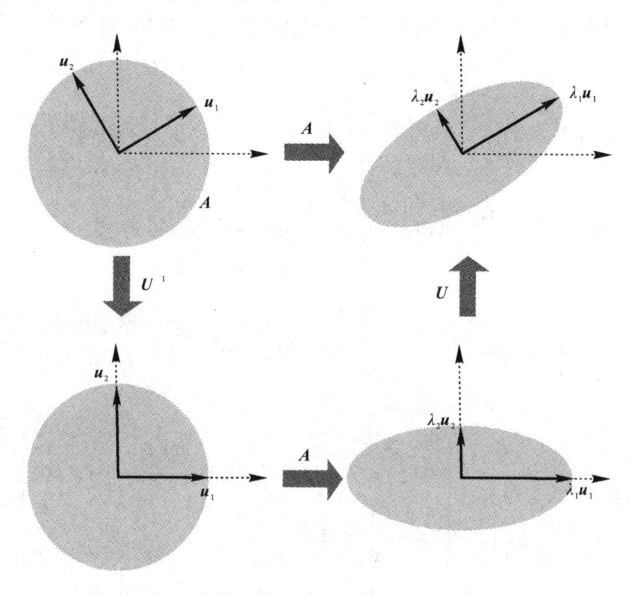

图 4.5 特征值分解的几何意义

(2) $\boldsymbol{A}$ 的变换(左下图→右下图)。$\boldsymbol{A}$ 是对角矩阵，实现了沿基向量的尺度变换，各基向量上的伸缩比例由对应特征值 λ_i 确定，因此该变换把圆形区域变换成了椭圆形区域。

(3) $\boldsymbol{U}$ 的变换(右下图→右上图)。$\boldsymbol{U}$ 的变换是 $\boldsymbol{U}^{-1}$ 的反变换，该变换把 $\boldsymbol{u}_1$，$\boldsymbol{u}_2$ 的基变回了标准基。在视觉上，完成了一次与步骤(1)相反的旋转过程。

综上，通过特征值分解，把复杂的矩阵变换拆分成了“旋转→伸缩→逆向旋转”这三步简单变换。

特征值分解的对象是方阵，对于一般矩阵束手无策。在下一节中，我们将介绍一种适用于一般矩阵的分解方法，即奇异值分解。

4.6 奇异值分解

奇异值分解(SVD)是特征值分解的拓展，突破了特征值分解仅能应用于方阵的限制，可以将一般矩阵进行相似对角矩阵的分解。下面给出奇异值分解的定理。

定理 4.12(奇异值分解) 设矩阵 $\boldsymbol{A}\in\mathbb{R}^{M\times N}$，其秩为 $r\in[0, \min\{M, N\}]$，$\boldsymbol{A}$ 的奇异值分解(SVD)形式如下：

$$\underbrace{\boldsymbol{A}}_{M\times N} = \underbrace{\boldsymbol{U}}_{M\times M}\ \underbrace{\boldsymbol{\Sigma}}_{M\times N}\ \underbrace{\boldsymbol{V}^{\mathrm{T}}}_{N\times N} \tag{4.70}$$

其中，正交矩阵 $\boldsymbol{U}=(\boldsymbol{u}_1, \boldsymbol{u}_2, \cdots, \boldsymbol{u}_M)\in\mathbb{R}^{M\times M}$，正交矩阵 $\boldsymbol{V}=(\boldsymbol{v}_1, \boldsymbol{v}_2, \cdots, \boldsymbol{v}_n)\in\mathbb{R}^{N\times N}$，$\boldsymbol{\Sigma}$ 是 $M\times N$ 的对角矩阵，$\boldsymbol{\Sigma}_{ii}=\sigma_i\geqslant 0$，$\boldsymbol{\Sigma}_{ij}=0(i\neq j)$。

矩阵 $\boldsymbol{\Sigma}$ 的对角元素 $\sigma_i(i=1, 2, \cdots, r)$ 称为奇异值，向量 $\boldsymbol{u}_i$ 称为左奇异向量，$\boldsymbol{v}_j$ 称为右奇异向量。通常奇异值为有序排列，即 $\sigma_1\geqslant\sigma_2\geqslant\cdots\geqslant\sigma_r>0$。

需要注意，矩阵 $\boldsymbol{\Sigma}$ 的大小与 $\boldsymbol{A}$ 相同，并非是一个方阵，这意味着 $\boldsymbol{\Sigma}$ 中包含了一个由奇异值组成的对角方阵以及一个全零矩阵。区分两种情况，如果 $M>N$，那么

$$\boldsymbol{\Sigma}=\begin{pmatrix}\boldsymbol{\Lambda}\\ \boldsymbol{O}\end{pmatrix}=\begin{bmatrix}\sigma_1 & 0 & \cdots & 0\\ 0 & \sigma_2 & \cdots & 0\\ \vdots & \vdots & & \vdots\\ 0 & 0 & \cdots & \sigma_N\\ 0 & 0 & \cdots & 0\\ 0 & 0 & \cdots & 0\\ \vdots & \vdots & & \vdots\\ 0 & 0 & \cdots & 0\end{bmatrix} \tag{4.71}$$

如果 $M<N$，那么

$$\boldsymbol{\Sigma}=(\boldsymbol{\Lambda}\quad \boldsymbol{O})=\begin{bmatrix}\sigma_1 & 0 & \cdots & 0 & 0 & 0 & \cdots & 0\\ 0 & \sigma_2 & \cdots & 0 & 0 & 0 & \cdots & 0\\ \vdots & \vdots & & \vdots & \vdots & \vdots & & \vdots\\ 0 & 0 & \cdots & \sigma_M & 0 & 0 & \cdots & 0\end{bmatrix} \tag{4.72}$$

其中，$\boldsymbol{\Lambda}=\mathrm{diag}(\sigma_1, \sigma_2, \cdots, \sigma_r)$ 是一个对角方阵，$\boldsymbol{O}$ 表示全零矩阵。

4.6.1 几何意义

与特征值分解类似，我们也可以从变换矩阵的角度为 SVD 提供几何解释。矩阵 $\boldsymbol{A}$ 的 SVD 可以解释为将线性映射 Φ：$\mathbb{R}^N\to\mathbb{R}^M$（变换矩阵为 $\boldsymbol{A}$）分解为三个步骤，如图 4.6 所示。简单来说，SVD 与特征值分解一样，也是把矩阵 $\boldsymbol{A}$ 的复杂线性变换简化成了"旋转→伸缩→旋转"三个步骤，但又有些不一样，下面具体阐述。

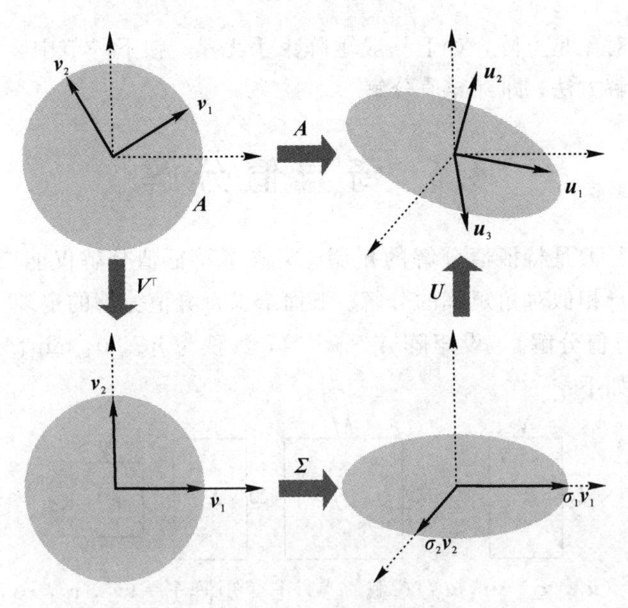

图 4.6 奇异值分解的几何意义

(1)（左上图→左下图）在 $\mathbb{R}^N$ 空间中，矩阵 $\boldsymbol{V}$ 执行从基 $\widetilde{\boldsymbol{B}}=(\boldsymbol{v}_1, \boldsymbol{v}_2)$ 到标准基 $\boldsymbol{B}$ 的基变换，那么 $\boldsymbol{V}^{\mathrm{T}}=\boldsymbol{V}^{-1}$ 执行从 $\boldsymbol{B}$ 到 $\widetilde{\boldsymbol{B}}$ 的基变换，这事实上是一个旋转变换。

(2)(左下图→右下图)矩阵 $\boldsymbol{\Sigma}$ 完成从 $\mathbb{R}^N$ 中的基 $\widetilde{\boldsymbol{B}}$ 到 $\mathbb{R}^M$ 中的基 $\widetilde{\boldsymbol{C}}$ 的线性变换，首先根据奇异值 σ_i 对 $\widetilde{\boldsymbol{B}}$ 的基向量 $\boldsymbol{v}_i$ 进行了伸缩，然后增加了新维度，变换到了新空间。

(3)(右下图→右上图)矩阵 $\boldsymbol{U}$ 完成在 $\mathbb{R}^M$ 空间下由基 $\widetilde{\boldsymbol{C}}$ 旋转到基 $\boldsymbol{C}$ 的基变换。

下面通过一个示例展示上述变换过程。

例 4.6 从奇异值分解的角度来看以下面矩阵作为变换矩阵的线性变换过程。

$$\boldsymbol{A}=\begin{pmatrix}1 & -0.8\\ 0 & 1\\ 1 & 0\end{pmatrix} \tag{4.73}$$

对矩阵 $\boldsymbol{A}$ 进行奇异值分解得

$$\boldsymbol{A}=\boldsymbol{U\Sigma V}^{\mathrm{T}}=\begin{pmatrix}-0.79 & 0 & -0.62\\ 0.38 & -0.78 & -0.49\\ -0.48 & -0.62 & 0.62\end{pmatrix}\begin{pmatrix}1.62 & 0\\ 0 & 1.0\\ 0 & 0\end{pmatrix}\begin{pmatrix}-0.78 & 0.62\\ -0.62 & -0.78\end{pmatrix} \tag{4.74}$$

如图 4.7 所示，线性变换的原始点是一个正方形区域中的若干点(如图 4.7 中左上图所示)。首先经过 2×2 的变换矩阵 $\boldsymbol{V}^{\mathrm{T}}$，把原始点旋转变换到左下图所示位置。接着使用 2×3 的对角矩阵 $\boldsymbol{\Sigma}$ 将左下图中的各点映射到右下图的 x_1ox_2 平面上，其中各点在 x_1 维度上的数值拉伸到原来的 1.6 倍，在 x_2 维度上的数值不变，同时增加了第 3 个维度 x_3，所有点在 x_3 维度上的数值为 0。最后经过以 3×3 矩阵 $\boldsymbol{U}$ 为变换矩阵的旋转变换，右下图中的各点沿同一轴和相同角度旋转至右上图位置。所有点经变换后仍然位于同一平面上。

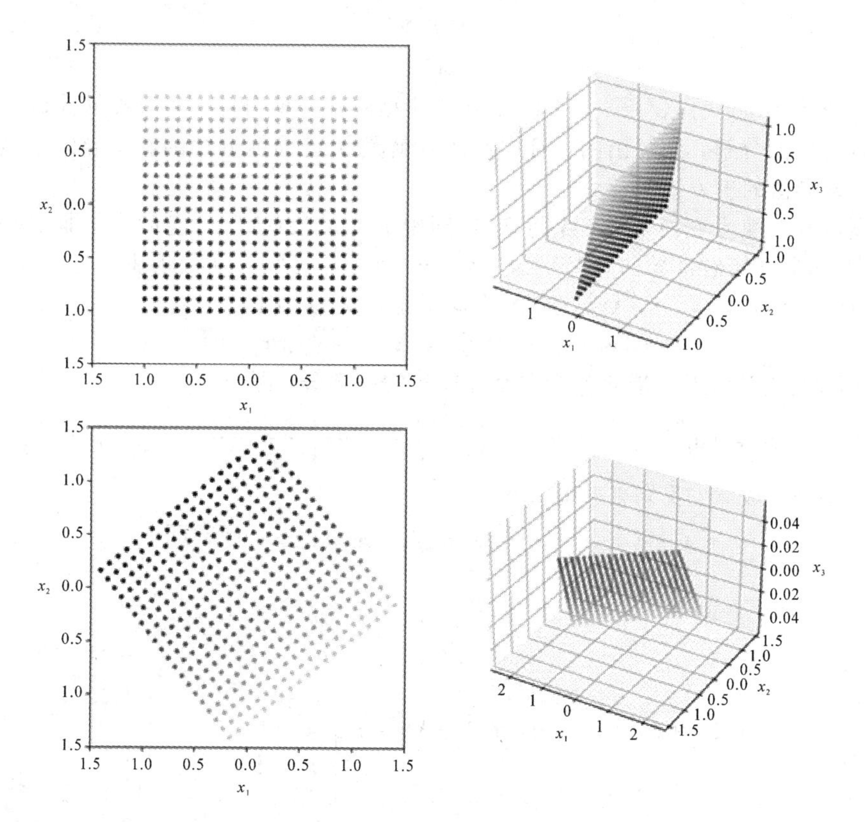

图 4.7 奇异值分解示例

4.6.2 SVD的构造

这一小节我们基于特征值分解，给出SVD的构造方法。需要说明的是，构造SVD的方法有很多，基于特征值分解的方法是最容易理解的。但因为特征值和特征向量的计算效率不高，实际应用并不多，这里基于内容设计，仅介绍基于特征值分解的方法，如有进一步使用的需求，建议学习其他更实用的构造方法。

设矩阵$\boldsymbol{A}\in\mathbb{R}^{M\times N}$的SVD结果为$\boldsymbol{A}=\boldsymbol{U\Sigma V}^{\mathrm{T}}$，对该式两边取转置得$\boldsymbol{A}^{\mathrm{T}}=\boldsymbol{V\Sigma}^{\mathrm{T}}\boldsymbol{U}^{\mathrm{T}}$，该式满足SVD的定义。矩阵$\boldsymbol{A}$和$\boldsymbol{A}^{\mathrm{T}}$有相同的奇异值和奇异向量(左右有区别)，因此要想对矩阵$\boldsymbol{A}$进行SVD，直接分解$\boldsymbol{A}$与通过分解$\boldsymbol{A}^{\mathrm{T}}$间接得到$\boldsymbol{A}$的分解结果，这两种方式是等价的。也就是说，我们只要给出当$M\geqslant N$时瘦高矩阵$\boldsymbol{A}\in\mathbb{R}^{M\times N}$的SVD分解方法，对于$M<N$的胖宽矩阵$\boldsymbol{A}\in\mathbb{R}^{M\times N}$，不妨通过分解$\boldsymbol{A}^{\mathrm{T}}\in\mathbb{R}^{N\times M}$，间接得到$\boldsymbol{A}$的分解结果。本小节的SVD构造方法以瘦高矩阵为分解对象，即矩阵$\boldsymbol{A}\in\mathbb{R}^{M\times N}(M\geqslant N)$，此时$\boldsymbol{A}$的SVD可写成如下形式：

$$\boldsymbol{A}=\boldsymbol{U\Sigma V}^{\mathrm{T}}=(\boldsymbol{U}',\ \boldsymbol{U}'')\begin{pmatrix}\boldsymbol{\Sigma}'\\ \boldsymbol{O}\end{pmatrix}\boldsymbol{V}^{\mathrm{T}}=\boldsymbol{U}'\boldsymbol{\Sigma}'\boldsymbol{V}^{\mathrm{T}} \tag{4.75}$$

其中，$\boldsymbol{U}'=(\boldsymbol{u}_1,\ \boldsymbol{u}_2,\ \cdots,\ \boldsymbol{u}_N)$、$\boldsymbol{U}''=(\boldsymbol{u}_{N+1},\ \boldsymbol{u}_{N+2},\ \cdots,\ \boldsymbol{u}_M)$、$\boldsymbol{\Sigma}'=\mathrm{diag}(\sigma_1,\ \sigma_2,\ \cdots,\ \sigma_N)$和$\boldsymbol{V}=(\boldsymbol{v}_1,\ \boldsymbol{v}_2,\ \cdots,\ \boldsymbol{v}_N)$。

下面，我们从SVD等式出发，分析出一些本质特点，作为构造SVD的基础。

首先，计算$\boldsymbol{A}^{\mathrm{T}}\boldsymbol{A}$。因为矩阵$\boldsymbol{U}$是正交矩阵，有$\boldsymbol{U}^{\mathrm{T}}\boldsymbol{U}=\boldsymbol{I}$，则

$$\begin{aligned}\boldsymbol{A}^{\mathrm{T}}\boldsymbol{A}&=(\boldsymbol{U\Sigma V}^{\mathrm{T}})^{\mathrm{T}}\boldsymbol{U\Sigma V}^{\mathrm{T}}\\&=\boldsymbol{V\Sigma}^{\mathrm{T}}(\boldsymbol{U}^{\mathrm{T}}\boldsymbol{U})\boldsymbol{\Sigma V}^{\mathrm{T}}\\&=\boldsymbol{V\Sigma}'^2\boldsymbol{V}^{\mathrm{T}}\\&=\boldsymbol{V\Lambda V}^{\mathrm{T}}\end{aligned} \tag{4.76}$$

其中，$\boldsymbol{\Lambda}=\boldsymbol{\Sigma}'^2=\mathrm{diag}(\sigma_1^2,\ \sigma_2^2,\ \cdots,\ \sigma_N^2)$。上式是典型的特征值分解，从该式可看到对对称矩阵$\boldsymbol{A}^{\mathrm{T}}\boldsymbol{A}$进行特征值分解，分解出的特征向量矩阵就是$\boldsymbol{A}$奇异值分解的右奇异向量矩阵，而特征值等于奇异值的平方，即$\sigma_i^2=\lambda_i$。

其次，将$\boldsymbol{A}$视为变换矩阵，$\boldsymbol{A}$将$\mathbb{R}^N$空间中的向量映射到$\mathbb{R}^M$空间中，即$\forall\,\boldsymbol{x}\in\mathbb{R}^N$，有$\boldsymbol{Ax}\in\mathbb{R}^M$。如果已知右奇异向量$\boldsymbol{V}=(\boldsymbol{v}_1,\ \boldsymbol{v}_2,\ \cdots,\ \boldsymbol{v}_N)$，我们可以在此基础上构造$\mathbb{R}^M$空间中的$N$个向量$\boldsymbol{Av}_1,\ \boldsymbol{Av}_2,\ \cdots,\ \boldsymbol{Av}_N$，这$N$个向量是正交的，因为

$$(\boldsymbol{Av}_i)^{\mathrm{T}}(\boldsymbol{Av}_j)=\boldsymbol{v}_i^{\mathrm{T}}(\boldsymbol{A}^{\mathrm{T}}\boldsymbol{A})\boldsymbol{v}_j=\boldsymbol{v}_i^{\mathrm{T}}(\lambda_j\boldsymbol{v}_j)=0 \tag{4.77}$$

这N个向量经标准化后，能否作为左奇异向量的一部分，即令

$$\boldsymbol{U}'=(\boldsymbol{u}_1,\ \boldsymbol{u}_2,\ \cdots,\ \boldsymbol{u}_N)=\left(\frac{\boldsymbol{Av}_1}{\|\boldsymbol{Av}_1\|},\ \frac{\boldsymbol{Av}_2}{\|\boldsymbol{Av}_2\|},\ \cdots,\ \frac{\boldsymbol{Av}_N}{\|\boldsymbol{Av}_N\|}\right) \tag{4.78}$$

式(4.75)是否还成立？我们来验证。因

$$\|\boldsymbol{Av}_i\|=\sqrt{(\boldsymbol{Av}_i)^{\mathrm{T}}\boldsymbol{Av}_i}=\sqrt{\boldsymbol{v}_i^{\mathrm{T}}(\boldsymbol{A}^{\mathrm{T}}\boldsymbol{A})\boldsymbol{v}_i}=\sqrt{\lambda_i\boldsymbol{v}_i^{\mathrm{T}}\boldsymbol{v}_i}=\sigma_i \tag{4.79}$$

故

$$\boldsymbol{U}'=(\boldsymbol{u}_1,\ \boldsymbol{u}_2,\ \cdots,\ \boldsymbol{u}_N)=\boldsymbol{A}\cdot\boldsymbol{V}\cdot\begin{pmatrix}\frac{1}{\sigma_1}&0&\cdots&0\\0&\frac{1}{\sigma_2}&\cdots&0\\\vdots&\vdots&&\vdots\\0&0&\cdots&\frac{1}{\sigma_N}\end{pmatrix} \tag{4.80}$$

将此式代入到式(4.75)的等式右侧中得

$$
\begin{aligned}
\boldsymbol{U}'\boldsymbol{\Sigma}'\boldsymbol{V}^{\mathrm{T}} &= \boldsymbol{A}\cdot\boldsymbol{V}\cdot\begin{pmatrix} \frac{1}{\sigma_1} & 0 & \cdots & 0 \\ 0 & \frac{1}{\sigma_2} & \cdots & 0 \\ \vdots & \vdots & & \vdots \\ 0 & 0 & \cdots & \frac{1}{\sigma_N} \end{pmatrix}\cdot\begin{pmatrix} \sigma_1 & 0 & \cdots & 0 \\ 0 & \sigma_2 & \cdots & 0 \\ \vdots & \vdots & & \vdots \\ 0 & 0 & \cdots & \sigma_N \end{pmatrix}\cdot\boldsymbol{V}^{\mathrm{T}} \\
&= \boldsymbol{A}\boldsymbol{V}\boldsymbol{V}^{\mathrm{T}} \\
&= \boldsymbol{A}
\end{aligned}
\tag{4.81}
$$

也就是根据式(4.78)或式(4.80)得到的$\boldsymbol{U}'$可以作为左奇异向量的一部分。

经上述分析，我们给出如下构造 SVD 的步骤：

(1) 构造右奇异向量和奇异值。

对 $\boldsymbol{A}^{\mathrm{T}}\boldsymbol{A}$ 进行特征值分解，得 $\boldsymbol{A}^{\mathrm{T}}\boldsymbol{A}=\boldsymbol{P}\boldsymbol{\Lambda}\boldsymbol{P}^{\mathrm{T}}$，其中特征值向量 $\boldsymbol{\Lambda}=\mathrm{diag}(\lambda_1, \lambda_2, \cdots, \lambda_N)$，根据式(4.76)，矩阵 $\boldsymbol{A}$ 的右奇异向量 $\boldsymbol{V}=(\boldsymbol{v}_1, \boldsymbol{v}_2, \cdots, \boldsymbol{v}_N)=\boldsymbol{P}$，奇异值 $\sigma_i=\sqrt{\lambda_i}\,(i=1, 2, \cdots, N)$。

(2) 构造左奇异向量。

令左奇异向量为 $\boldsymbol{U}=(\boldsymbol{U}', \boldsymbol{U}'')=(\boldsymbol{u}_1, \boldsymbol{u}_2, \cdots, \boldsymbol{u}_N, \boldsymbol{u}_{N+1}, \boldsymbol{u}_{N+2}, \cdots, \boldsymbol{u}_M)$，先计算其中的前 N 个向量，即

$$
\boldsymbol{U}'=(\boldsymbol{u}_1, \boldsymbol{u}_2, \cdots, \boldsymbol{u}_N)=\left(\frac{1}{\sigma_1}\boldsymbol{A}\boldsymbol{v}_1, \frac{1}{\sigma_2}\boldsymbol{A}\boldsymbol{v}_2, \cdots, \frac{1}{\sigma_N}\boldsymbol{A}\boldsymbol{v}_N\right) \tag{4.82}
$$

上面已经证明了，这 N 个向量之间是标准正交的。接下来，利用 Gram-Schmidz 正交化或其他方法构造出余下相互之间标准正交的左奇异向量 $\boldsymbol{U}''=(\boldsymbol{u}_{N+1}, \boldsymbol{u}_{N+2}, \cdots, \boldsymbol{u}_M)$即可。

下面根据上述 SVD 的构造步骤求解一个实例。

例 4.7　对矩阵 $\boldsymbol{A}=\begin{pmatrix} 1 & 0 & 1 \\ -2 & 1 & 0 \end{pmatrix}^{\mathrm{T}}$ 进行奇异值分解，分别计算出 $\boldsymbol{A}=\boldsymbol{U}\boldsymbol{\Sigma}\boldsymbol{V}^{\mathrm{T}}$ 中的 $\boldsymbol{U}$、$\boldsymbol{\Sigma}$ 和 $\boldsymbol{V}$。

步骤 1： 对 $\boldsymbol{A}^{\mathrm{T}}\boldsymbol{A}$ 进行特征值分解，得到右奇异向量。

对 $\boldsymbol{A}^{\mathrm{T}}\boldsymbol{A}$ 的特征值分解

$$
\boldsymbol{A}^{\mathrm{T}}\boldsymbol{A}=\begin{pmatrix} 2 & -2 \\ -2 & 5 \end{pmatrix}=\begin{pmatrix} \frac{1}{\sqrt{5}} & \frac{2}{\sqrt{5}} \\ \frac{-2}{\sqrt{5}} & \frac{1}{\sqrt{5}} \end{pmatrix}\begin{pmatrix} 6 & 0 \\ 0 & 1 \end{pmatrix}\begin{pmatrix} \frac{1}{\sqrt{5}} & \frac{-2}{\sqrt{5}} \\ \frac{2}{\sqrt{5}} & \frac{1}{\sqrt{5}} \end{pmatrix}=\boldsymbol{V}\boldsymbol{\Lambda}\boldsymbol{V}^{\mathrm{T}} \tag{4.83}
$$

因此

$$
\boldsymbol{V}=[\boldsymbol{v}_1 \quad \boldsymbol{v}_2]=\begin{pmatrix} \frac{1}{\sqrt{5}} & \frac{2}{\sqrt{5}} \\ \frac{-2}{\sqrt{5}} & \frac{1}{\sqrt{5}} \end{pmatrix} \tag{4.84}
$$

步骤 2： 得到奇异值矩阵。

因为 $\sigma_i=\sqrt{\lambda_i}$，因此 $\sigma_1=\sqrt{6}$，$\sigma_2=1$。奇异值矩阵 $\boldsymbol{\Sigma}$ 与矩阵 $\boldsymbol{A}$ 有相同形状，是 3×2 的矩阵，因此

$$\boldsymbol{\Sigma}=\begin{pmatrix}\sqrt{6} & 0\\ 0 & 1\\ 0 & 0\end{pmatrix} \tag{4.85}$$

步骤 3： 根据式(4.82)计算前两个左奇异向量。

$$\boldsymbol{u}_1=\frac{1}{\sigma_1}\boldsymbol{A}\boldsymbol{v}_1=\frac{1}{\sqrt{6}}\begin{pmatrix}1 & -2\\ 0 & 1\\ 1 & 0\end{pmatrix}\begin{pmatrix}\frac{1}{\sqrt{5}}\\ \frac{-2}{\sqrt{5}}\end{pmatrix}=\frac{1}{\sqrt{30}}\begin{pmatrix}5\\ -2\\ 1\end{pmatrix} \tag{4.86}$$

$$\boldsymbol{u}_2=\frac{1}{\sigma_2}\boldsymbol{A}\boldsymbol{v}_2=\begin{pmatrix}1 & -2\\ 0 & 1\\ 1 & 0\end{pmatrix}\begin{pmatrix}\frac{2}{\sqrt{5}}\\ \frac{1}{\sqrt{5}}\end{pmatrix}=\frac{1}{\sqrt{5}}\begin{pmatrix}0\\ 1\\ 2\end{pmatrix} \tag{4.87}$$

步骤 4： 计算与 $\boldsymbol{u}_1$，$\boldsymbol{u}_2$ 正交的单位向量 $\boldsymbol{u}_3$。

此处可采用先计算 $\boldsymbol{u}_1$，$\boldsymbol{u}_2$ 的外积，再标准化的方法计算 $\boldsymbol{u}_3$。先算 $\boldsymbol{u}_1$，$\boldsymbol{u}_2$ 的外积

$$\boldsymbol{u}_1\times\boldsymbol{u}_2=\frac{1}{\sqrt{6}}\begin{pmatrix}-1\\ -2\\ 1\end{pmatrix} \tag{4.88}$$

因此

$$\boldsymbol{u}_3=\frac{\boldsymbol{u}_1\times\boldsymbol{u}_2}{\|\boldsymbol{u}_1\times\boldsymbol{u}_2\|}=\frac{1}{\sqrt{6}}\begin{pmatrix}-1\\ -2\\ 1\end{pmatrix} \tag{4.89}$$

综上，左奇异向量为

$$\boldsymbol{U}=(\boldsymbol{u}_1\quad\boldsymbol{u}_2\quad\boldsymbol{u}_3)=\begin{pmatrix}\frac{5}{\sqrt{30}} & 0 & \frac{-1}{\sqrt{6}}\\ \frac{-2}{\sqrt{30}} & \frac{1}{\sqrt{5}} & \frac{-2}{\sqrt{6}}\\ \frac{1}{\sqrt{30}} & \frac{2}{\sqrt{5}} & \frac{1}{\sqrt{6}}\end{pmatrix} \tag{4.90}$$

因此 $\boldsymbol{A}$ 的 SVD 结果为

$$\boldsymbol{A}=\boldsymbol{U}\boldsymbol{\Sigma}\boldsymbol{V}^{\mathrm{T}}=\begin{pmatrix}\frac{5}{\sqrt{30}} & 0 & \frac{-1}{\sqrt{6}}\\ \frac{-2}{\sqrt{30}} & \frac{1}{\sqrt{5}} & \frac{-2}{\sqrt{6}}\\ \frac{1}{\sqrt{30}} & \frac{2}{\sqrt{5}} & \frac{1}{\sqrt{6}}\end{pmatrix}\begin{pmatrix}\sqrt{6} & 0\\ 0 & 1\\ 0 & 0\end{pmatrix}\begin{pmatrix}\frac{1}{\sqrt{5}} & \frac{-2}{\sqrt{5}}\\ \frac{2}{\sqrt{5}} & \frac{1}{\sqrt{5}}\end{pmatrix} \tag{4.91}$$

习 题 4

1. 证明当 $\boldsymbol{A}$ 为幂等矩阵时，矩阵 $\boldsymbol{BA}$ 的特征值与 $\boldsymbol{ABA}$ 的特征值相同。

2. 证明设 $N\times N$ 的矩阵 $\boldsymbol{A}$ 正定，当且仅当 $\boldsymbol{A}$ 的 Cholesky 分解存在，即对某个可逆的上三角矩阵 $\boldsymbol{R}$，有 $\boldsymbol{A}=\boldsymbol{R}^{\mathrm{T}}\boldsymbol{R}$。

3. 计算出下列矩阵的所有特征空间。

$$A=\begin{pmatrix}0 & -1 & 1 & 1\\ -1 & 1 & -2 & 3\\ 2 & -1 & 0 & 0\\ 1 & -1 & 1 & 0\end{pmatrix}$$

4. 以下矩阵是否可对角化？如果是，计算出矩阵的对角化形式；如果不是，给出不可对角化的说明。

(1) $A=\begin{pmatrix}0 & 1\\ -8 & 4\end{pmatrix}$；

(2) $A=\begin{pmatrix}1 & 1 & 1\\ 1 & 1 & 1\\ 1 & 1 & 1\end{pmatrix}$；

(3) $A=\begin{pmatrix}5 & 4 & 2 & 1\\ 0 & 1 & -1 & -1\\ -1 & -1 & 3 & 0\\ 1 & 1 & -1 & 2\end{pmatrix}$；

(4) $A=\begin{pmatrix}5 & -6 & -6\\ -1 & 4 & 2\\ 3 & -6 & -4\end{pmatrix}$。

5. 设矩阵

$$A=\begin{pmatrix}0 & 1 & 0 & 0\\ 1 & 0 & 0 & 0\\ 0 & 0 & y & 1\\ 0 & 0 & 1 & 2\end{pmatrix}$$

(1) 已知 A 的一个特征值为3，求 y 的值；

(2) 求矩阵 P，使得 $(AP)^{\mathrm{T}}AP$ 为对角矩阵。

6. 利用分块矩阵，可以简化矩阵的特征值计算问题。令

$$A=\begin{pmatrix}B & X\\ O & C\end{pmatrix}\quad (O\text{为零矩阵})$$

试证明 $\det(A-\lambda I)=\det(B-\lambda I)\det(C-\lambda I)$。

7. 确定下列矩阵的奇异值分解。

$$A=\begin{pmatrix}3 & 2 & 2\\ 2 & 3 & -2\end{pmatrix}$$

8. 证明对于任意矩阵 $A\in\mathbb{R}^{M\times N}$，$A^{\mathrm{T}}A$ 和 AA^{T} 有相同的非零特征值。

9. 设 A 为可逆矩阵，求 A^{-1} 的奇异值分解。

10. 使用奇异值分解证明：若 $A\in\mathbb{R}^{M\times N}(M\geqslant N)$，则存在 $Q\in\mathbb{R}^{M\times N}$ 和 $P\in\mathbb{R}^{N\times N}$，使得 $A=QP$，其中 $Q^{\mathrm{T}}Q=I_N$，且 P 是对称的和非负定的。这一分解有时称为极分解(polar decomposition)。

第 5 章　向量微积分

前面章节从几何的角度介绍了矩阵和向量，我们已经具备了高维线性空间的概念。从本章开始，我们将把诸如导数、概率、极值等基础数学中的概念，扩展到高维空间，逐步形成在高维空间中求解问题的能力。本章的主要内容是向量微积分，它是高等数学中导数内容的扩展。神经网络中把损失进行梯度回传的反向传播过程，就用到了本章的知识，是非常实用的一部分内容。

5.1　实值函数梯度

5.1.1　导数与偏导

首先我们来回顾一下高等数学中的部分内容。

定义 5.1(导数与偏导)　设函数 f：$\mathbb{R}\to\mathbb{R}$，实数 $h>0$，函数 f 在 x 处的导数定义为如下的一个极限：

$$\frac{\mathrm{d}f}{\mathrm{d}x} := \lim_{h\to 0}\frac{f(x+h)-f(x)}{h} \tag{5.1}$$

函数 g：$\mathbb{R}^N\to\mathbb{R}$，$\boldsymbol{x}\mapsto g(\boldsymbol{x})$在变量 $x_n(n=1, 2, \cdots, N)$处的偏导定义为

$$\frac{\partial g}{\partial x_n}=\lim_{h\to 0}\frac{g(x_1, x_2, \cdots, x_{n-1}, x_n+h, x_{n+1}, x_{n+2}, \cdots, x_N)-g(\boldsymbol{x})}{h} \tag{5.2}$$

导数与偏导的几何意义如图 5.1 所示。在图 5.1(a)中，一元函数 f 在 x 处的导数是该点切线与 x 轴夹角 θ 的正切值，即

$$\frac{\mathrm{d}f}{\mathrm{d}x}=\tan\theta$$

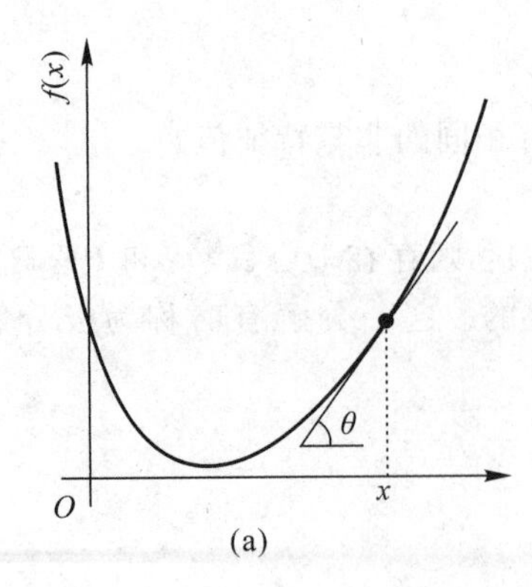

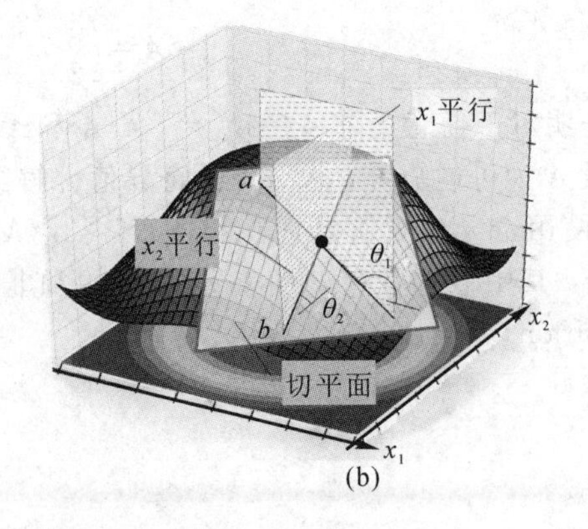

图 5.1　导数与偏导的几何意义

在图5.1(b)中，函数 f 是二元函数，其有两个自变量 $\boldsymbol{x}=(x_1, x_2)^{\mathrm{T}}$，根据式(5.2)，函数 f 可以分别对 x_1 或 x_2 计算偏导。事实上，在任意 $\boldsymbol{x}$ 处，均可以找到函数 f 所形成曲面的一个切平面。过点 $(x_1, x_2, f(\boldsymbol{x}))^{\mathrm{T}}$，作与 x_1 轴平行，与 x_2 轴正交的平面，该平面必然与切平面相交于一条直线(图5.1(b)中的 a)，该直线是函数 f 在 $\boldsymbol{x}$ 处的一条切线，与 x_1 轴的夹角为 θ_1。函数 f 在 $\boldsymbol{x}$ 处针对 x_1 的偏导等于 θ_1 的正切值，即

$$\frac{\partial f}{\partial x_1}=\tan\theta_1$$

用相同的方法，可以找到夹角 θ_2，且函数 f 在 $\boldsymbol{x}$ 处针对 x_2 的偏导等于 θ_2 的正切值，即

$$\frac{\partial f}{\partial x_2}=\tan\theta_2$$

当导数或偏导大于0时，对应方向上的夹角介于0°到90°之间，是上升方向；反之，当导数或偏导小于0时，对应方向上的夹角是钝角，是下降方向。这就是人们经常使用导数或偏导寻找上升/下降方向的原因。但是式(5.2)只给出了各基向量方向上的偏导，也就只能得到各基向量方向上的上升/下降趋势，其他方向并未给出。如果我们想找到最速下降方向，偏导的计算并不能提供帮助。

下面回顾几条求导法则：

(1) 加法法则：$(f(x)+g(x))'=f'(x)+g'(x)$；

(2) 乘法法则：$(f(x)g(x))'=f'(x)g(x)+f(x)g'(x)$；

(3) 链式法则：$(g(f(x)))'=(g\cdot f)'(x)=g'(f(x))f'(x)$。

其中，$g\cdot f$ 表示函数 g 与 f 的组合，即 $(g\cdot f)(x)=g(f(x))$。上述几条求导法则在矩阵和向量的求导中同样适用，只是形式上会有所变化，后续将会详细介绍。

5.1.2 实值函数的梯度

设 f：$\mathbb{R}^N\to\mathbb{R}$ 是定义在变量 $\boldsymbol{x}\in\mathbb{R}^N$ 上的实值函数，例如 $f(\boldsymbol{x})=\boldsymbol{x}^{\mathrm{T}}\boldsymbol{x}\in\mathbb{R}$，在此基础上定义梯度。

定义5.2(梯度) 函数 f：$\mathbb{R}^N\to\mathbb{R}$ 针对列向量 $\boldsymbol{x}=(x_1, x_2, \cdots, x_N)\in\mathbb{R}^N$ 的梯度定义为如下的一个行向量：

$$\nabla_x f=\mathrm{grad}f=\frac{\mathrm{d}f}{\mathrm{d}\boldsymbol{x}}=\begin{pmatrix}\dfrac{\partial f(\boldsymbol{x})}{\partial x_1} & \dfrac{\partial f(\boldsymbol{x})}{\partial x_2} & \cdots & \dfrac{\partial f(\boldsymbol{x})}{\partial x_N}\end{pmatrix}\in\mathbb{R}^{1\times N} \tag{5.3}$$

从上述定义中不难看到，梯度是由各维度上的偏导组合成的一个 $1\times N$ 的行向量。在许多资料中，实值函数的梯度被定义为一个列向量，与本文不一致，但效果是一样的。为什么这里将梯度定义为一个行向量？首先函数 f 是一个从 N 维实数空间到一维实数空间的映射，与 $1\times N$ 的梯度行向量中1和 N 相对应。其次这种定义方法有助于链式法则、乘法法则中可能出现的矩阵乘法，也就是会自然而然地满足矩阵乘法中需要的各变量维数关系。

例5.1 设函数 $f(x_1, x_2)=x_1^2x_2+x_1x_2^3\in\mathbb{R}$，计算其偏导

$$\frac{\partial f(x_1, x_2)}{\partial x_1}=2x_1x_2+x_2^3 \tag{5.4}$$

$$\frac{\partial f(x_1, x_2)}{\partial x_2}=x_1^2+3x_1x_2^2 \tag{5.5}$$

合并成梯度：

$$\frac{\mathrm{d}f}{\mathrm{d}\boldsymbol{x}}=\begin{pmatrix}\frac{\partial f(x_1, x_2)}{\partial x_1} & \frac{\partial f(x_1, x_2)}{\partial x_2}\end{pmatrix}=(2x_1x_2+x_2^3 \quad x_1^2+3x_1x_2^2)\in\mathbb{R}^{1\times 2} \tag{5.6}$$

有了梯度就可以方便计算曲面的每个方向上的上升/下降趋势。如图 5.2 所示，方向 $\boldsymbol{d}$ 上的导数与梯度的关系为

$$\frac{\partial f}{\partial \boldsymbol{d}}=\nabla_x f\cdot(\cos\varphi \quad \sin\varphi)^{\mathrm{T}}=\frac{\partial f}{\partial x_1}\cos\varphi+\frac{\partial f}{\partial x_2}\sin\varphi \tag{5.7}$$

同时也便于计算出最优上升/下降方向。

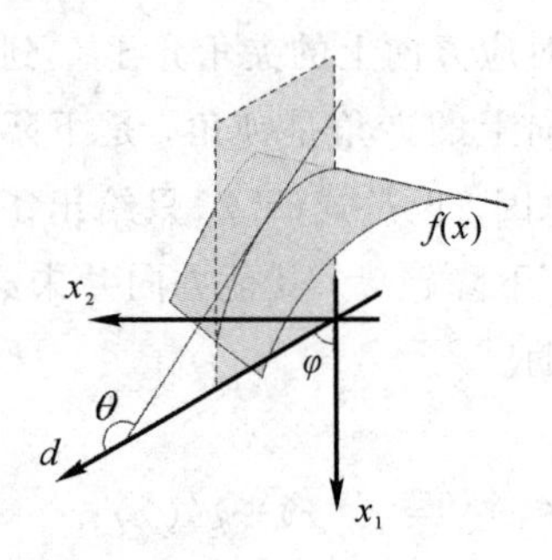

图 5.2 梯度的几何意义

5.1.3 多元函数的求导法则

在多元函数情况下，基本求导法则仍然适用。只是需要注意：梯度涉及到向量和矩阵，而矩阵间的乘法是不可以前后交换的。

（1）乘法法则：

$$\frac{\partial}{\partial \boldsymbol{x}}(f(\boldsymbol{x})g(\boldsymbol{x}))=\frac{\partial f}{\partial \boldsymbol{x}}g(\boldsymbol{x})+f(\boldsymbol{x})\frac{\partial g}{\partial \boldsymbol{x}} \tag{5.8}$$

（2）加法法则：

$$\frac{\partial}{\partial \boldsymbol{x}}(f(\boldsymbol{x})+g(\boldsymbol{x}))=\frac{\partial f}{\partial \boldsymbol{x}}+\frac{\partial g}{\partial \boldsymbol{x}} \tag{5.9}$$

（3）链式法则：

$$\frac{\partial}{\partial \boldsymbol{x}}(g\cdot f)(\boldsymbol{x})=\frac{\partial}{\partial \boldsymbol{x}}(g(f(\boldsymbol{x})))=\frac{\partial g}{\partial f}\frac{\partial f}{\partial \boldsymbol{x}} \tag{5.10}$$

设 f：$\mathbb{R}^2\to\mathbb{R}$ 是关于变量 $\boldsymbol{x}=(x_1, x_2)^{\mathrm{T}}$ 的函数。$x_1(t)$ 和 $x_2(t)$ 是关于变量 t 的函数。要计算 f 关于 t 的梯度，使用链式法则：

$$\frac{\mathrm{d}f}{\mathrm{d}t}=\frac{\mathrm{d}f}{\mathrm{d}\boldsymbol{x}}\frac{\mathrm{d}\boldsymbol{x}}{\mathrm{d}t}=\begin{pmatrix}\frac{\partial f}{\partial x_1} & \frac{\partial f}{\partial x_2}\end{pmatrix}\begin{pmatrix}\frac{\partial x_1(t)}{\partial t}\\ \frac{\partial x_2(t)}{\partial t}\end{pmatrix}=\frac{\partial f}{\partial x_1}\frac{\partial x_1}{\partial t}+\frac{\partial f}{\partial x_2}\frac{\partial x_2}{\partial t} \tag{5.11}$$

例 5.2 设 $f(x_1, x_2)=x_1^2+2x_2$，其中 $x_1=\sin t$，$x_2=\cos t$，则

$$\begin{aligned}\frac{\mathrm{d}f}{\mathrm{d}t}&=\frac{\partial f}{\partial x_1}\frac{\mathrm{d}x_1}{\mathrm{d}t}+\frac{\partial f}{\partial x_2}\frac{\mathrm{d}x_2}{\mathrm{d}t}\\&=2\sin t\,\frac{\mathrm{d}\sin t}{\mathrm{d}t}+2\,\frac{\mathrm{d}\cos t}{\mathrm{d}t}\\&=2\sin t\cos t-2\sin t\\&=2\sin t(\cos t-1)\end{aligned}$$

进一步，如果 $f(x_1, x_2)$是 x_1和 x_2的函数，而 $x_1(\boldsymbol{t})$和 $x_2(\boldsymbol{t})$是变量 $\boldsymbol{t}=(t_1, t_2)^{\mathrm{T}}$ 的函数，类似式(5.11)，不难得到

$$\frac{\partial f}{\partial t_1}=\frac{\partial f}{\partial x_1}\frac{\partial x_1}{\partial t_1}+\frac{\partial f}{\partial x_2}\frac{\partial x_2}{\partial t_1} \tag{5.12}$$

$$\frac{\partial f}{\partial t_2}=\frac{\partial f}{\partial x_1}\frac{\partial x_1}{\partial t_2}+\frac{\partial f}{\partial x_2}\frac{\partial x_2}{\partial t_2} \tag{5.13}$$

如下式计算梯度：

$$\begin{aligned}\frac{\mathrm{d}f}{\mathrm{d}\boldsymbol{t}}&=\begin{pmatrix}\frac{\partial f}{\partial t_1} & \frac{\partial f}{\partial t_2}\end{pmatrix}\\&=\begin{pmatrix}\frac{\partial f}{\partial x_1}\frac{\partial x_1}{\partial t_1}+\frac{\partial f}{\partial x_2}\frac{\partial x_2}{\partial t_1} & \frac{\partial f}{\partial x_1}\frac{\partial x_1}{\partial t_2}+\frac{\partial f}{\partial x_2}\frac{\partial x_2}{\partial t_2}\end{pmatrix}\\&=\underbrace{\begin{pmatrix}\frac{\partial f}{\partial x_1} & \frac{\partial f}{\partial x_2}\end{pmatrix}}_{=\frac{\partial f}{\partial \boldsymbol{x}}}\underbrace{\begin{pmatrix}\frac{\partial x_1}{\partial t_1} & \frac{\partial x_1}{\partial t_2}\\ \frac{\partial x_2}{\partial t_1} & \frac{\partial x_2}{\partial t_2}\end{pmatrix}}_{=\frac{\partial \boldsymbol{x}}{\partial \boldsymbol{t}}}\\&=\frac{\partial f}{\partial \boldsymbol{x}}\frac{\partial \boldsymbol{x}}{\partial \boldsymbol{t}}\end{aligned} \tag{5.14}$$

这里证实了链式法则，同时我们也看到，只有在将梯度定义为行向量时，链式法则可以自然地写成矩阵乘法的简洁形式，不需要对梯度进行转置。当梯度是高维张量形式时，转置运算更复杂，更容易出错，将梯度定义为行向量能避免出错。下面来看几个实值函数梯度的例子。

例 5.3　设向量 $\boldsymbol{a}$, $\boldsymbol{x}\in\mathbb{R}^N$，则

$$\begin{aligned}\frac{\mathrm{d}\boldsymbol{a}^{\mathrm{T}}\boldsymbol{x}}{\mathrm{d}\boldsymbol{x}}=\frac{\mathrm{d}\boldsymbol{x}^{\mathrm{T}}\boldsymbol{a}}{\mathrm{d}\boldsymbol{x}}&=\frac{\mathrm{d}\sum_{n=1}^{N}a_nx_n}{\mathrm{d}\boldsymbol{x}}\\&=\begin{bmatrix}\frac{\partial\sum_{n=1}^{N}a_nx_n}{\partial x_1} & \frac{\partial\sum_{n=1}^{N}a_nx_n}{\partial x_2} & \cdots & \frac{\partial\sum_{n=1}^{N}a_nx_n}{\partial x_N}\end{bmatrix}\\&=\begin{bmatrix}a_1 & a_2 & \cdots & a_N\end{bmatrix}=\boldsymbol{a}^{\mathrm{T}}\end{aligned} \tag{5.15}$$

做一个扩展，把 $\boldsymbol{a}^{\mathrm{T}}\boldsymbol{x}$ 替换成$(\boldsymbol{A}\boldsymbol{y})^{\mathrm{T}}\boldsymbol{x}$：

$$\frac{\mathrm{d}\boldsymbol{x}^{\mathrm{T}}\boldsymbol{A}\boldsymbol{y}}{\mathrm{d}\boldsymbol{x}}=\frac{\mathrm{d}\boldsymbol{y}^{\mathrm{T}}\boldsymbol{A}^{\mathrm{T}}\boldsymbol{x}}{\mathrm{d}\boldsymbol{x}}=(\boldsymbol{A}\boldsymbol{y})^{\mathrm{T}} \tag{5.16}$$

如果不是计算的中间步骤，我们经常会把上面的梯度结果写成列向量 $\boldsymbol{a}$，方便与表示习惯一致。

例 5.4 设矩阵 $\boldsymbol{A}\in\mathbb{R}^{N\times N}$ 和向量 $\boldsymbol{x}\in\mathbb{R}^{N}$，则

$$
\begin{aligned}
\frac{\partial \boldsymbol{x}^{\mathrm{T}}\boldsymbol{A}\boldsymbol{x}}{\partial \boldsymbol{x}} &= \frac{\partial \sum_{m=1}^{N}\sum_{n=1}^{N} a_{mn}x_m x_n}{\partial \boldsymbol{x}} \\
&= \left(\frac{\partial \sum_{m=1}^{N}\sum_{n=1}^{N} a_{mn}x_m x_n}{\partial x_1} \quad \frac{\partial \sum_{m=1}^{N}\sum_{n=1}^{N} a_{mn}x_m x_n}{\partial x_2} \quad \cdots \quad \frac{\partial \sum_{m=1}^{N}\sum_{n=1}^{N} a_{mn}x_m x_n}{\partial x_N}\right) \\
&= \left(\sum_{n=1}^{N} a_{1n}x_n + \sum_{m=1}^{N} a_{m1}x_m \quad \sum_{n=1}^{N} a_{2n}x_n + \sum_{m=1}^{N} a_{m2}x_m \quad \cdots \quad \sum_{n=1}^{N} a_{Nn}x_n + \sum_{m=1}^{N} a_{mN}x_m\right) \\
&= \left(\sum_{n=1}^{N} a_{1n}x_n \quad \sum_{n=1}^{N} a_{2n}x_n \quad \cdots \quad \sum_{n=1}^{N} a_{Nn}x_n\right) + \left(\sum_{m=1}^{N} a_{m1}x_m \quad \sum_{m=1}^{N} a_{m2}x_m \quad \cdots \quad \sum_{m=1}^{N} a_{mN}x_m\right) \\
&= (\boldsymbol{x}^{\mathrm{T}}\boldsymbol{a}_1 \quad \boldsymbol{x}^{\mathrm{T}}\boldsymbol{a}_2 \quad \cdots \quad \boldsymbol{x}^{\mathrm{T}}\boldsymbol{a}_N) + (\boldsymbol{\alpha}_1^{\mathrm{T}}\boldsymbol{x} \quad \boldsymbol{\alpha}_2^{\mathrm{T}}\boldsymbol{x} \quad \cdots \quad \boldsymbol{\alpha}_N^{\mathrm{T}}\boldsymbol{x}) \\
&= \boldsymbol{x}^{\mathrm{T}}(\boldsymbol{a}_1 \quad \boldsymbol{a}_2 \quad \cdots \quad \boldsymbol{a}_N) + \boldsymbol{x}^{\mathrm{T}}(\boldsymbol{\alpha}_1 \quad \boldsymbol{\alpha}_2 \quad \cdots \quad \boldsymbol{\alpha}_N) \\
&= \boldsymbol{x}^{\mathrm{T}}(\boldsymbol{A}+\boldsymbol{A}^{\mathrm{T}})
\end{aligned} \tag{5.17}
$$

其中，矩阵 $\boldsymbol{A}$ 分别按列/行分块得 $\boldsymbol{A}=(\boldsymbol{a}_1, \boldsymbol{a}_2, \cdots, \boldsymbol{a}_N)=(\boldsymbol{\alpha}_1, \boldsymbol{\alpha}_2, \cdots, \boldsymbol{\alpha}_N)^{\mathrm{T}}$。特别地，当 $\boldsymbol{A}$ 是对称矩阵时

$$
\frac{\partial \boldsymbol{x}^{\mathrm{T}}\boldsymbol{A}\boldsymbol{x}}{\partial \boldsymbol{x}} = (2\boldsymbol{A}\boldsymbol{x})^{\mathrm{T}} \tag{5.18}
$$

5.2 向量值函数梯度

上一节讨论了实值函数函数 f: $\mathbb{R}^n\to\mathbb{R}$ 的梯度，接下来本节将梯度的概念推衍到向量值函数 $\boldsymbol{f}$: $\mathbb{R}^N\to\mathbb{R}^M(M, N\geqslant 1)$中，函数 $\boldsymbol{f}$ 将 N 维的向量映射成 M 维向量。设有向量 $\boldsymbol{x}=(x_1, x_2, \cdots, x_N)^{\mathrm{T}}\in\mathbb{R}^N$，映射后的向量表示为

$$
\boldsymbol{f}(\boldsymbol{x}) = \begin{pmatrix} f_1(\boldsymbol{x}) \\ f_2(\boldsymbol{x}) \\ \vdots \\ f_M(\boldsymbol{x}) \end{pmatrix} \in \mathbb{R}^M \tag{5.19}
$$

5.2.1 向量值函数梯度的定义

向量值函数的梯度可以由两个方式得到，分别对应了两种计算视角。第一种视角是从式(5.19)的函数向量的视角。在这个视角下，$\boldsymbol{f}(\boldsymbol{x})$中的每一个分量 $f_m(\boldsymbol{x})$都是一个实值函数，该函数关于向量 $\boldsymbol{x}$ 的梯度是一个行向量(见定义 5.2)，因此

$$
\frac{\mathrm{d}\boldsymbol{f}(\boldsymbol{x})}{\mathrm{d}\boldsymbol{x}} = \begin{pmatrix} \dfrac{\mathrm{d}f_1(\boldsymbol{x})}{\mathrm{d}\boldsymbol{x}} \\ \dfrac{\mathrm{d}f_2(\boldsymbol{x})}{\mathrm{d}\boldsymbol{x}} \\ \vdots \\ \dfrac{\mathrm{d}f_M(\boldsymbol{x})}{\mathrm{d}\boldsymbol{x}} \end{pmatrix} = \begin{pmatrix} \dfrac{\partial f_1(\boldsymbol{x})}{\partial x_1} & \dfrac{\partial f_1(\boldsymbol{x})}{\partial x_2} & \cdots & \dfrac{\partial f_1(\boldsymbol{x})}{\partial x_N} \\ \dfrac{\partial f_2(\boldsymbol{x})}{\partial x_1} & \dfrac{\partial f_2(\boldsymbol{x})}{\partial x_2} & \cdots & \dfrac{\partial f_2(\boldsymbol{x})}{\partial x_N} \\ \vdots & \vdots & & \vdots \\ \dfrac{\partial f_M(\boldsymbol{x})}{\partial x_1} & \dfrac{\partial f_M(\boldsymbol{x})}{\partial x_2} & \cdots & \dfrac{\partial f_M(\boldsymbol{x})}{\partial x_N} \end{pmatrix} \tag{5.20}
$$

第二种视角是把关于向量的梯度转化为关于各分量偏导，此时

$$\begin{aligned}\frac{\mathrm{d}\boldsymbol{f}(\boldsymbol{x})}{\mathrm{d}\boldsymbol{x}}&=\left(\frac{\partial \boldsymbol{f}(\boldsymbol{x})}{\partial x_1}\quad \frac{\partial \boldsymbol{f}(\boldsymbol{x})}{\partial x_2}\quad \cdots\quad \frac{\partial \boldsymbol{f}(\boldsymbol{x})}{\partial x_N}\right)\\&=\begin{pmatrix}\frac{\partial f_1(\boldsymbol{x})}{\partial x_1} & \frac{\partial f_1(\boldsymbol{x})}{\partial x_2} & \cdots & \frac{\partial f_1(\boldsymbol{x})}{\partial x_N}\\ \frac{\partial f_2(\boldsymbol{x})}{\partial x_1} & \frac{\partial f_2(\boldsymbol{x})}{\partial x_2} & \cdots & \frac{\partial f_2(\boldsymbol{x})}{\partial x_N}\\ \vdots & \vdots & & \vdots\\ \frac{\partial f_M(\boldsymbol{x})}{\partial x_1} & \frac{\partial f_M(\boldsymbol{x})}{\partial x_2} & \cdots & \frac{\partial f_M(\boldsymbol{x})}{\partial x_N}\end{pmatrix}\end{aligned} \tag{5.21}$$

这两种视角都可以得到相同的结果，这个结果就是向量值函数的梯度，称之为 Jacobian 矩阵。

定义 5.3(Jacobian 矩阵) 设向量值函数 $\boldsymbol{f}$：$\mathbb{R}^N\rightarrow\mathbb{R}^M$，该函数关于向量 $\boldsymbol{x}=(x_1, x_2, \cdots, x_N)^{\mathrm{T}}\in\mathbb{R}^N$ 的梯度定义为

$$\boldsymbol{J}=\nabla_x\boldsymbol{f}=\frac{\mathrm{d}\boldsymbol{f}(\boldsymbol{x})}{\mathrm{d}\boldsymbol{x}}=\begin{pmatrix}\frac{\partial f_1(\boldsymbol{x})}{\partial x_1} & \frac{\partial f_1(\boldsymbol{x})}{\partial x_2} & \cdots & \frac{\partial f_1(\boldsymbol{x})}{\partial x_N}\\ \frac{\partial f_2(\boldsymbol{x})}{\partial x_1} & \frac{\partial f_2(\boldsymbol{x})}{\partial x_2} & \cdots & \frac{\partial f_2(\boldsymbol{x})}{\partial x_N}\\ \vdots & \vdots & & \vdots\\ \frac{\partial f_M(\boldsymbol{x})}{\partial x_1} & \frac{\partial f_M(\boldsymbol{x})}{\partial x_2} & \cdots & \frac{\partial f_M(\boldsymbol{x})}{\partial x_N}\end{pmatrix} \tag{5.22}$$

其中 $M\times N$ 的矩阵 $\boldsymbol{J}$ 称为 Jacobian 矩阵，$J_{mn}=\frac{\partial f_m}{\partial x_n}$。

下面来介绍 Jacobian 矩阵的作用。从线性映射的相关内容我们了解到，变换矩阵 $\begin{pmatrix}-2 & 1\\ 1 & 1\end{pmatrix}$ 可以实现从笛卡尔基 $\boldsymbol{B}=(\boldsymbol{e}_1, \boldsymbol{e}_2)$ 到基 $\boldsymbol{C}=(\boldsymbol{c}_1, \boldsymbol{c}_2)$ 的线性变换，其中 $\boldsymbol{c}_1=(-2, 1)^{\mathrm{T}}$，$\boldsymbol{c}_2=(1, 1)^{\mathrm{T}}$。因为

$$\left|\det\left(\begin{pmatrix}-2 & 1\\ 1 & 1\end{pmatrix}\right)\right|=|-3|=3$$

这个变换把原来空间的面积拉伸了 3 倍(如图 5.3 所示)。

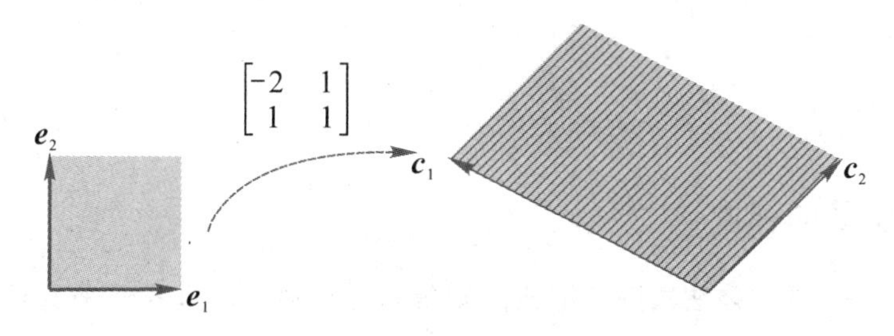

图 5.3 线性变换

上面是从变换矩阵的角度，变换矩阵局限在线性的向量子空间的线性映射中，扩展性不好，接下来从 Jacobian 矩阵的角度来看这个问题。设向量在基 $\boldsymbol{B}$ 和基 $\boldsymbol{C}$ 中的坐标向

量分别为 $\boldsymbol{x}=(x_1, x_2)^{\mathrm{T}}$ 和 $\boldsymbol{y}=(y_1, y_2)^{\mathrm{T}}$，根据变换矩阵，可以写出这两个坐标向量的函数关系

$$\begin{cases} y_1=-2x_1+x_2 \\ y_2=x_1+x_2 \end{cases} \tag{5.23}$$

按照定义 5.3 计算该函数关系的 Jacobian 矩阵

$$\boldsymbol{J}=\begin{pmatrix} -2 & 1 \\ 1 & 1 \end{pmatrix} \tag{5.24}$$

该 Jacobian 矩阵正好就是变换矩阵，也就是说，Jacobian 矩阵可以用于描述空间的变换。上述例子是线性的变换，式(5.23)中的函数关系是线性的，当变换是非线性的时，利用 Jacobian 矩阵描述空间之间的变换也是适用的，但变换矩阵就不再可行了。

5.2.2 梯度的维数

前面我们已经介绍了实值函数和向量值函数的梯度，本节按照以下规律确定梯度的维数：对于函数 $\boldsymbol{f}$: $\mathbb{R}^N \to \mathbb{R}^M$，该函数对其自变量的梯度的维数为 $M\times N$。可以列举出 4 种不同情况：

(1) 如果 $\boldsymbol{f}$: $\mathbb{R}\to\mathbb{R}$ 是实值函数，梯度是一个标量，维数为 1×1；

(2) 如果 $\boldsymbol{f}$: $\mathbb{R}^N\to\mathbb{R}$，梯度是 $1\times N$ 的行向量，与实值函数梯度的定义相符；

(3) 如果 $\boldsymbol{f}$: $\mathbb{R}\to\mathbb{R}^M$，梯度是 $M\times1$ 的列向量；

(4) 如果 $\boldsymbol{f}$: $\mathbb{R}^N\to\mathbb{R}^M$，梯度是 $M\times N$ 的矩阵。

例 5.5 设 $\boldsymbol{f}(\boldsymbol{x})=\boldsymbol{A}\boldsymbol{x}$，$\boldsymbol{f}(\boldsymbol{x})\in\mathbb{R}^M$，$\boldsymbol{A}\in\mathbb{R}^{M\times N}$，$\boldsymbol{x}\in\mathbb{R}^N$，计算梯度 $\mathrm{d}\boldsymbol{f}/\mathrm{d}\boldsymbol{x}$。

首先确定梯度 $\mathrm{d}\boldsymbol{f}/\mathrm{d}\boldsymbol{x}$ 的维数：$\mathrm{d}\boldsymbol{f}/\mathrm{d}\boldsymbol{x}\in\mathbb{R}^{M\times N}$，是一个 $M\times N$ 的矩阵。计算每个 f_m 对于每个 x_n 的偏导，这个偏导就是 Jacobian 矩阵 $\mathrm{d}\boldsymbol{f}/\mathrm{d}\boldsymbol{x}$ 中第 m 行第 n 列的元素：

$$f_m(\boldsymbol{x}) = \sum_{n=1}^{N} a_{mn}x_n \Rightarrow \frac{\partial f_m}{\partial x_n} = a_{mn} \tag{5.25}$$

其中，$\boldsymbol{A}=(a_{mn})_{M\times N}$。因此可得 Jacobian 矩阵的梯度

$$\frac{\mathrm{d}\boldsymbol{f}}{\mathrm{d}\boldsymbol{x}}=\begin{pmatrix} \frac{\partial f_1}{\partial x_1} & \frac{\partial f_1}{\partial x_2} & \cdots & \frac{\partial f_1}{\partial x_N} \\ \frac{\partial f_2}{\partial x_1} & \frac{\partial f_2}{\partial x_2} & \cdots & \frac{\partial f_2}{\partial x_N} \\ \vdots & \vdots & & \vdots \\ \frac{\partial f_M}{\partial x_1} & \frac{\partial f_M}{\partial x_2} & \cdots & \frac{\partial f_M}{\partial x_N} \end{pmatrix}=\begin{pmatrix} a_{11} & a_{12} & \cdots & a_{1N} \\ a_{21} & a_{22} & \cdots & a_{2N} \\ \vdots & \vdots & & \vdots \\ a_{M1} & a_{M2} & \cdots & a_{MN} \end{pmatrix}=\boldsymbol{A}\in\mathbb{R}^{M\times N} \tag{5.26}$$

5.2.3 复合函数的梯度

梯度满足加法法则、乘法法则和链式法则等求导法则，这里我们来看求导法则的具体运用。

例 5.6 设函数 $\boldsymbol{y}$: $\mathbb{R}^N\to\mathbb{R}^M$，向量 $\boldsymbol{a}\in\mathbb{R}^M$、$\boldsymbol{x}\in\mathbb{R}^N$，计算梯度 $\nabla_x(\boldsymbol{y}(\boldsymbol{x})^{\mathrm{T}}\boldsymbol{a})$。

使用链式法则

$$\frac{\mathrm{d}\boldsymbol{y}(\boldsymbol{x})^{\mathrm{T}}\boldsymbol{a}}{\mathrm{d}\boldsymbol{x}}=\frac{\mathrm{d}\boldsymbol{a}^{\mathrm{T}}\boldsymbol{y}(\boldsymbol{x})}{\mathrm{d}\boldsymbol{x}}=\frac{\partial\boldsymbol{a}^{\mathrm{T}}\boldsymbol{y}}{\partial\boldsymbol{y}}\frac{\partial\boldsymbol{y}(\boldsymbol{x})}{\partial\boldsymbol{x}}=\boldsymbol{a}^{\mathrm{T}}\frac{\partial\boldsymbol{y}(\boldsymbol{x})}{\partial\boldsymbol{x}} \tag{5.27}$$

例 5.7 设函数 $\boldsymbol{y}$：$\mathbb{R}^N\rightarrow\mathbb{R}^M$，矩阵 $\boldsymbol{A}\in\mathbb{R}^{M\times M}$，向量 $\boldsymbol{x}\in\mathbb{R}^N$，计算梯度$\nabla_x(\boldsymbol{y}(\boldsymbol{x})^{\mathrm{T}}\boldsymbol{A}\boldsymbol{y}(\boldsymbol{x}))$。

使用链式法则

$$\frac{\mathrm{d}\boldsymbol{y}(\boldsymbol{x})^{\mathrm{T}}\boldsymbol{A}\boldsymbol{y}(\boldsymbol{x})}{\mathrm{d}\boldsymbol{x}}=\frac{\partial\boldsymbol{y}^{\mathrm{T}}\boldsymbol{A}\boldsymbol{y}}{\partial\boldsymbol{y}}\frac{\partial\boldsymbol{y}(\boldsymbol{x})}{\partial\boldsymbol{x}}=\boldsymbol{y}(\boldsymbol{x})^{\mathrm{T}}(\boldsymbol{A}+\boldsymbol{A}^{\mathrm{T}})\frac{\partial\boldsymbol{y}(\boldsymbol{x})}{\partial\boldsymbol{x}} \tag{5.28}$$

当 $\boldsymbol{A}$ 是对称矩阵，$\boldsymbol{y}(\boldsymbol{x})=\boldsymbol{a}-\boldsymbol{B}\boldsymbol{x}$ 时，

$$\begin{aligned}\frac{\mathrm{d}(\boldsymbol{a}-\boldsymbol{B}\boldsymbol{x})^{\mathrm{T}}\boldsymbol{A}(\boldsymbol{a}-\boldsymbol{B}\boldsymbol{x})}{\mathrm{d}\boldsymbol{x}}&=2(\boldsymbol{a}-\boldsymbol{B}\boldsymbol{x})^{\mathrm{T}}\boldsymbol{A}\frac{\partial(\boldsymbol{a}-\boldsymbol{B}\boldsymbol{x})}{\partial\boldsymbol{x}}\\&=-2(\boldsymbol{a}-\boldsymbol{B}\boldsymbol{x})^{\mathrm{T}}\boldsymbol{A}\boldsymbol{B}\end{aligned}$$

例 5.8 设函数 $\boldsymbol{y}$：$\mathbb{R}^N\rightarrow\mathbb{R}^M$，函数 $\boldsymbol{z}$：$\mathbb{R}^N\rightarrow\mathbb{R}^K$，矩阵 $\boldsymbol{A}\in\mathbb{R}^{M\times K}$，向量 $\boldsymbol{x}\in\mathbb{R}^N$，计算梯度$\nabla_x(\boldsymbol{y}(\boldsymbol{x})^{\mathrm{T}}\boldsymbol{A}\boldsymbol{z}(\boldsymbol{x}))$。

使用乘法法则

$$\begin{aligned}\frac{\partial\boldsymbol{y}(\boldsymbol{x})^{\mathrm{T}}\boldsymbol{A}\boldsymbol{z}(\boldsymbol{x})}{\partial\boldsymbol{x}}&=\frac{\partial\boldsymbol{y}(\boldsymbol{x})^{\mathrm{T}}}{\boldsymbol{x}}\boldsymbol{A}\boldsymbol{z}(\boldsymbol{x})+\boldsymbol{y}(\boldsymbol{x})^{\mathrm{T}}\boldsymbol{A}\frac{\partial\boldsymbol{z}(\boldsymbol{x})}{\boldsymbol{x}}\\&=\boldsymbol{z}(\boldsymbol{x})^{\mathrm{T}}\boldsymbol{A}^{\mathrm{T}}\frac{\partial\boldsymbol{y}(\boldsymbol{x})}{\boldsymbol{x}}+\boldsymbol{y}(\boldsymbol{x})^{\mathrm{T}}\boldsymbol{A}\frac{\partial\boldsymbol{z}(\boldsymbol{x})}{\boldsymbol{x}}\end{aligned} \tag{5.29}$$

5.3 关于矩阵的梯度

当函数的自变量是一个矩阵时，区分为两种情况：一种是实值函数 f：$\mathbb{R}^{M\times N}\rightarrow\mathbb{R}$，另一种是向量值函数 $\boldsymbol{F}$：$\mathbb{R}^{M\times N}\rightarrow\mathbb{R}^{K\times L}$。它们对自变量计算梯度都称为矩阵梯度，下面分别讨论。

5.3.1 实值函数的矩阵梯度

定义 5.4 设实值函数 f：$\mathbb{R}^{M\times N}\rightarrow\mathbb{R}$，矩阵 $\boldsymbol{X}=(x_{mn})_{M\times N}\in\mathbb{R}^{M\times N}$，$f$ 关于矩阵 $\boldsymbol{X}$ 的梯度称为矩阵梯度。定义一个 $M\times N$ 的矩阵：

$$\frac{\mathrm{d}f(\boldsymbol{X})}{\mathrm{d}\boldsymbol{X}}=\nabla_X f:=\begin{pmatrix}\frac{\partial f(\boldsymbol{X})}{\partial x_{11}} & \frac{\partial f(\boldsymbol{X})}{\partial x_{12}} & \cdots & \frac{\partial f(\boldsymbol{X})}{\partial x_{1N}}\\ \frac{\partial f(\boldsymbol{X})}{\partial x_{21}} & \frac{\partial f(\boldsymbol{X})}{\partial x_{22}} & \cdots & \frac{\partial f(\boldsymbol{X})}{\partial x_{2N}}\\ \vdots & \vdots & & \vdots\\ \frac{\partial f(\boldsymbol{X})}{\partial x_{M1}} & \frac{\partial f(\boldsymbol{X})}{\partial x_{M2}} & \cdots & \frac{\partial f(\boldsymbol{X})}{\partial x_{MN}}\end{pmatrix} \tag{5.30}$$

如果单从函数 f 的映射关系来看，梯度 $\mathrm{d}f(\boldsymbol{X})/\mathrm{d}\boldsymbol{X}$ 应该是 $1\times M\times N$ 的三维张量，并不是定义(定义 5.4)中矩阵的二维张量，这只是我们习惯把第一个维度上是 1 的三维张量写成矩阵的形式。但在一些计算的中间步骤中，使用矩阵形式的结果可能会出现维度不匹配的问题。矩阵梯度也符合加法法则、乘法法则和链式法则等求导法则。下面是实值函数矩阵梯度的具体例子。

例 5.9 设函数 $f(\boldsymbol{X})=\boldsymbol{a}^{\mathrm{T}}\boldsymbol{X}\boldsymbol{b}$，其中矩阵 $\boldsymbol{X}\in\mathbb{R}^{M\times N}$，向量 $\boldsymbol{a}\in\mathbb{R}^{M}$，$\boldsymbol{b}\in\mathbb{R}^{N}$，计算梯度 $\nabla_{X}f(\boldsymbol{X})$。

$$
\begin{aligned}
\frac{\mathrm{d}(\boldsymbol{a}^{\mathrm{T}}\boldsymbol{X}\boldsymbol{b})}{\mathrm{d}\boldsymbol{X}} &= \frac{\mathrm{d}\sum_{m=1}^{M}\sum_{n=1}^{N}a_m b_n x_{mn}}{\mathrm{d}\boldsymbol{X}} \\
&= \begin{pmatrix}
\frac{\partial\sum_{m=1}^{M}\sum_{n=1}^{N}a_m b_n x_{mn}}{\partial x_{11}} & \frac{\partial\sum_{m=1}^{M}\sum_{n=1}^{N}a_m b_n x_{mn}}{\partial x_{12}} & \cdots & \frac{\partial\sum_{m=1}^{M}\sum_{n=1}^{N}a_m b_n x_{mn}}{\partial x_{1N}} \\
\frac{\partial\sum_{m=1}^{M}\sum_{n=1}^{N}a_m b_n x_{mn}}{\partial x_{21}} & \frac{\partial\sum_{m=1}^{M}\sum_{n=1}^{N}a_m b_n x_{mn}}{\partial x_{22}} & \cdots & \frac{\partial\sum_{m=1}^{M}\sum_{n=1}^{N}a_m b_n x_{mn}}{\partial x_{2N}} \\
\vdots & \vdots & & \vdots \\
\frac{\partial\sum_{m=1}^{M}\sum_{n=1}^{N}a_m b_n x_{mn}}{\partial x_{M1}} & \frac{\partial\sum_{m=1}^{M}\sum_{n=1}^{N}a_m b_n x_{mn}}{\partial x_{M2}} & \cdots & \frac{\partial\sum_{m=1}^{M}\sum_{n=1}^{N}a_m b_n x_{mn}}{\partial x_{MN}}
\end{pmatrix} \\
&= \begin{pmatrix}
a_1 b_1 & a_1 b_2 & \cdots & a_1 b_N \\
a_2 b_1 & a_2 b_2 & \cdots & a_2 b_N \\
\vdots & \vdots & & \vdots \\
a_M b_1 & a_M b_2 & \cdots & a_M b_N
\end{pmatrix} \\
&= \boldsymbol{a}\boldsymbol{b}^{\mathrm{T}}
\end{aligned}
\tag{5.31}
$$

进一步使用链式法则，可计算指数函数 $\exp(\boldsymbol{a}^{\mathrm{T}}\boldsymbol{X}\boldsymbol{b})$关于矩阵 $\boldsymbol{X}$ 的梯度

$$
\begin{aligned}
\frac{\mathrm{d}\exp(\boldsymbol{a}^{\mathrm{T}}\boldsymbol{X}\boldsymbol{b})}{\mathrm{d}\boldsymbol{X}} &= \frac{\mathrm{d}\exp(f(\boldsymbol{X}))}{\mathrm{d}f}\frac{\mathrm{d}(\boldsymbol{a}^{\mathrm{T}}\boldsymbol{X}\boldsymbol{b})}{\mathrm{d}\boldsymbol{X}} \\
&= \boldsymbol{a}\boldsymbol{b}^{\mathrm{T}}\exp(\boldsymbol{a}^{\mathrm{T}}\boldsymbol{X}\boldsymbol{b})
\end{aligned}
\tag{5.32}
$$

下面我们再来介绍矩阵的迹和行列式的梯度计算方法。

例 5.10 设方阵 $\boldsymbol{X}\in\mathbb{R}^{N\times N}$，计算迹的梯度$\nabla_{X}\mathrm{tr}(\boldsymbol{X})$。

根据梯度的定义(定义 5.4)，方阵 $\boldsymbol{X}$ 的迹的梯度是一个 $N\times N$ 的矩阵，该矩阵第 m 行第 n 列的元素是一个偏导

$$
\left(\frac{\mathrm{d}\,\mathrm{tr}(\boldsymbol{X})}{\mathrm{d}\boldsymbol{X}}\right)_{mn} = \frac{\partial}{\partial x_{mn}}\sum_{k=1}^{N}x_{kk} = \begin{cases}1, & m=n \\ 0, & m\neq n\end{cases}
\tag{5.33}
$$

也就是该梯度矩阵的对角线元素为 1，其他元素为 0，因此

$$
\frac{\mathrm{d}\,\mathrm{tr}(\boldsymbol{X})}{\mathrm{d}\boldsymbol{X}} = \boldsymbol{I}
\tag{5.34}
$$

用同样的方法，可以计算 $\mathrm{tr}(\boldsymbol{X}\boldsymbol{A})$关于矩阵 $\boldsymbol{X}$ 的梯度。

例 5.11 设矩阵 $\boldsymbol{X}\in\mathbb{R}^{M\times N}$，$\boldsymbol{A}\in\mathbb{R}^{N\times M}$，计算迹的梯度$\nabla_{X}\mathrm{tr}(\boldsymbol{X}\boldsymbol{A})$。

因为

$$
\left(\frac{\mathrm{d}\mathrm{tr}(\boldsymbol{X}\boldsymbol{A})}{\mathrm{d}\boldsymbol{X}}\right)_{mn} = \frac{\partial}{\partial x_{mn}}\sum_{k=1}^{M}\sum_{l=1}^{N}x_{kl}a_{lk} = a_{nm}
\tag{5.35}
$$

所以

$$
\frac{\mathrm{d}\,\mathrm{tr}(\boldsymbol{X}\boldsymbol{A})}{\mathrm{d}\boldsymbol{X}} = \frac{\mathrm{d}\,\mathrm{tr}(\boldsymbol{A}\boldsymbol{X})}{\mathrm{d}\boldsymbol{X}} = \boldsymbol{A}^{\mathrm{T}}
\tag{5.36}
$$

这里用到了迹的循环梯度不变性。设向量 $\boldsymbol{x}$ 和 $\boldsymbol{a}$，因为 $\mathrm{tr}(\boldsymbol{x}\boldsymbol{a}^{\mathrm{T}})=\mathrm{tr}(\boldsymbol{a}\boldsymbol{x}^{\mathrm{T}})=\boldsymbol{a}^{\mathrm{T}}\boldsymbol{x}$，因此根据例 5.3 的结果得

$$\frac{\mathrm{d}\ \mathrm{tr}(\boldsymbol{x}\boldsymbol{a}^{\mathrm{T}})}{\mathrm{d}\boldsymbol{x}}=\frac{\mathrm{d}\ \mathrm{tr}(\boldsymbol{a}\boldsymbol{x}^{\mathrm{T}})}{\mathrm{d}\boldsymbol{x}}=\frac{\mathrm{d}\boldsymbol{a}^{\mathrm{T}}\boldsymbol{x}}{\mathrm{d}\boldsymbol{x}}=\boldsymbol{a}^{\mathrm{T}} \tag{5.37}$$

根据第 1 章的内容，方阵 $\boldsymbol{X}$ 的伴随矩阵记为 $\boldsymbol{X}^{*}=(x_{mn}^{*})_{N\times N}$，它是由代数余子式构造的矩阵，即 $x_{mn}^{*}=X_{nm}$，其中 X_{nm} 表示 $\boldsymbol{X}$ 中元素 x_{nm} 对应的代数余子式。使用按行展开计算方阵 $\boldsymbol{X}$ 的行列式，可得 $\det(\boldsymbol{X})=\sum_{n=1}^{n}x_{mn}X_{mn}$。可以依据伴随矩阵和按行展开计算行列式的方法，计算行列式的梯度。

例 5.12 设方阵 $\boldsymbol{X}\in\mathbb{R}^{N\times N}$，计算行列式的梯度 $\nabla_{X}|\boldsymbol{X}|$。

根据梯度的定义(定义 5.4)，行列式的梯度是一个 $N\times N$ 的矩阵，该矩阵第 m 行第 n 列的元素是一个偏导

$$\left(\frac{\mathrm{d}|\boldsymbol{X}|}{\mathrm{d}\boldsymbol{X}}\right)_{mn}=\frac{\partial|\boldsymbol{X}|}{\partial x_{mn}}=\frac{\partial\sum_{j=1}^{n}x_{mj}X_{mj}}{\partial x_{mn}}=X_{mn} \tag{5.38}$$

因此

$$\frac{\mathrm{d}|\boldsymbol{X}|}{\mathrm{d}\boldsymbol{X}}=(\boldsymbol{X}^{*})^{\mathrm{T}}=|\boldsymbol{X}|(\boldsymbol{X}^{-1})^{\mathrm{T}} \tag{5.39}$$

进一步使用链式法则，可计算

$$\frac{\partial}{\partial\boldsymbol{X}}\log|\boldsymbol{X}|=\frac{1}{|\boldsymbol{X}|}\frac{\partial|\boldsymbol{X}|}{\partial\boldsymbol{X}}=(\boldsymbol{X}^{-1})^{\mathrm{T}} \tag{5.40}$$

5.3.2 向量值函数的矩阵梯度

我们来讨论更复杂的情况：一个向量/矩阵关于一个矩阵的梯度。设函数 $\boldsymbol{F}$: $\mathbb{R}^{M\times N}\to\mathbb{R}^{K\times L}$，记为 $\boldsymbol{Y}=\boldsymbol{F}(\boldsymbol{X})$，有 $\boldsymbol{X}\in\mathbb{R}^{M\times N}$，$\boldsymbol{Y}\in\mathbb{R}^{K\times L}$，则梯度 $\mathrm{d}\boldsymbol{Y}/\mathrm{d}\boldsymbol{X}$ 将是一个 4 维张量，记为 $\boldsymbol{J}\in\mathbb{R}^{(K\times L)\times(M\times N)}$，该张量的元素是 $\boldsymbol{Y}$ 中各元素关于 $\boldsymbol{X}$ 中各元素的偏导，即 $j_{klmn}=\partial y_{kl}/\partial x_{mn}$。下面来看几个例子。

例 5.13 设 $\boldsymbol{f}=\boldsymbol{A}\boldsymbol{x}$，其中 $\boldsymbol{f}\in\mathbb{R}^{M}$，$\boldsymbol{A}\in\mathbb{R}^{M\times N}$，$\boldsymbol{x}\in\mathbb{R}^{N}$，计算梯度 $\mathrm{d}\boldsymbol{f}/\mathrm{d}\boldsymbol{A}$。

首先确定梯度的维度

$$\frac{\mathrm{d}\boldsymbol{f}}{\mathrm{d}\boldsymbol{A}}=\begin{pmatrix}\dfrac{\partial f_1}{\partial\boldsymbol{A}}\\\dfrac{\partial f_2}{\partial\boldsymbol{A}}\\\vdots\\\dfrac{\partial f_M}{\partial\boldsymbol{A}}\end{pmatrix}\in\mathbb{R}^{M\times(M\times N)}\Rightarrow\frac{\partial f_m}{\partial\boldsymbol{A}}\in\mathbb{R}^{1\times(M\times N)} \tag{5.41}$$

因为

$$f_m=\sum_{n=1}^{N}a_{mn}x_n,\ m=1,2,\cdots,M \tag{5.42}$$

因此

$$\frac{\partial f_m}{\partial a_{mn}}=x_n\text{且}\ \frac{\partial f_m}{\partial a_{kn}}=0(k\neq m) \tag{5.43}$$

所以 f_m 关于 $\boldsymbol{A}$ 中某一行 $\boldsymbol{\alpha}_k$ 的梯度为

$$\frac{\partial f_m}{\partial \boldsymbol{\alpha}_m}=\boldsymbol{x}^{\mathrm{T}}\in\mathbb{R}^{1\times1\times N} \text{ 且 } \frac{\partial f_m}{\partial \boldsymbol{\alpha}_k}=\boldsymbol{0}^{\mathrm{T}}\in\mathbb{R}^{1\times1\times N}(k\neq m) \tag{5.44}$$

通过堆叠式(5.44)中各项，得到梯度

$$\frac{\partial f_m}{\partial \boldsymbol{A}}=\begin{pmatrix}\boldsymbol{0}^{\mathrm{T}}\\ \boldsymbol{0}^{\mathrm{T}}\\ \vdots\\ \boldsymbol{0}^{\mathrm{T}}\\ \boldsymbol{x}^{\mathrm{T}}\\ \boldsymbol{0}^{\mathrm{T}}\\ \vdots\\ \boldsymbol{0}^{\mathrm{T}}\end{pmatrix}\in\mathbb{R}^{1\times(M\times N)} \tag{5.45}$$

例 5.14 设矩阵 $\boldsymbol{R}\in\mathbb{R}^{M\times N}$ 和 $\boldsymbol{K}\in\mathbb{R}^{N\times N}$，函数 $\boldsymbol{f}$：$\mathbb{R}^{M\times N}\to\mathbb{R}^{N\times N}$ 有

$$\boldsymbol{K}=\boldsymbol{f}(\boldsymbol{R})=\boldsymbol{R}^{\mathrm{T}}\boldsymbol{R} \tag{5.46}$$

试计算梯度 $\mathrm{d}\boldsymbol{K}/\mathrm{d}\boldsymbol{R}$。

首先确定该梯度的维数为

$$\frac{\mathrm{d}\boldsymbol{K}}{\mathrm{d}\boldsymbol{R}}\in\mathbb{R}^{(N\times N)\times(M\times N)} \tag{5.47}$$

因为矩阵 $\boldsymbol{K}$ 中元素 k_{pq} 表示为

$$k_{pq}=\boldsymbol{r}_p^{\mathrm{T}}\boldsymbol{r}_q=\sum_{m=1}^{M}r_{mp}r_{mq} \tag{5.48}$$

其中，$\boldsymbol{r}_i$ 表示 $\boldsymbol{R}$ 的第 i 列。在此基础上计算梯度 $\mathrm{d}\boldsymbol{K}/\mathrm{d}\boldsymbol{R}$ 张量中的元素

$$\left(\frac{\mathrm{d}\boldsymbol{K}}{\mathrm{d}\boldsymbol{R}}\right)_{pqij}=\frac{\partial k_{pq}}{\partial r_{ij}}=\sum_{m=1}^{M}\frac{\partial}{\partial r_{ij}}r_{mp}r_{mq}=\partial_{pqij}=\begin{cases}r_{iq}, & j=p,\ p\neq q\\ r_{ip}, & j=q,\ p\neq q\\ 2r_{iq}, & j=p,\ p=q\\ 0, & \text{其他}\end{cases} \tag{5.49}$$

如此即可计算出梯度 $\mathrm{d}\boldsymbol{K}/\mathrm{d}\boldsymbol{R}$ 中所有元素的值。

5.4 Hessian 阵

到目前为止，我们已经讨论了梯度，即向量的一阶导数。那么向量的二阶导数是什么呢？下面给出 Hessian 阵的定义。

定义 5.5 设 f：$\mathbb{R}^N\to\mathbb{R}$ 是关于向量 $\boldsymbol{x}\in\mathbb{R}^N$ 的函数，它的 Hessian 阵定义为一个由二阶偏导构成的对称矩阵

$$\boldsymbol{H}=\frac{\partial^2 f(\boldsymbol{x})}{\partial \boldsymbol{x}^2}=\nabla_x^2 f(\boldsymbol{x})=\begin{pmatrix}\frac{\partial^2 f}{\partial x_1^2} & \frac{\partial^2 f}{\partial x_1\partial x_2} & \cdots & \frac{\partial^2 f}{\partial x_1\partial x_N}\\ \frac{\partial^2 f}{\partial x_1\partial x_2} & \frac{\partial^2 f}{\partial x_2^2} & \cdots & \frac{\partial^2 f}{\partial x_2\partial x_N}\\ \vdots & \vdots & & \vdots\\ \frac{\partial^2 f}{\partial x_1\partial x_N} & \frac{\partial^2 f}{\partial x_2\partial x_N} & \cdots & \frac{\partial^2 f}{\partial x_N^2}\end{pmatrix} \tag{5.50}$$

这里的 Hessian 阵是一个矩阵，从函数映射关系的角度来看，因为

$$\boldsymbol{H}=\frac{\partial^2 f(\boldsymbol{x})}{\partial \boldsymbol{x}^2}=\frac{\partial}{\partial \boldsymbol{x}}\left(\frac{\partial f(\boldsymbol{x})}{\partial \boldsymbol{x}}\right)$$

也就是 Hessian 阵是梯度的梯度，映射$\partial f/\partial \boldsymbol{x}$：$\mathbb{R}^N \to \mathbb{R}^{1\times N}$，因此 Hessian 阵应该是一个 $1\times N\times N$的三维张量，表示成矩阵可以更好地理解与使用。相似地，如果需要计算的函数是 $\boldsymbol{f}$：$\mathbb{R}^N \to \mathbb{R}^M$，则该函数的 Hessian 阵是一个 $M\times N\times N$ 的三维张量。

设 $f(x, y)$是一个二次(连续)可微函数，则

$$\frac{\partial^2 f}{\partial x \partial y}=\frac{\partial^2 f}{\partial y \partial x} \tag{5.51}$$

由二阶偏导构成 Hessian 阵

$$\boldsymbol{H}=\begin{pmatrix}\dfrac{\partial^2 f}{\partial x^2} & \dfrac{\partial^2 f}{\partial x \partial y}\\ \dfrac{\partial^2 f}{\partial x \partial y} & \dfrac{\partial^2 f}{\partial y^2}\end{pmatrix} \tag{5.52}$$

下面来看 Hessian 阵的例子。

例 5.15　$\boldsymbol{a}^{\mathrm{T}}\boldsymbol{x}$ 关于向量 $\boldsymbol{x}\in \mathbb{R}^N$的 Hessian 阵计算如下：

$$\frac{\partial^2 \boldsymbol{a}^{\mathrm{T}}\boldsymbol{x}}{\partial \boldsymbol{x}^2}=\frac{\partial \boldsymbol{a}^{\mathrm{T}}}{\partial \boldsymbol{x}}=\boldsymbol{O}_{N\times N} \tag{5.53}$$

例 5.16　设矩阵 $\boldsymbol{A}\in \mathbb{R}^{N\times N}$，$\boldsymbol{x}^{\mathrm{T}}\boldsymbol{A}\boldsymbol{x}$ 关于向量 $\boldsymbol{x}\in \mathbb{R}^N$的 Hessian 阵计算如下：

$$\frac{\partial^2 \boldsymbol{x}^{\mathrm{T}}\boldsymbol{A}\boldsymbol{x}}{\partial \boldsymbol{x}^2}=\frac{\partial}{\partial \boldsymbol{x}}[\boldsymbol{x}^{\mathrm{T}}(\boldsymbol{A}+\boldsymbol{A}^{\mathrm{T}})]=\boldsymbol{A}+\boldsymbol{A}^{\mathrm{T}} \tag{5.54}$$

当矩阵 $\boldsymbol{A}$ 是对称矩阵时，

$$\frac{\partial^2 \boldsymbol{x}^{\mathrm{T}}\boldsymbol{A}\boldsymbol{x}}{\partial \boldsymbol{x}^2}=2\boldsymbol{A} \tag{5.55}$$

具体地，设矩阵 $\boldsymbol{B}\in \mathbb{R}^{M\times N}$，$\boldsymbol{A}\in \mathbb{R}^{M\times M}$是对称矩阵，向量 $\boldsymbol{a}\in \mathbb{R}^M$，则有

$$\frac{\partial^2 (\boldsymbol{a}-\boldsymbol{B}\boldsymbol{x})^{\mathrm{T}}\boldsymbol{A}(\boldsymbol{a}-\boldsymbol{B}\boldsymbol{x})}{\partial \boldsymbol{x}^2}=\frac{\partial}{\partial x}(-2(\boldsymbol{a}-\boldsymbol{B}\boldsymbol{x})^{\mathrm{T}}\boldsymbol{A}\boldsymbol{B})=2\boldsymbol{B}^{\mathrm{T}}\boldsymbol{A}\boldsymbol{B} \tag{5.56}$$

5.5　多元泰勒级数

我们在前面的课程中都学过泰勒级数和泰勒多项式。函数 f：$\mathbb{R}\to\mathbb{R}$ 在 x_0 处的 n 阶泰勒多项式定义为

$$T_n(x) := \sum_{k=0}^{n}\frac{f^{(k)}(x_0)}{k!}(x-x_0)^k \tag{5.57}$$

如果函数 f 是光滑的，则可以定义 f 在 x_0 处的泰勒级数：

$$f(x) = T_\infty(x) := \sum_{k=0}^{\infty}\frac{f^{(k)}(x_0)}{k!}(x-x_0)^k \tag{5.58}$$

泰勒多项式经常被用于对函数进行近似(如图 5.4 所示)，图中的函数是指数函数 $f(x)=e^x$(灰色实线)，分别使用 1 阶、2 阶、3 阶和 6 阶泰勒多项式对该函数进行近似($x_0=1$)。容易看出，随着泰勒多项式阶数的增加，泰勒多项式能更精确地逼近原函数。

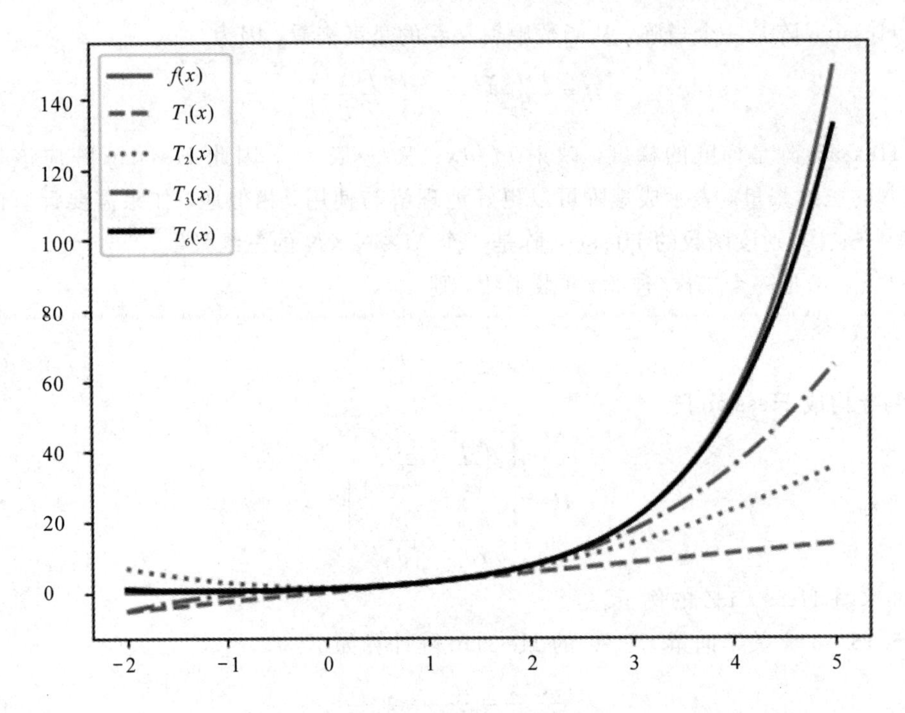

图 5.4 泰勒多项式的近似

泰勒多项式也经常用于对多元函数进行近似，因为多元函数涉及向量形式的自变量，因此多元函数的泰勒多项式需要在梯度、Hessian 阵以及高阶导的基础上进行表示。

定义 5.6 设函数 f：$\mathbb{R}^N \to \mathbb{R}$ 是关于 $\boldsymbol{x} \in \mathbb{R}^N$ 的多元函数，且在 $\boldsymbol{x}_0$ 处光滑，则 f 在 $\boldsymbol{x}_0$ 处的多元泰勒级数定义为

$$f(\boldsymbol{x}) = \sum_{k=0}^{\infty} \frac{\nabla_x^k f(\boldsymbol{x}_0)}{k!} \boldsymbol{\delta}^k \tag{5.59}$$

其中，$\nabla_x^k f(\boldsymbol{x}_0)$是 f 关于 $\boldsymbol{x}$ 在 $\boldsymbol{x}_0$ 处的 k 阶导数，$\boldsymbol{\delta} = \boldsymbol{x} - \boldsymbol{x}_0$。

定义 5.7 函数 f 在 $\boldsymbol{x}_0$ 处的 K 阶泰勒多项式是式(5.59)中级数的前 $K+1$ 项，定义为

$$T_K(\boldsymbol{x}) = \sum_{k=0}^{K} \frac{\nabla_x^k f(\boldsymbol{x}_0)}{k!} \boldsymbol{\delta}^k \tag{5.60}$$

在上式中，$\nabla_x^k f(\boldsymbol{x}_0)$和 $\boldsymbol{\delta}^k$ 都是 k 维张量，具有相同的维数和元素个数。张量 $\boldsymbol{\delta}^k \in \mathbb{R}^{\overbrace{D \times D \times \cdots \times D}^{k}}$是向量 $\boldsymbol{\delta} \in \mathbb{R}^D$ 的 k 次外积(外积用⊗表示)：

$$\boldsymbol{\delta}^2 := \boldsymbol{\delta} \otimes \boldsymbol{\delta} = \boldsymbol{\delta}\boldsymbol{\delta}^{\mathrm{T}}, \ (\boldsymbol{\delta}^2)_{ij} = \delta_i \delta_j \tag{5.61}$$

$$\boldsymbol{\delta}^3 := \boldsymbol{\delta} \otimes \boldsymbol{\delta} \otimes \boldsymbol{\delta}, \ (\boldsymbol{\delta}^3)_{ijk} = \delta_i \delta_j \delta_k \tag{5.62}$$

其中，$(\boldsymbol{\delta}^2)_{ij}$ 表示矩阵 $\boldsymbol{\delta}^2$ 中第 i 行第 j 列的元素，δ_i 表示向量 $\boldsymbol{\delta}$ 中第 i 个元素。式(5.59)和式(5.60)中$\nabla_x^k f(\boldsymbol{x}_0)$与 $\boldsymbol{\delta}^k$ 的乘法使用的是按元素相乘后求和的方式，即

$$\nabla_x^k f(\boldsymbol{x}_0)\boldsymbol{\delta}^k = \sum_{i_1=1}^{N}\sum_{i_2=1}^{N}\cdots\sum_{i_k=1}^{N} [\nabla_x^k f(\boldsymbol{x}_0)]_{i_1, i_2, \cdots, i_k} \delta_{i_1}\delta_{i_2}\cdots\delta_{i_k} \tag{5.63}$$

下面展开$\nabla_x^k f(\boldsymbol{x}_0)\boldsymbol{\delta}^k$ 的前 4 项：

(1) $k=0$：$\nabla_x^0 f(\boldsymbol{x}_0)\boldsymbol{\delta}^0 = f(x_0)$；

(2) $k=1$：$\nabla_x^1 f(\boldsymbol{x}_0)\boldsymbol{\delta}^1 = \underbrace{\nabla_x f(\boldsymbol{x}_0)}_{1\times N} \underbrace{\boldsymbol{\delta}}_{N\times 1} = \sum_{i=1}^{N} [\nabla_x f(\boldsymbol{x}_0)]_i \delta_i$；

(3) $k=2$：$\nabla_x^2 f(\boldsymbol{x}_0)\boldsymbol{\delta}^2 = \mathrm{tr}(\underbrace{\boldsymbol{H}(\boldsymbol{x}_0)}_{N\times N}\underbrace{\boldsymbol{\delta}}_{N\times 1}\underbrace{\boldsymbol{\delta}^{\mathrm{T}}}_{1\times N}) = \boldsymbol{\delta}^{\mathrm{T}}\boldsymbol{H}(\boldsymbol{x}_0)\boldsymbol{\delta} = \sum_{i=1}^{N}\sum_{j=1}^{N}[\boldsymbol{H}(\boldsymbol{x}_0)]_{ij}\delta_i\delta_j$；

(4) $k=3$：$\nabla_x^3 f(\boldsymbol{x}_0)\boldsymbol{\delta}^3 = \sum_{i=1}^{N}\sum_{j=1}^{N}\sum_{k=1}^{N}[\nabla_x^3 f(\boldsymbol{x}_0)]_{ijk}\delta_i\delta_j\delta_k$。

其中，$\boldsymbol{H}(\boldsymbol{x}_0)$表示 f 在 $\boldsymbol{x}_0$ 处的 Hessian 阵。

例 5.17 设函数 $f(x, y)=x^2+2xy+y^3$，试计算 f 在$(x_0, y_0)=(1, 2)$处的泰勒级数展开。

先考虑常数项和一阶导数

$$f(1, 2)=13 \tag{5.64}$$

$$\frac{\partial f}{\partial x}=2x+2y\Rightarrow\frac{\partial f}{\partial x}(1, 2)=6 \tag{5.65}$$

$$\frac{\partial f}{\partial y}=2x+3y^2\Rightarrow\frac{\partial f}{\partial y}(1, 2)=14 \tag{5.66}$$

因此

$$\nabla_{x,y}^1 f(1, 2)=\nabla_{x,y} f(1, 2)=\left(\frac{\partial f}{\partial x}(1, 2), \frac{\partial f}{\partial y}(1, 2)\right)=[6\quad 14]\in\mathbb{R}^{1\times 2} \tag{5.67}$$

则

$$\frac{\nabla_{x,y}^1 f(1, 2)}{1!}\boldsymbol{\delta}=(6\quad 14)\begin{pmatrix}x-1\\x-2\end{pmatrix}=6(x-1)+14(y-2) \tag{5.68}$$

接着计算二阶偏导

$$\frac{\partial^2 f}{\partial x^2}=2\Rightarrow\frac{\partial^2 f}{\partial x^2}(1, 2)=2 \tag{5.69}$$

$$\frac{\partial^2 f}{\partial y^2}=6y\Rightarrow\frac{\partial^2 f}{\partial y^2}(1, 2)=12 \tag{5.70}$$

$$\frac{\partial^2 f}{\partial x\partial y}=\frac{\partial^2 f}{\partial y\partial x}=2\Rightarrow\frac{\partial^2 f}{\partial x\partial y}(1, 2)=\frac{\partial^2 f}{\partial y\partial x}(1, 2)=2 \tag{5.71}$$

将二阶偏导组合成 Hessian 阵

$$\boldsymbol{H}=\begin{pmatrix}\dfrac{\partial^2 f}{\partial x^2} & \dfrac{\partial^2 f}{\partial x\partial y}\\[2mm] \dfrac{\partial^2 f}{\partial y\partial x} & \dfrac{\partial^2 f}{\partial y^2}\end{pmatrix}=\begin{pmatrix}2 & 2\\2 & 6y\end{pmatrix}\Rightarrow\boldsymbol{H}(1, 2)=\begin{pmatrix}2 & 2\\2 & 12\end{pmatrix}\in\mathbb{R}^{2\times 2} \tag{5.72}$$

因此，泰勒级数展开的第 3 项为

$$\begin{aligned}\frac{\nabla_{x,y}^2 f(1, 2)}{2!}\boldsymbol{\delta}^2 &= \frac{1}{2}\boldsymbol{\delta}^{\mathrm{T}}\boldsymbol{H}(1, 2)\boldsymbol{\delta}\\ &=\frac{1}{2}(x-1\quad y-2)\begin{pmatrix}2 & 2\\2 & 12\end{pmatrix}\begin{pmatrix}x-1\\y-2\end{pmatrix}\\ &=(x-1)^2+2(x-1)(y-2)+6(y-2)^2\end{aligned} \tag{5.73}$$

最后计算三阶偏导：

$$\nabla_{x,y}^3 f=\left(\frac{\partial \boldsymbol{H}}{\partial x}\ \frac{\partial \boldsymbol{H}}{\partial y}\right)\in\mathbb{R}^{2\times 2\times 2} \tag{5.74}$$

$$\nabla_{x,y}^3 f[:, :, 1]=\begin{pmatrix}\dfrac{\partial^3 f}{\partial x^3} & \dfrac{\partial^3 f}{\partial x\partial y\partial x}\\[2mm] \dfrac{\partial^3 f}{\partial y\partial x^2} & \dfrac{\partial^3 f}{\partial y^2\partial x}\end{pmatrix}=\begin{pmatrix}0 & 0\\0 & 0\end{pmatrix} \tag{5.75}$$

$$\nabla_{x,y}^3 f[:,:,2]=\begin{pmatrix}\dfrac{\partial^3 f}{\partial x^2\partial y} & \dfrac{\partial^3 f}{\partial x\partial y^2}\\ \dfrac{\partial^3 f}{\partial y\partial x\partial y} & \dfrac{\partial^3 f}{\partial y^3}\end{pmatrix}=\begin{pmatrix}0 & 0\\ 0 & 6\end{pmatrix} \tag{5.76}$$

因此，泰勒级数展开的第 4 项为

$$\frac{\nabla_{x,y}^3 f(1,2)}{3!}\boldsymbol{\delta}^3=(y-2)^3 \tag{5.77}$$

综上，f 在$(x_0, y_0)=(1, 2)$处的泰勒级数展开是

$$\begin{aligned}f(x,y)&=f(1,2)+\nabla_{x,y}^1 f(1,2)\boldsymbol{\delta}+\frac{\nabla_{x,y}^2 f(1,2)}{2!}\boldsymbol{\delta}^2+\frac{\nabla_{x,y}^3 f(1,2)}{3!}\boldsymbol{\delta}^3\\&=13+6(x-1)+14(y-2)+(x-1)^2\\&\quad+6(y-2)^2+2(x-1)(y-2)+(y-2)^3\end{aligned} \tag{5.78}$$

习 题 5

1. 计算以下函数的梯度：

(1) $f(\boldsymbol{t})=\sin(\log(\boldsymbol{t}^{\mathrm{T}}\boldsymbol{t}))$，$\boldsymbol{t}\in\mathbb{R}^D$；

(2) $g(\boldsymbol{X})=\mathrm{tr}(\boldsymbol{AXB})$，$\boldsymbol{A}\in\mathbb{R}^{D\times E}$，$\boldsymbol{X}\in\mathbb{R}^{E\times F}$，$\boldsymbol{B}\in\mathbb{R}^{F\times D}$。

2. 设

(1) $f(\boldsymbol{x})=\sin(x_1)\cos(x_2)$，$\boldsymbol{x}\in\mathbb{R}^2$；

(2) $f(\boldsymbol{x})=\boldsymbol{x}\boldsymbol{x}^{\mathrm{T}}$，$\boldsymbol{x}\in\mathbb{R}^n$。

给出上述函数梯度$\nabla_x f$ 的维数，并计算梯度$\nabla_x f$。

3. 使用链式法则计算函数 f 对 $\boldsymbol{x}$ 的梯度，写出详细步骤，以及每个偏导的维数

(1) $f(z)=\log(1+z)$，$z=\boldsymbol{x}^{\mathrm{T}}\boldsymbol{x}$，$\boldsymbol{x}\in\mathbb{R}^D$；

(2) $f(\boldsymbol{z})=\sin(\boldsymbol{z})$，$\boldsymbol{z}=\boldsymbol{A}\boldsymbol{x}+\boldsymbol{b}$，$\boldsymbol{A}\in\mathbb{R}^{E\times D}$，$\boldsymbol{x}\in\mathbb{R}^D$，$\boldsymbol{b}\in\mathbb{R}^E$。

4. 设矩阵函数为

$$\boldsymbol{A}(x)=\begin{pmatrix}2x & -1 & x & 2\\ 4 & x & 1 & -1\\ 3 & 2 & x & 5\\ 1 & -2 & 3 & x\end{pmatrix}$$

求$\dfrac{\mathrm{d}^3|\boldsymbol{A}(x)|}{\mathrm{d}x^3}$。(提示：按任意行或列展开行列式$|\boldsymbol{A}(x)|$，关注其中 x^4 和 x^3 的项。)

5. 证明 $\mathrm{d}[\mathrm{tr}(\boldsymbol{X}^{\mathrm{T}}\boldsymbol{X})]=2\mathrm{tr}(\boldsymbol{X}^{\mathrm{T}}\mathrm{d}\boldsymbol{X})$。

6. 使用链式法则计算梯度 $\mathrm{d}f/\mathrm{d}\boldsymbol{x}$，其中对于 $\boldsymbol{x}$，$\boldsymbol{\mu}\in\mathbb{R}^N$，$\boldsymbol{S}\in\mathbb{R}^{N\times N}$有

$$f(z)=\exp\left(-\frac{1}{2}z\right)$$

$$z=g(\boldsymbol{y})=\boldsymbol{y}^{\mathrm{T}}\boldsymbol{S}^{-1}\boldsymbol{y}$$

$$\boldsymbol{y}=h(\boldsymbol{x})=\boldsymbol{x}-\boldsymbol{\mu}$$

7. 计算下列函数的梯度 $\mathrm{d}f/\mathrm{d}x$，写出详细计算步骤。

$$f(\boldsymbol{x})=\mathrm{tr}(\boldsymbol{x}\boldsymbol{x}^{\mathrm{T}}+\sigma^2\boldsymbol{I}),\quad \boldsymbol{x}\in\mathbb{R}^N$$

8. 设

$$g(z, \boldsymbol{v})=\log p(\boldsymbol{x}, \boldsymbol{z})-\log q(z, \boldsymbol{v})$$

$$\boldsymbol{z}=t(\boldsymbol{v})$$

其中，函数 p，q，t 都是可微的，试计算梯度

$$\frac{\mathrm{d}}{\mathrm{d}\boldsymbol{v}}g(\boldsymbol{z}, \boldsymbol{v})$$

9. 设矩阵 $\boldsymbol{X}\in \mathbb{R}^{M\times N}$、$\boldsymbol{A}\in \mathbb{R}^{L\times M}$、$\boldsymbol{B}\in \mathbb{R}^{N\times L}$，试验证如下矩阵梯度，给出验证过程。

$$\frac{\mathrm{d}\ \mathrm{tr}(\boldsymbol{AXB})}{\mathrm{d}\boldsymbol{X}}=\boldsymbol{A}^{\mathrm{T}}\boldsymbol{B}^{\mathrm{T}}$$

10. 设矩阵 $\boldsymbol{X}\in \mathbb{R}^{M\times N}$，常数向量 $\boldsymbol{a}\in \mathbb{R}^{M\times 1}$、$\boldsymbol{b}\in \mathbb{R}^{N\times 1}$，试验证如下矩阵梯度，给出验证过程。

$$\frac{\mathrm{d}\boldsymbol{a}^{\mathrm{T}}\boldsymbol{Xb}}{\mathrm{d}\boldsymbol{X}}=\boldsymbol{ab}^{\mathrm{T}}$$

第6章　概率与分布

在数据科学中，经常会从概率论的视角看待数据，把数据的列看作是随机变量，同时又引入多项分布和高斯分布分别给离散取值的列和连续取值的列建模。这样把数据分析与挖掘建成高维分布模型，概率与分布的相关知识就能用来解决问题，至少在问题的求解上有了抓手。因此本章介绍一些数据科学中常用的概率与分布的相关知识，系统地夯实基础。

6.1　频率派与贝叶斯派

在对概率的解释上历来有两大学派：频率派和贝叶斯派。这两个学派在数据科学中都产生了很大影响，但两个学派在思考方式上不相同。

频率派认为概率分布是客观的。正如抛硬币得到正面的概率是$\frac{1}{2}$，这是因为抛硬币这个伯努利分布的参数 $p=\frac{1}{2}$，正是概率问题中有客观存在的各种分布，从而使我们观测到了样本结果。虽然概率问题并不会直接告诉我们真正的概率分布和参数，但可以通过观测到的样本结果去估计它们，从而尽可能地接近真相。

贝叶斯派则认为概率分布是人们主观的认识。我们相信抛硬币得到正面的概率是$\frac{1}{2}$，所以把抛硬币这个伯努利分布的参数设置为 $p=\frac{1}{2}$。当然如果有人觉得抛硬币这个伯努利分布的参数应该为 $p=\frac{1}{3}$，也是可以的。虽然我们都会觉得把抛硬币得到正面的概率设置为$\frac{1}{3}$不合适，但这在贝叶斯派看来并不关键，因为贝叶斯派还有一个非常厉害的工具——贝叶斯公式，即

$$P(\theta|X)=\frac{P(X|\theta)P(\theta)}{P(X)} \tag{6.1}$$

贝叶斯公式(6.1)告诉我们，人们的主观先验概率 $P(\theta)$不准没有关系，我们可以通过观测进行校准，获得更准的后验概率 $P(\theta|X)$，其中校准的依据是观测样本在先验参数 θ 下的似然概率 $P(X|\theta)$。还以抛硬币为例，首先假设有一个先验信息：抛硬币得到正面的概率为$\frac{1}{3}$的可能性很大，即 $P(\theta)$是一个较大的值。然后通过抛硬币实验的观测结果(4965 次为正面，5045 次为背面)，计算出(如果抛硬币得到正面的概率为$\frac{1}{3}$)其似然概率 $P(X|\theta)$，毫无疑问 $P(X|\theta)$会是一个比较小的数值。经过对似然函数 $P(X|\theta)$的修正，计算出的后验概率

$P(\theta|X)$会显著小于先验概率 $P(\theta)$，实现了对先验概率的校准，也就是抛硬币得到正面的概率为$\frac{1}{3}$的可能性并不大。贝叶斯公式(6.1)中的分母 $P(X)$称为证据(evidence)，因为

$$P(X)=\int_{\theta} P(X \mid \theta) \cdot P(\theta) \mathrm{d}\theta \tag{6.2}$$

也就是分子 $P(X|\theta)P(\theta)$的所有可能取值的求和，因此分母 $P(X)$的主要作用是标准化。

贝叶斯的思维非常实用，能帮助人们理性看待世界。人们经常会因为各种消息的干扰，产生不同程度的误判，这时候就可以利用贝叶斯思维：根据观测样本校准先验信息

6.2　随机向量

接下来我们介绍一些有关随机向量的术语。

6.2.1　概率空间

第一个概念是概率空间。概率空间由样本空间、事件和概率测度 3 个概念构成。

1. 样本空间

随机试验中所有可能的输出结果构成的集合称为样本空间，记为$\mathcal{S}$。以掷硬币的随机试验为例，连续掷两次硬币可能出现的结果有“正正”“正反”“反正”和“反反”，此时样本空间为

$$\mathcal{S}=\{正正，正反，反正，反反\} \tag{6.3}$$

2. 事件

随机试验中一个或多个输出结果构成一个事件，事件是样本空间的子集。例如，连续掷两次硬币都为正面，记为事件 $A=\{正正\}$；至少有一次是正面，记为事件 $B=\{正正，正反，反正\}$。所有事件构成的集合，称为事件空间，记为$\mathcal{A}$，按照事件的定义，$\forall A\subseteq\mathcal{S}$有 $A\in\mathcal{A}$。

3. 概率测度

定义 6.1(概率测度)　设样本空间 S 和事件空间$\mathcal{A}$，函数 P：$\mathcal{A}\to[0, 1]$，若以下条件成立：

(1) $\forall A\in\mathcal{A}$，$0\leqslant P(A)\leqslant 1$；

(2) $P(\mathcal{S})=1$；

(3) $\forall A_i$，$A_j\in\mathcal{A}$，$A_i\cap A_j=\varnothing$，则 $P(A_i\cup A_j)=P(A_i)+P(A_j)$。

则称 P 为定义在$(\mathcal{S}, \mathcal{A})$上的概率测度，$P(A)$称为事件 A 的概率。

概率空间定义为一个由上述 3 个概率组成的三元组$(\mathcal{S}, \mathcal{A}, P)$。从上面的定义中可以看到，事件 A 的概率 $P(A)$并不局限赋值方式。既可以从频率派的角度，通过事件采样赋值，此时的概率表示事件发生的可能性；也可以从贝叶斯派的角度，由人们主观赋值，此时的概率表示人们对事件发生的主观置信度。

6.2.2　随机变量

在数据科学中，我们很少会直接使用样本空间，反而是对数值结果的概率更感兴趣。仍来看连续掷两次硬币这个例子，如果掷硬币的结果与获益数量挂钩：当两次都掷出正面，获益 2 个单位；当有一次掷出正面，获益 1 个单位；否则，当没能掷出正面，获益 0 个单

位。这是我们在数据科学中更感兴趣的问题，因为不仅能算出获益1个单位的概率，还能计算获益的期望等。这里引入一个新的术语——目标空间$\mathcal{X}$，该空间是由数值组成的集合，其中的元素$x \in \mathcal{X}$称为状态。在此基础上定义随机变量。

定义 6.2(随机变量) 随机变量定义为一个映射$X: \mathcal{S} \to \mathcal{X}$，其中$\mathcal{S}$表示样本空间，$\mathcal{X}$表示目标空间。

在连续掷两次硬币的随机试验中，样本空间$\mathcal{S}$如式(6.3)所示，设目标空间$\mathcal{X}=\{0,1,2\}$，随机变量X有如下定义：

$$X(\text{正正})=2,\ X(\text{正反})=X(\text{反正})=1,\ X(\text{反反})=0$$

对应到数据表(如图6.1所示)中，每一行都是一个样本，属于样本空间，即$a_i \in \mathcal{S}$。数据表中的数x_{ij}值就是状态，第j列的所有数值都取自目标空间$\mathcal{X}_j$。样本空间$\mathcal{S}$到第j列的目标空间$\mathcal{X}_j$的映射，由随机变量X_j完成。在数据分析与挖掘中经常会把数据表的每一列数据都视作某个随机变量的试验结果，原因就在这里。

	X_1	X_2	X_3	…
a_1	x_{11}	x_{12}	x_{13}	…
a_2	x_{21}	x_{22}	x_{23}	…
a_3	x_{31}	x_{32}	x_{33}	…
⋮	…	…	…	…

图6.1 数据表

对于任意$T \in \mathcal{X}$，可计算概率$P_X(T) \in [0,1]$，与定义6.1中的概率有所不同，这个概率是在随机变量X视角下计算的。可以将P_X视为由$2^{\mathcal{X}}$到$[0,1]$的映射，即$P_X: 2^{\mathcal{X}} \to [0,1]$，该函数称为随机变量$X$的分布。根据随机变量$X$的定义，不难得到$P_X$与定义6.1中的概率测度$P$有如下关系：

$$P_X(T)=P(X^{-1}(T))=P(\{s \in \mathcal{S} \mid X(s) \in T\}) \tag{6.4}$$

其中，$X^{-1}(T)=\{s \in \mathcal{S} \mid X(s) \in T\}$是$T$在映射$X$下的原像。

在没有明确给出标明样本空间时，经常在概率表示中隐藏样本空间符号，即把概率写成如下形式：

$$P(\{s \in \mathcal{S} \mid X(s)=x\})=P(X=x) \tag{6.5}$$

结合式(6.4)，得到一个熟悉的表示：

$$P_X(x)=P(X=x) \tag{6.6}$$

至此我们理清了随机变量的符号表示方法，下面继续梳理多维随机变量——随机向量的符号体系。

6.2.3 随机向量

在图6.1中，我们分别看待数据表的每一列，这是一种常规的理解方式。但因为数据表中的每一行都对应着同一个样本，我们也可以同时关注所有列，也就是说样本空间$\mathcal{S}$中的一个样本不再对应一个数值，而是一组数值，这与向量的概念不谋而合，因此可以将向量结合到概率问题中。

设目标空间$\mathcal{X}$是一个由D维向量构成的高维空间，即$\mathcal{X}$中的状态$\boldsymbol{x}=(x_1,\ x_2,\ \cdots,\ x_D)^{\mathrm{T}}$

是一个 D 维向量。我们把从样本空间$\mathcal{S}$到$\mathcal{X}$的映射称为随机向量，记为 $\boldsymbol{X}=(X_1, X_2, \cdots, X_D)^{\mathrm{T}}$。从形式上看，随机向量是由多个随机变量组合而成的向量。与随机变量一样，随机向量有两种类型：离散型随机向量和连续性随机向量。

1. 离散型随机向量

当目标空间$\mathcal{X}$中的状态 $\boldsymbol{x}=(x_1, x_2, \cdots, x_D)^{\mathrm{T}}$ 在各个维度上都是离散的，在该目标空间上定义的随机向量 $\boldsymbol{X}=(X_1, X_2, \cdots, X_D)^{\mathrm{T}}$，称为离散型随机向量。设每个状态 $\boldsymbol{x}$ 都有一个概率值，记为 $p(\boldsymbol{x})$，随机向量 $\boldsymbol{X}$ 的分布律为

$$P_X(\boldsymbol{x})=P(\boldsymbol{X}=\boldsymbol{x})=p(\boldsymbol{x}) \tag{6.7}$$

该分布律等价于随机向量 $\boldsymbol{X}$ 中所有随机变量的联合分布，即

$$P_X(\boldsymbol{x})=P(X_1=x_1, X_2=x_2, \cdots, X_D=x_D) \tag{6.8}$$

针对随机向量 $\boldsymbol{X}$ 中随机变量 X_d 的边缘分布律为

$$P(X_d = x_d) = \sum_{x'_1}\sum_{x'_2}\cdots\sum_{x'_{d-1}}\sum_{x'_{d+1}}\sum_{x'_{d+2}}\cdots\sum_{x'_D} p((x'_1, x'_2, \cdots, x'_{d-1}, x_d, x'_{d+1}, x'_{d+2}, \cdots, x'_D)^{\mathrm{T}}) \tag{6.9}$$

随机向量 $\boldsymbol{X}$ 的边缘分布并不只是针对单个随机变量，而是可以针对多个随机变量，例如针对 2 个随机变量的边缘分布 $P(X_i=x_i, X_j=x_j)$。

2. 连续性随机向量

当目标空间$\mathcal{X}$中的状态 $\boldsymbol{x}=(x_1, x_2, \cdots, x_D)^{\mathrm{T}}$ 在各个维度上都是连续的，在该目标空间上定义的随机向量 $\boldsymbol{X}=(X_1, X_2, \cdots, X_D)^{\mathrm{T}}$，称为连续型随机向量。与离散型不同，在连续型情况下不支持求和，要把所有求和改成积分。设状态 $\boldsymbol{x}$ 的概率密度函数为 $p(\boldsymbol{x})$(有时也记为 $f(\boldsymbol{x})$)，随机向量 $\boldsymbol{X}$ 的分布函数定义为其中所有随机变量的联合分布

$$\begin{aligned} F_X(\boldsymbol{x}) &= P(X_1\leqslant x_1, X_2\leqslant x_2, \cdots, X_D\leqslant x_D) \\ &= \int_{-\infty}^{x_1}\int_{-\infty}^{x_2}\cdots\int_{-\infty}^{x_D} p(\boldsymbol{x})\mathrm{d}\boldsymbol{x} \end{aligned} \tag{6.10}$$

同样，针对随机向量 $\boldsymbol{X}$ 中随机变量 X_d 的边缘分布函数为

$$\begin{aligned} F_{X_d}(x_d) &= F_X(+\infty, +\infty, \cdots, +\infty, x_d, +\infty, +\infty, \cdots, +\infty) \\ &= \int_{-\infty}^{+\infty}\int_{-\infty}^{+\infty}\cdots\int_{-\infty}^{+\infty}\int_{-\infty}^{x_d}\int_{-\infty}^{+\infty}\int_{-\infty}^{+\infty}\cdots\int_{-\infty}^{+\infty} p(\boldsymbol{x})\mathrm{d}\boldsymbol{x} \end{aligned} \tag{6.11}$$

我们一般不会关注混合型随机向量，也就是随机向量中既有离散型随机变量，又有连续型随机变量。如果在实际问题中遇到混合型随机向量，可以把该随机向量拆分成两个随机向量，一个是离散型随机向量，另一个是连续型随机向量。

6.3　数字特征与独立性

在概率论的学习中，我们知道随机变量的数字特征(主要是期望和方差)，和多个随机变量之间的独立性是受到关注的。下面介绍随机向量的数字特征和独立性。

6.3.1　期望向量与协方差矩阵

首先是期望向量。随机变量 X 的期望定义为

$$\mathbb{E}[X]:=\begin{cases}\int_{-\infty}^{+\infty} xp(x)\mathrm{d}x & ,X\text{是连续的}\\ \sum_{x\in\mathcal{X}} xp(x) & ,X\text{是离散的}\end{cases} \tag{6.12}$$

其中，当 X 是连续的，$p(x)$表示概率密度函数；当 X 是离散的，$p(x)$表示概率值。在此基础上定义随机向量的期望。

定义 6.3(期望向量) 设 D 维随机向量 $\boldsymbol{X}=(X_1, X_2, \cdots, X_D)^{\mathrm{T}}$，其期望向量定义为如下列向量：

$$\mathbb{E}[\boldsymbol{X}]:=\begin{pmatrix}\mathbb{E}[X_1]\\ \mathbb{E}[X_2]\\ \vdots\\ \mathbb{E}[X_D]\end{pmatrix}\in\mathbb{R}^D \tag{6.13}$$

其中，随机变量 X_d 的期望$\mathbb{E}[X_d]$$(d=1, 2, \cdots, D)$的计算如式(6.12)。也就是说，随机向量的期望由各边缘分布的期望构成。

随机向量的期望是线性的。设有随机向量 $\boldsymbol{X}$ 的线性映射 $f(\boldsymbol{X})=a\cdot g(\boldsymbol{X})+b\cdot h(\boldsymbol{X})$，其中 $a, b\in\mathbb{R}$，则有

$$\begin{aligned}\mathbb{E}[f(\boldsymbol{X})]&=\int_{\mathcal{X}} f(\boldsymbol{x})p(\boldsymbol{x})\mathrm{d}\boldsymbol{x}\\ &=\int_{\mathcal{X}}[a\cdot g(\boldsymbol{x})+b\cdot h(\boldsymbol{x})]p(\boldsymbol{x})\mathrm{d}\boldsymbol{x}\\ &=a\cdot\int_{\mathcal{X}} g(\boldsymbol{x})p(\boldsymbol{x})\mathrm{d}x+b\cdot\int_{\mathcal{X}} h(\boldsymbol{x})p(\boldsymbol{x})\mathrm{d}\boldsymbol{x}\\ &=a\cdot\mathbb{E}[g(\boldsymbol{X})]+b\cdot\mathbb{E}[h(\boldsymbol{X})]\end{aligned} \tag{6.14}$$

其次是随机向量的协方差矩阵。在概率论中，随机变量 X 和 Y 的协方差定义为

$$\begin{aligned}\mathrm{Cov}[X, Y]&=\mathbb{E}[(X-\mathbb{E}[X])\cdot(Y-\mathbb{E}[Y])]\\ &=\mathbb{E}[XY]-\mathbb{E}[X\cdot\mathbb{E}[Y]]-\mathbb{E}[\mathbb{E}[X]\cdot Y]+\mathbb{E}[X]\cdot\mathbb{E}[Y]\\ &=\mathbb{E}[XY]-\mathbb{E}[X]\cdot\mathbb{E}[Y]\end{aligned} \tag{6.15}$$

类似地，可以定义随机向量 $\boldsymbol{X}=(X_1, X_2, \cdots, X_D)^{\mathrm{T}}$ 和 $\boldsymbol{Y}=(Y_1, Y_2, \cdots, Y_E)^{\mathrm{T}}$ 的协方差 $\mathrm{Cov}[\boldsymbol{X}, \boldsymbol{Y}]$，因为随机向量具有向量的形式，所以需要在计算中特别注意矩阵乘法运算带来的维度问题。

$$\mathrm{Cov}[\boldsymbol{X}, \boldsymbol{Y}]=\mathbb{E}[(\boldsymbol{X}-\mathbb{E}[\boldsymbol{X}])\cdot(\boldsymbol{Y}-\mathbb{E}[\boldsymbol{Y}])^{\mathrm{T}}] \tag{6.16}$$

在上式中 $\boldsymbol{X}-\mathbb{E}[\boldsymbol{X}]$ 和 $\boldsymbol{Y}-\mathbb{E}[\boldsymbol{Y}]$ 分别是 D 维和 E 维的向量，这两个向量的外积 $(\boldsymbol{X}-\mathbb{E}[\boldsymbol{X}])\cdot(\boldsymbol{Y}-\mathbb{E}[\boldsymbol{Y}])^{\mathrm{T}}$ 得到一个 $D\times E$ 的矩阵，因此 $\mathrm{Cov}[\boldsymbol{X}, \boldsymbol{Y}]\in\mathbb{R}^{D\times E}$是一个 $D\times E$ 的实数矩阵，称之为随机向量 $\boldsymbol{X}$ 与 $\boldsymbol{Y}$ 的*互协方差矩阵*，在不会引起歧义时简称*协方差矩阵*。不难计算矩阵 $(\boldsymbol{X}-\mathbb{E}[\boldsymbol{X}])\cdot(\boldsymbol{Y}-\mathbb{E}[\boldsymbol{Y}])^{\mathrm{T}}$ 中第 i 行第 j 列的元素是 $(X_i-\mathbb{E}[X_i])\cdot(Y_j-\mathbb{E}[Y_j])$，因此矩阵 $\mathrm{Cov}[\boldsymbol{X}, \boldsymbol{Y}]$的第 i 行第 j 列为

$$[\mathrm{Cov}[\boldsymbol{X}, \boldsymbol{Y}]]_{ij}=\mathbb{E}[(X_i-\mathbb{E}[X_i])\cdot(Y_j-\mathbb{E}[Y_j])]=\mathrm{Cov}[X_i, Y_j] \tag{6.17}$$

即随机变量 X_i 与 Y_j 的协方差。

与式(6.15)一样，我们展开式(6.16)中的乘法，再利用期望的线性性质，可得

$$\begin{aligned}\mathrm{Cov}[\boldsymbol{X},\boldsymbol{Y}]&=\mathbb{E}[(\boldsymbol{X}-\mathbb{E}[\boldsymbol{X}])\cdot(\boldsymbol{Y}-\mathbb{E}[\boldsymbol{Y}])^{\mathrm{T}}]\\&=\mathbb{E}[\boldsymbol{X}\boldsymbol{Y}^{\mathrm{T}}]-\mathbb{E}[\boldsymbol{X}\cdot\mathbb{E}[\boldsymbol{Y}]^{\mathrm{T}}]-\mathbb{E}[\mathbb{E}[\boldsymbol{X}]\cdot\boldsymbol{Y}^{\mathrm{T}}]+\mathbb{E}[\boldsymbol{X}]\mathbb{E}[\boldsymbol{Y}]^{\mathrm{T}}\\&=\mathbb{E}[\boldsymbol{X}\boldsymbol{Y}^{\mathrm{T}}]-\mathbb{E}[\boldsymbol{X}]\mathbb{E}[\boldsymbol{Y}]^{\mathrm{T}}\end{aligned}\tag{6.18}$$

特别地，随机向量 $\boldsymbol{X}=(X_1, X_2, \cdots, X_D)^{\mathrm{T}}$ 与它自己的协方差称为*自协方差矩阵/协方差矩阵*，定义为

$$\begin{aligned}\mathbb{V}[\boldsymbol{X}]&=\mathrm{Cov}[\boldsymbol{X},\boldsymbol{X}]\\&=\mathbb{E}[(\boldsymbol{X}-\mathbb{E}[\boldsymbol{X}])(\boldsymbol{X}-\mathbb{E}[\boldsymbol{X}])^{\mathrm{T}}]\\&=\mathbb{E}[\boldsymbol{X}\boldsymbol{X}^{\mathrm{T}}]-\mathbb{E}[\boldsymbol{X}]\mathbb{E}[\boldsymbol{X}]^{\mathrm{T}}\\&=\begin{pmatrix}\mathrm{Cov}[X_1,X_1] & \mathrm{Cov}[X_1,X_2] & \cdots & \mathrm{Cov}[X_1,X_D]\\ \mathrm{Cov}[X_2,X_1] & \mathrm{Cov}[X_2,X_2] & \cdots & \mathrm{Cov}[X_2,X_D]\\ \vdots & \vdots & & \vdots\\ \mathrm{Cov}[X_D,X_1] & \mathrm{Cov}[X_D,X_2] & \cdots & \mathrm{Cov}[X_D,X_D]\end{pmatrix}\end{aligned}\tag{6.19}$$

6.3.2 随机向量的组合

前面提到随机向量有两种类型：离散型随机向量和连续型随机向量。如果涉及到的随机变量既有离散型，又有连续型，那么就会根据需要把这些随机变量组合成多个随机向量，然后以多个随机向量为研究对象，探讨它们各自和相互之间的性质。在前面的内容中，我们主要关注单个随机向量，讨论了概率分布和数字特征等性质。本小节，我们将以两个随机向量为研究对象，讨论它们相互之间的作用关系，当其作用关系讨论清楚后，便很容易将其研究结果推广到更多随机向量的情况中去。

设 $\boldsymbol{X}$ 和 $\boldsymbol{Y}$ 分别是 M 维和 N 维的随机向量，其目标空间分别为$\mathcal{X}$和$\mathcal{Y}$，令随机向量

$$\boldsymbol{Z}=\begin{pmatrix}\boldsymbol{X}\\ \boldsymbol{Y}\end{pmatrix}$$

其目标空间为$\mathcal{Z}$，则对于$\forall\,\boldsymbol{x}\in\mathcal{X}$和$\forall\,\boldsymbol{y}\in\mathcal{Y}$，有

$$\begin{pmatrix}\boldsymbol{x}\\ \boldsymbol{y}\end{pmatrix}\in\mathcal{Z}$$

称 $P_Z(\boldsymbol{x},\boldsymbol{y})$是 $P_X(\boldsymbol{x})$和 $P_Y(\boldsymbol{y})$的联合分布，称 $P_X(\boldsymbol{x})$和 $P_Y(\boldsymbol{y})$是 $P_Z(\boldsymbol{x},\boldsymbol{y})$的边缘分布。如下式：

$$P_{Y|X}(\boldsymbol{y}|\boldsymbol{x})=\frac{P_Z(\boldsymbol{x},\boldsymbol{y})}{P_X(\boldsymbol{x})}\tag{6.20}$$

称为 $\boldsymbol{Y}$ 在 $\boldsymbol{X}$ 下的条件分布。上面的分布函数值通常分别简写成 $p(\boldsymbol{x})$、$p(\boldsymbol{y})$、$p(\boldsymbol{x},\boldsymbol{y})$ 和 $p(\boldsymbol{y}|\boldsymbol{x})$。

下面来看加法法则和乘法法则。

(1) 加法法则。已知联合分布，可使用如下公式计算边缘分布：

$$p(\boldsymbol{x})=\begin{cases}\displaystyle\sum_{y\in\mathcal{Y}}p(\boldsymbol{x},\boldsymbol{y}) & \boldsymbol{Y}\text{ 是离散的}\\ \displaystyle\int_{\mathcal{Y}}p(\boldsymbol{x},\boldsymbol{y})\,\mathrm{d}\mathcal{Y} & \boldsymbol{Y}\text{ 是连续的}\end{cases}\tag{6.21}$$

（2）乘法法则。已知条件分布 $p(\boldsymbol{y}|\boldsymbol{x})$ 和边缘分布 $p(\boldsymbol{x})$，可使用如下公式计算联合分布：

$$p(\boldsymbol{x}, \boldsymbol{y}) = p(\boldsymbol{y}|\boldsymbol{x})p(\boldsymbol{x}) \tag{6.22}$$

下面来看 $\boldsymbol{Z}$ 的数字特征。

根据期望的定义，$\boldsymbol{Z}$ 的期望向量为

$$\mathbb{E}[\boldsymbol{Z}] = \begin{pmatrix} \mathbb{E}[\boldsymbol{X}] \\ \mathbb{E}[\boldsymbol{Y}] \end{pmatrix} \tag{6.23}$$

$\boldsymbol{Z}$ 的协方差矩阵为

$$\begin{aligned} \mathbb{V}[\boldsymbol{Z}] &= \mathrm{Cov}[\boldsymbol{Z}, \boldsymbol{Z}] \\ &= \mathbb{E}[(\boldsymbol{Z}-\mathbb{E}[\boldsymbol{Z}])(\boldsymbol{Z}-\mathbb{E}[\boldsymbol{Z}])^{\mathrm{T}}] \\ &= \mathbb{E}\left[\begin{pmatrix} \boldsymbol{X}-\mathbb{E}[\boldsymbol{X}] \\ \boldsymbol{Y}-\mathbb{E}[\boldsymbol{Y}] \end{pmatrix}\begin{pmatrix} \boldsymbol{X}-\mathbb{E}[\boldsymbol{X}] \\ \boldsymbol{Y}-\mathbb{E}[\boldsymbol{Y}] \end{pmatrix}^{\mathrm{T}}\right] \\ &= \begin{pmatrix} \mathbb{V}[\boldsymbol{X}] & \mathrm{Cov}[\boldsymbol{X}, \boldsymbol{Y}] \\ \mathrm{Cov}[\boldsymbol{Y}, \boldsymbol{X}] & \mathbb{V}[\boldsymbol{Y}] \end{pmatrix} \end{aligned} \tag{6.24}$$

如果 $\boldsymbol{X}$ 与 $\boldsymbol{Y}$ 的维度相同，对于 $\boldsymbol{X}$ 与 $\boldsymbol{Y}$ 的线性组合，不难得到如下结果：

（1）$\mathbb{E}[\boldsymbol{X}+\boldsymbol{Y}] = \mathbb{E}[\boldsymbol{X}] + \mathbb{E}[\boldsymbol{Y}]$；

（2）$\mathbb{E}[\boldsymbol{X}-\boldsymbol{Y}] = \mathbb{E}[\boldsymbol{X}] - \mathbb{E}[\boldsymbol{Y}]$；

（3）$\mathbb{V}[\boldsymbol{X}+\boldsymbol{Y}] = \mathbb{V}[\boldsymbol{X}] + \mathbb{V}[\boldsymbol{Y}] + \mathrm{Cov}[\boldsymbol{X}, \boldsymbol{Y}] + \mathrm{Cov}[\boldsymbol{Y}, \boldsymbol{X}]$；

（4）$\mathbb{V}[\boldsymbol{X}-\boldsymbol{Y}] = \mathbb{V}[\boldsymbol{X}] + \mathbb{V}[\boldsymbol{Y}] - \mathrm{Cov}[\boldsymbol{X}, \boldsymbol{Y}] - \mathrm{Cov}[\boldsymbol{Y}, \boldsymbol{X}]$。

设 $\boldsymbol{X}$ 与 $\boldsymbol{Y}$ 之间有线性关系 $\boldsymbol{Y}=\boldsymbol{A}\boldsymbol{X}+\boldsymbol{b}$，其中矩阵 $\boldsymbol{A} \in \mathbb{R}^{N\times M}$，向量 $\boldsymbol{b} \in \mathbb{R}^{N}$，则

（1）
$$\mathbb{E}[\boldsymbol{Y}] = \mathbb{E}[\boldsymbol{A}\boldsymbol{X}+\boldsymbol{b}] = A\,\mathbb{E}[\boldsymbol{X}] + \boldsymbol{b} = \boldsymbol{A}\boldsymbol{\mu} + \boldsymbol{b} \tag{6.25}$$

（2）
$$\mathbb{V}[\boldsymbol{Y}] = \mathbb{V}[\boldsymbol{A}\boldsymbol{X}+\boldsymbol{b}] = \mathbb{V}[\boldsymbol{A}\boldsymbol{X}] = \boldsymbol{A}\,\mathbb{V}[\boldsymbol{X}]\boldsymbol{A}^{\mathrm{T}} = \boldsymbol{A}\boldsymbol{\Sigma}\boldsymbol{A}^{\mathrm{T}} \tag{6.26}$$

（3）
$$\begin{aligned} \mathrm{Cov}[\boldsymbol{X}, \boldsymbol{Y}] &= \mathbb{E}[\boldsymbol{X}(\boldsymbol{A}\boldsymbol{X}+\boldsymbol{b})^{\mathrm{T}}] - \mathbb{E}[\boldsymbol{X}]\mathbb{E}[\boldsymbol{A}\boldsymbol{X}+\boldsymbol{b}]^{\mathrm{T}} \\ &= \mathbb{E}[\boldsymbol{X}]\boldsymbol{b}^{\mathrm{T}} + \mathbb{E}[\boldsymbol{X}\boldsymbol{X}^{\mathrm{T}}]\boldsymbol{A}^{\mathrm{T}} - \boldsymbol{\mu}\boldsymbol{b}^{\mathrm{T}} - \boldsymbol{\mu}\boldsymbol{\mu}^{\mathrm{T}}\boldsymbol{A}^{\mathrm{T}} \\ &= \boldsymbol{\mu}\boldsymbol{b}^{\mathrm{T}} - \boldsymbol{\mu}\boldsymbol{b}^{\mathrm{T}} + (\mathbb{E}[\boldsymbol{X}\boldsymbol{X}^{\mathrm{T}}] - \boldsymbol{\mu}\boldsymbol{\mu}^{\mathrm{T}})\boldsymbol{A}^{\mathrm{T}} \\ &= \boldsymbol{\Sigma}\boldsymbol{A}^{\mathrm{T}} \end{aligned} \tag{6.27}$$

其中 $\boldsymbol{\mu} = \mathbb{E}[\boldsymbol{X}]$，$\boldsymbol{\Sigma} = \mathbb{V}[\boldsymbol{X}]$。

6.3.3 独立性

独立性是多个随机变量之间最为重要的关系，贝叶斯网络就是建立在随机变量独立性基础上的。把随机变量独立性进行简单推衍就是本小节介绍的内容。

定义 6.4（独立性） 两个随机向量 $\boldsymbol{X}$ 与 $\boldsymbol{Y}$ 是独立的，当且仅当

$$p(\boldsymbol{x}, \boldsymbol{y}) = p(\boldsymbol{x})p(\boldsymbol{y}) \tag{6.28}$$

将此式与式(6.22)进行比较，若 $\boldsymbol{X}$ 与 $\boldsymbol{Y}$ 是相互独立的，有 $p(\boldsymbol{y}|\boldsymbol{x}) = p(\boldsymbol{y})$。同样地，若 $\boldsymbol{X}$ 与 $\boldsymbol{Y}$ 是相互独立的，则以下 4 个等式成立：

（1）$p(\boldsymbol{y}|\boldsymbol{x}) = p(\boldsymbol{y})$；

（2）$p(\boldsymbol{x}|\boldsymbol{y}) = p(\boldsymbol{x})$；

(3) $\mathbb{V}[\boldsymbol{X}+\boldsymbol{Y}]=\mathbb{V}[\boldsymbol{X}]+\mathbb{V}[\boldsymbol{Y}]$;

(4) $\mathrm{Cov}[\boldsymbol{X},\boldsymbol{Y}]=0$。

在上面的4个等式中，前两个是充分必要条件，也就是根据这两个条件，可以反过来推出“$\boldsymbol{X}$与$\boldsymbol{Y}$是相互独立的”。然而后两个条件反过来是不成立的。这里针对第4个条件引入关于随机变量的一个反例。

构造两个相关的随机变量X与Y，其中$Y=X^2$，设随机变量X的期望为0，则有$\mathbb{E}[X]=0$且$\mathbb{E}[X^3]=0$，计算X与Y的协方差

$$\mathrm{Cov}[X,Y]=\mathbb{E}[XY]-\mathbb{E}[X]\mathbb{E}[Y]=0$$

不难看出，尽管$\mathrm{Cov}[X,Y]=0$，但X与Y并不是相互独立的。

在数据科学的使用中，更为常用的是条件独立性。有时候并非是指相互独立的两个随机变量，而是在已知另外一个随机变量后，这两个随机变量就变得相互独立了。例如，外出旅游与天气是相关的，天气不好时外出旅游的可能性就比较小，然而当引入第3个随机变量——天气预报时，我们通常认为人们是否外出旅游会根据天气预报作决定。因此如果已知天气预报结果，人们是否外出旅游将与真实的天气情况相互独立。

定义6.5(条件独立性) 设$\boldsymbol{X}$、$\boldsymbol{Y}$与$\boldsymbol{Z}$是3个随机向量，$\boldsymbol{X}$与$\boldsymbol{Y}$是关于$\boldsymbol{Z}$条件独立的，当且仅当

$$p(\boldsymbol{x},\boldsymbol{y}|\boldsymbol{z})=p(\boldsymbol{x}|\boldsymbol{z})p(\boldsymbol{y}|\boldsymbol{z}),\ \forall \boldsymbol{z}\in\mathcal{Z} \tag{6.29}$$

记为$\boldsymbol{X}\perp\boldsymbol{Y}|\boldsymbol{Z}$，其中$\mathcal{Z}$表示$\boldsymbol{Z}$的目标空间。

按照链式法则

$$p(\boldsymbol{x},\boldsymbol{y},\boldsymbol{z})=\underbrace{p(\boldsymbol{z})\cdot p(\boldsymbol{y}|\boldsymbol{z})}_{=p(\boldsymbol{y},\boldsymbol{z})}\cdot p(\boldsymbol{x}|\boldsymbol{y},\boldsymbol{z})$$

$$\Rightarrow p(\boldsymbol{x},\boldsymbol{y}|\boldsymbol{z})=p(\boldsymbol{y}|\boldsymbol{z})\cdot p(\boldsymbol{x}|\boldsymbol{y},\boldsymbol{z}) \tag{6.30}$$

与式(6.29)比较，易知条件独立性的另外一个充分必要条件

$$p(\boldsymbol{x}|\boldsymbol{y},\boldsymbol{z})=p(\boldsymbol{x}|\boldsymbol{z}) \tag{6.31}$$

6.4 高斯分布

高斯分布又称为正态分布，是最为常用和熟知的概率分布。在数据科学中，经常会显式地或隐式地假设连续变量是高斯分布，典型的例如混合高斯模型、变分推断和卡尔曼滤波等，尽管这些变量并不一定遵从高斯分布，但从应用效果来看，高斯分布的假设在极大简化计算的同时，可以得到好的结果。

下面介绍高斯分布的概率密度函数。设D维随机向量$\boldsymbol{X}$服从期望向量为$\boldsymbol{\mu}\in\mathbb{R}^D$、协方差矩阵为$\boldsymbol{\Sigma}\in\mathbb{R}^{D\times D}$的高斯分布，其概率密度函数为

$$p(\boldsymbol{x}|\boldsymbol{\mu},\boldsymbol{\Sigma})=(-2\pi)^{-\frac{D}{2}}|\boldsymbol{\Sigma}|^{-\frac{1}{2}}\exp\left(-\frac{1}{2}(\boldsymbol{x}-\boldsymbol{\mu})^{\mathrm{T}}\boldsymbol{\Sigma}^{-1}(\boldsymbol{x}-\boldsymbol{\mu})\right) \tag{6.32}$$

其中，$\boldsymbol{x}\in\mathbb{R}^D$，记为$p(\boldsymbol{x})=\mathcal{N}(\boldsymbol{x}|\boldsymbol{\mu},\boldsymbol{\Sigma})$或$\boldsymbol{X}=\mathcal{N}(\boldsymbol{\mu},\boldsymbol{\Sigma})$。在图6.2(b)中展示了一个二维高斯分布概率密度函数的等高线，有参数

$$\boldsymbol{\mu}=\begin{pmatrix}\mu_1\\\mu_2\end{pmatrix}=\begin{pmatrix}0\\0\end{pmatrix},\ \boldsymbol{\Sigma}=\begin{pmatrix}\Sigma_{11}&\Sigma_{12}\\\Sigma_{21}&\Sigma_{22}\end{pmatrix}=\begin{pmatrix}1&0.75\\0.75&1\end{pmatrix} \tag{6.33}$$

在该图中，每根等高线都形成一个椭圆，它们有共同的圆点$\boldsymbol{\mu}$，越是靠近圆点，等

高线的密度越大，说明概率密度函数 $p(\boldsymbol{x})$ 的取值越大。事实上，协方差矩阵为 $\boldsymbol{\Sigma}$ 决定了等高线椭圆的倾斜程度。当 $\boldsymbol{\Sigma}$ 为单位矩阵 $\boldsymbol{I}$ 时，这些椭圆将都是没有倾斜的正椭圆；当 $\boldsymbol{\Sigma}$ 的非对角线元素为正值时，椭圆将会像图 6.2(b)一样，向右倾斜；而当 $\boldsymbol{\Sigma}$ 的非对角线元素为负值时，就会向左倾斜。类似地，更高维的高斯分布概率密度函数形成椭球面的等高面，期望向量 $\boldsymbol{\mu}$ 决定椭球面的中心，协方差矩阵为 $\boldsymbol{\Sigma}$ 决定椭球面的倾斜方向和角度。

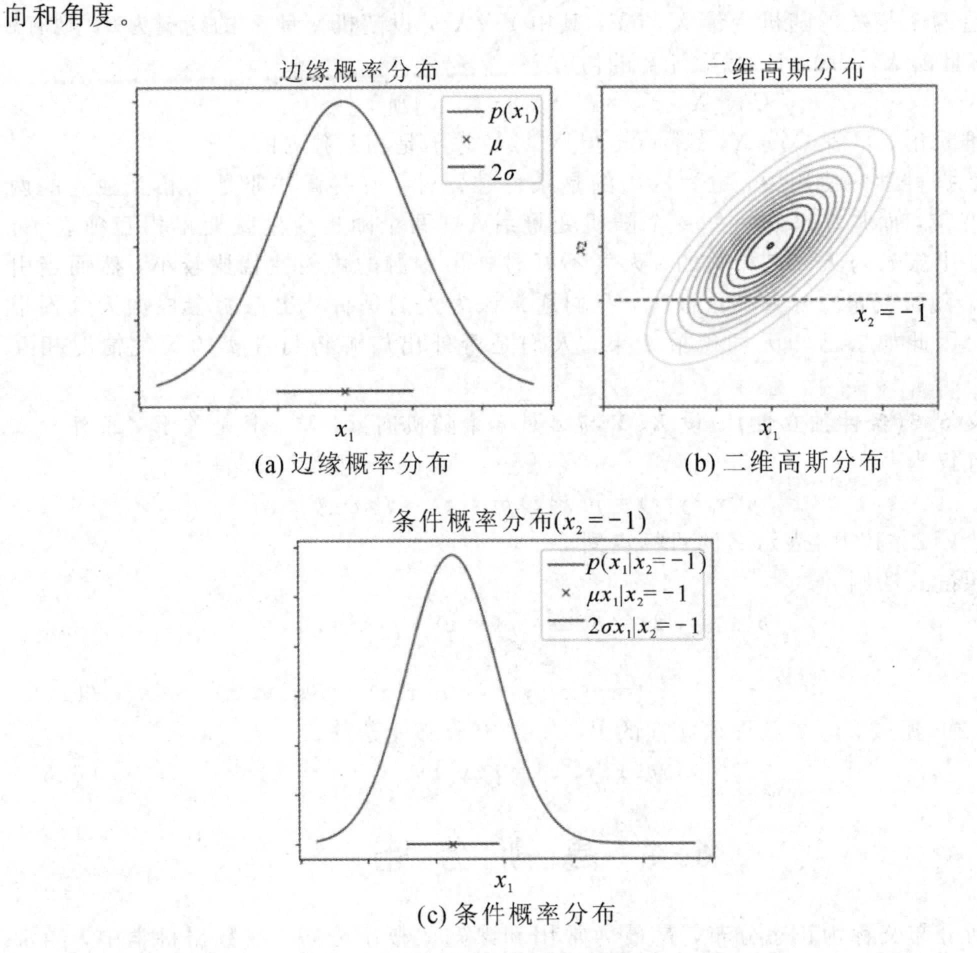

(a) 边缘概率分布　(b) 二维高斯分布

(c) 条件概率分布

图 6.2　高斯分布

在概率论中，我们熟知了服从高斯分布的一维随机变量的概率密度函数

$$p(x \mid \mu, \sigma^2) = \frac{1}{\sqrt{2\pi\sigma^2}} \exp\left(-\frac{(x-\mu)^2}{2\sigma^2}\right) \tag{6.34}$$

如图 6.2(a)和图 6.2(c)分别是二维高斯分布(图 6.2(b))的边缘概率分布和条件概率分布，它们都服从一维高斯分布，只是有不同的期望和协方差参数。

6.4.1　边缘分布

高斯分布的边缘分布服从高斯分布。设 $\boldsymbol{X}$ 与 $\boldsymbol{Y}$ 表示不同维度的随机向量，它们串联后的随机向量 $(\boldsymbol{X}, \boldsymbol{Y})^{\mathrm{T}}$ 服从高斯分布

$$\begin{pmatrix} \boldsymbol{X} \\ \boldsymbol{Y} \end{pmatrix} \sim \mathcal{N}\left(\begin{pmatrix} \boldsymbol{\mu}_x \\ \boldsymbol{\mu}_y \end{pmatrix}, \begin{pmatrix} \boldsymbol{\Sigma}_{xx} & \boldsymbol{\Sigma}_{xy} \\ \boldsymbol{\Sigma}_{yx} & \boldsymbol{\Sigma}_{yy} \end{pmatrix}\right),\ p(\boldsymbol{x}, \boldsymbol{y}) \sim \mathcal{N}\left[\begin{pmatrix} \boldsymbol{x} \\ \boldsymbol{y} \end{pmatrix} \middle| \begin{pmatrix} \boldsymbol{\mu}_x \\ \boldsymbol{\mu}_y \end{pmatrix}, \begin{pmatrix} \boldsymbol{\Sigma}_{xx} & \boldsymbol{\Sigma}_{xy} \\ \boldsymbol{\Sigma}_{yx} & \boldsymbol{\Sigma}_{yy} \end{pmatrix}\right] \tag{6.35}$$

其中，$\boldsymbol{\mu}_x$ 与 $\boldsymbol{\Sigma}_{xx}$ 分别表示随机向量 $\boldsymbol{X}$ 的期望向量与协方差矩阵，$\boldsymbol{\mu}_y$ 与 $\boldsymbol{\Sigma}_{yy}$ 分别表示随机向量 $\boldsymbol{Y}$ 的期望向量与协方差矩阵，$\boldsymbol{\Sigma}_{xy}=\mathrm{Cov}(\boldsymbol{X},\boldsymbol{Y})$ 与 $\boldsymbol{\Sigma}_{yx}=\mathrm{Cov}(\boldsymbol{Y},\boldsymbol{X})$ 表示 $\boldsymbol{X}$ 与 $\boldsymbol{Y}$ 之间的互协方差矩阵。

根据式(6.10)中计算边缘概率的方法，$p(\boldsymbol{x},\boldsymbol{y})$ 的边缘分布 $p(\boldsymbol{x})$ 是一个高斯分布

$$p(\boldsymbol{x})=\int_{\mathcal{Y}} p(\boldsymbol{x},\boldsymbol{y})\mathrm{d}\boldsymbol{y}=\mathcal{N}(\boldsymbol{x}\mid\boldsymbol{\mu}_x,\boldsymbol{\Sigma}_{xx}) \tag{6.36}$$

其中，$\mathcal{Y}$ 是随机向量 $\boldsymbol{Y}$ 的目标空间。

以图 6.2 中的高斯分布为例，式(6.33)是图 6.2(b)中二维高斯分布的参数，则 $\mu_{x_1}=0$，$\sigma_{x_1}^2=1$，即随机变量 X_1 服从期望为 0、方差为 1 的高斯分布，边缘分布 $p(x_1)=\mathcal{N}(x_1\mid 0,1)$，如图 6.2(a)所示。

下面基于上一节中随机向量的线性组合(式(6.25)～(6.27))证明式(6.36)中的边缘分布概率密度函数。

设 $\boldsymbol{X}\sim\mathcal{N}(\boldsymbol{\mu}',\boldsymbol{\Sigma}')$，矩阵 $\boldsymbol{A}=(\boldsymbol{I}_M,\boldsymbol{O}_{M\times N})$，$M$，$N$ 分别是随机向量 $\boldsymbol{X}$ 与 $\boldsymbol{Y}$ 的维度，则

$$\boldsymbol{X}=\boldsymbol{A}\cdot\begin{pmatrix}\boldsymbol{X}\\ \boldsymbol{Y}\end{pmatrix}$$

根据式(6.25)有

$$\boldsymbol{\mu}'=\boldsymbol{A}\cdot\begin{pmatrix}\boldsymbol{\mu}_x\\ \boldsymbol{\mu}_y\end{pmatrix}=\boldsymbol{I}_M\cdot\boldsymbol{\mu}_x+\boldsymbol{O}_{M\times N}\cdot\boldsymbol{\mu}_y=\boldsymbol{\mu}_x \tag{6.37}$$

根据式(6.26)有

$$\begin{aligned}\boldsymbol{\Sigma}'&=\boldsymbol{A}\begin{pmatrix}\boldsymbol{\Sigma}_{xx} & \boldsymbol{\Sigma}_{xy}\\ \boldsymbol{\Sigma}_{yx} & \boldsymbol{\Sigma}_{yy}\end{pmatrix}\boldsymbol{A}^{\mathrm{T}}\\ &=(\boldsymbol{I}_M\cdot\boldsymbol{\Sigma}_{xx}+\boldsymbol{O}_{M\times N}\cdot\boldsymbol{\Sigma}_{yx}\quad \boldsymbol{I}_M\cdot\boldsymbol{\Sigma}_{xy}+\boldsymbol{O}_{M\times N}\cdot\boldsymbol{\Sigma}_{yy})\cdot\begin{pmatrix}\boldsymbol{I}_M\\ \boldsymbol{O}_{N\times M}\end{pmatrix}\\ &=\boldsymbol{\Sigma}_{xx}\end{aligned} \tag{6.38}$$

因此 $\boldsymbol{X}\sim\mathcal{N}(\boldsymbol{\mu}_x,\boldsymbol{\Sigma}_{xx})$，即式(6.36)成立。

6.4.2 条件分布

高斯分布的条件分布也服从高斯分布。仍来看式(6.35)中的高斯分布，$\boldsymbol{Y}$ 在 $\boldsymbol{X}$ 下的条件分布 $p(\boldsymbol{y}\mid\boldsymbol{x})$ 服从高斯分布

$$p(\boldsymbol{y}\mid\boldsymbol{x})=\mathcal{N}(\boldsymbol{y}\mid\boldsymbol{\mu}_{y\mid x},\boldsymbol{\Sigma}_{y\mid x}) \tag{6.39}$$

其中

$$\boldsymbol{\mu}_{y\mid x}=\boldsymbol{\mu}_y+\boldsymbol{\Sigma}_{yx}\boldsymbol{\Sigma}_{xx}^{-1}(\boldsymbol{x}-\boldsymbol{\mu}_x)$$
$$\boldsymbol{\Sigma}_{y\mid x}=\boldsymbol{\Sigma}_{yy}-\boldsymbol{\Sigma}_{yx}\boldsymbol{\Sigma}_{xx}^{-1}\boldsymbol{\Sigma}_{xy}$$

以图 6.2 中的高斯分布为例，条件分布 $p(x_1\mid x_2=-1)=\mathcal{N}(x_1\mid\mu_{x_1\mid x_2=-1},\sigma_{x_1\mid x_2=-1}^2)$，根据上式有

$$\mu_{x_1\mid x_2=-1}=\mu_1+\Sigma_{12}\cdot\frac{1}{\Sigma_{22}}\cdot(-1-\mu_2)$$

$$\sigma_{x_1\mid x_2=-1}^2=\Sigma_{11}-\Sigma_{12}\cdot\frac{1}{\Sigma_{22}}\cdot\Sigma_{21}$$

代入式(6.33)中的参数数值可得：$\mu_{x_1\mid x_2=-1}=-0.75$，$\sigma_{x_1\mid x_2=-1}^2=0.4375$。

下面我们尝试证明式(6.39)，看看如何得到条件分布的期望向量和协方差矩阵。这里我们并没有证明为何高斯分布的条件分布也是高斯分布，而是直接给出了这一结果。考虑到过于繁杂的证明会增加知识的理解难度，这里不再赘述，有兴趣的同学可以自行找一些资料学习。条件分布的期望向量和协方差矩阵的证明过程有些复杂，在给出证明之前，先简单阐述证明中的几个步骤及其联系。

首先，再一次来看高斯分布概率密度函数(式 6.32)，我们不妨把服从高斯分布的随机向量 $\boldsymbol{Z}$ 的概率密度函数简写成如下形式：

$$p(\boldsymbol{z})=\theta_z\cdot\exp((\boldsymbol{z}-\boldsymbol{\mu}_z)^{\mathrm{T}}\boldsymbol{\Sigma}_z^{-1}(\boldsymbol{z}-\boldsymbol{\mu}_z))\tag{6.40}$$

该式由两个部分组成：实数系数 θ_z 与右侧的指数部分。考虑到概率密度函数 $p(\boldsymbol{z})$的积分求和为 1 的约束，那么 θ_z 可视为归一化系数，不会影响概率密度函数 $p(\boldsymbol{z})$的形状轮廓。上式中更需要关注的是指数部分，因此在条件分布的证明中，我们的关注点在指数部分。事实上许多有关高斯分布概率密度函数的证明都是这样做的。

其次，概率密度函数中指数部分最难处理的是协方差矩阵的逆，如式(6.40)中的$\boldsymbol{\Sigma}_z^{-1}$，而在式(6.35)中的概率密度函数中则是要计算$\begin{pmatrix}\boldsymbol{\Sigma}_{xx} & \boldsymbol{\Sigma}_{xy}\\ \boldsymbol{\Sigma}_{yx} & \boldsymbol{\Sigma}_{yy}\end{pmatrix}^{-1}$，我们在计算该分块矩阵的逆时，将会用到第 1 章中有关分块矩阵初等变换和分块对角矩阵的逆的相关知识。

最后，我们需要凑出形如$(\boldsymbol{z}-\boldsymbol{\mu}_z)^{\mathrm{T}}\boldsymbol{\Sigma}_z^{-1}(\boldsymbol{z}-\boldsymbol{\mu}_z)$的式子，这样就能得到高斯分布的参数：期望向量和协方差矩阵。

下面开始证明。

(1) 计算协方差矩阵的逆$\begin{pmatrix}\boldsymbol{\Sigma}_{xx} & \boldsymbol{\Sigma}_{xy}\\ \boldsymbol{\Sigma}_{yx} & \boldsymbol{\Sigma}_{yy}\end{pmatrix}^{-1}$。

首先对协方差矩阵$\begin{pmatrix}\boldsymbol{\Sigma}_{xx} & \boldsymbol{\Sigma}_{xy}\\ \boldsymbol{\Sigma}_{yx} & \boldsymbol{\Sigma}_{yy}\end{pmatrix}$进行分块矩阵初等变换，得到对角化的分块矩阵：

$$\begin{cases}\begin{pmatrix}\boldsymbol{\Sigma}_{xx} & \boldsymbol{\Sigma}_{xy}\\ \boldsymbol{\Sigma}_{yx} & \boldsymbol{\Sigma}_{yy}\end{pmatrix}\begin{pmatrix}\boldsymbol{I}_M & -\boldsymbol{\Sigma}_{xx}^{-1}\boldsymbol{\Sigma}_{xy}\\ \boldsymbol{O} & \boldsymbol{I}_N\end{pmatrix}=\begin{pmatrix}\boldsymbol{\Sigma}_{xx} & \boldsymbol{O}\\ \boldsymbol{\Sigma}_{yx} & \boldsymbol{\Sigma}_{yy}-\boldsymbol{\Sigma}_{yx}\boldsymbol{\Sigma}_{xx}^{-1}\boldsymbol{\Sigma}_{xy}\end{pmatrix}\\ \begin{pmatrix}\boldsymbol{I}_M & \boldsymbol{O}\\ -\boldsymbol{\Sigma}_{yx}\boldsymbol{\Sigma}_{xx}^{-1} & \boldsymbol{I}_N\end{pmatrix}\begin{pmatrix}\boldsymbol{\Sigma}_{xx} & \boldsymbol{O}\\ \boldsymbol{\Sigma}_{yx} & \boldsymbol{\Sigma}_{yy}-\boldsymbol{\Sigma}_{yx}\boldsymbol{\Sigma}_{xx}^{-1}\boldsymbol{\Sigma}_{xy}\end{pmatrix}=\begin{pmatrix}\boldsymbol{\Sigma}_{xx} & \boldsymbol{O}\\ \boldsymbol{O} & \boldsymbol{\Sigma}_{yy}-\boldsymbol{\Sigma}_{yx}\boldsymbol{\Sigma}_{xx}^{-1}\boldsymbol{\Sigma}_{xy}\end{pmatrix}\end{cases}\tag{6.41}$$

接着对上面两个等式的两边取逆：

$$\begin{cases}\left(\begin{matrix}\boldsymbol{I}_M & -\boldsymbol{\Sigma}_{xx}^{-1}\boldsymbol{\Sigma}_{xy}\\ \boldsymbol{O} & \boldsymbol{I}_N\end{matrix}\right]^{-1}\begin{pmatrix}\boldsymbol{\Sigma}_{xx} & \boldsymbol{\Sigma}_{xy}\\ \boldsymbol{\Sigma}_{yx} & \boldsymbol{\Sigma}_{yy}\end{pmatrix}^{-1}=\begin{pmatrix}\boldsymbol{\Sigma}_{xx} & \boldsymbol{O}\\ \boldsymbol{\Sigma}_{yx} & \boldsymbol{\Sigma}_{yy}-\boldsymbol{\Sigma}_{yx}\boldsymbol{\Sigma}_{xx}^{-1}\boldsymbol{\Sigma}_{xy}\end{pmatrix}^{-1}\\ \begin{pmatrix}\boldsymbol{\Sigma}_{xx} & \boldsymbol{O}\\ \boldsymbol{\Sigma}_{yx} & \boldsymbol{\Sigma}_{yy}-\boldsymbol{\Sigma}_{yx}\boldsymbol{\Sigma}_{xx}^{-1}\boldsymbol{\Sigma}_{xy}\end{pmatrix}^{-1}\left(\begin{matrix}\boldsymbol{I}_M & \boldsymbol{O}\\ -\boldsymbol{\Sigma}_{yx}\boldsymbol{\Sigma}_{xx}^{-1} & \boldsymbol{I}_N\end{matrix}\right]^{-1}=\begin{pmatrix}\boldsymbol{\Sigma}_{xx} & \boldsymbol{O}\\ \boldsymbol{O} & \boldsymbol{\Sigma}_{yy}-\boldsymbol{\Sigma}_{yx}\boldsymbol{\Sigma}_{xx}^{-1}\boldsymbol{\Sigma}_{xy}\end{pmatrix}^{-1}\end{cases}\tag{6.42}$$

然后合并两式后可得：

$$\left(\begin{matrix}\boldsymbol{I}_M & -\boldsymbol{\Sigma}_{xx}^{-1}\boldsymbol{\Sigma}_{xy}\\ \boldsymbol{O} & \boldsymbol{I}_N\end{matrix}\right]^{-1}\begin{pmatrix}\boldsymbol{\Sigma}_{xx} & \boldsymbol{\Sigma}_{xy}\\ \boldsymbol{\Sigma}_{yx} & \boldsymbol{\Sigma}_{yy}\end{pmatrix}^{-1}\begin{pmatrix}\boldsymbol{I}_M & \boldsymbol{O}\\ -\boldsymbol{\Sigma}_{yx}\boldsymbol{\Sigma}_{xx}^{-1} & \boldsymbol{I}_N\end{pmatrix}^{-1}=\begin{pmatrix}\boldsymbol{\Sigma}_{xx} & \boldsymbol{O}\\ \boldsymbol{O} & \boldsymbol{\Sigma}_{yy}-\boldsymbol{\Sigma}_{yx}\boldsymbol{\Sigma}_{xx}^{-1}\boldsymbol{\Sigma}_{xy}\end{pmatrix}^{-1}\tag{6.43}$$

最后移项得：

$$\begin{aligned}\begin{pmatrix}\boldsymbol{\Sigma}_{xx} & \boldsymbol{\Sigma}_{xy}\\ \boldsymbol{\Sigma}_{yx} & \boldsymbol{\Sigma}_{yy}\end{pmatrix}^{-1}&=\begin{pmatrix}\boldsymbol{I}_M & -\boldsymbol{\Sigma}_{xx}^{-1}\boldsymbol{\Sigma}_{xy}\\ \boldsymbol{O} & \boldsymbol{I}_N\end{pmatrix}\left(\begin{matrix}\boldsymbol{\Sigma}_{xx} & \boldsymbol{O}\\ \boldsymbol{O} & \boldsymbol{\Sigma}_{yy}-\boldsymbol{\Sigma}_{yx}\boldsymbol{\Sigma}_{xx}^{-1}\boldsymbol{\Sigma}_{xy}\end{matrix}\right]^{-1}\begin{pmatrix}\boldsymbol{I}_M & \boldsymbol{O}\\ -\boldsymbol{\Sigma}_{yx}\boldsymbol{\Sigma}_{xx}^{-1} & \boldsymbol{I}_N\end{pmatrix}\\ &=\left[\begin{matrix}\boldsymbol{I}_M & -\boldsymbol{\Sigma}_{xx}^{-1}\boldsymbol{\Sigma}_{xy}\\ \boldsymbol{O} & \boldsymbol{I}_N\end{matrix}\right)\left(\begin{matrix}\boldsymbol{\Sigma}_{xx}^{-1} & \boldsymbol{O}\\ \boldsymbol{O} & (\boldsymbol{\Sigma}_{yy}-\boldsymbol{\Sigma}_{yx}\boldsymbol{\Sigma}_{xx}^{-1}\boldsymbol{\Sigma}_{xy})^{-1}\end{matrix}\right]\begin{pmatrix}\boldsymbol{I}_M & \boldsymbol{O}\\ -\boldsymbol{\Sigma}_{yx}\boldsymbol{\Sigma}_{xx}^{-1} & \boldsymbol{I}_N\end{pmatrix}\end{aligned}\tag{6.44}$$

这样，我们就计算出了协方差矩阵的逆。

(2) 将协方差矩阵的逆代入到联合分布概率密度函数 $p(\boldsymbol{x}, \boldsymbol{y})$的指数部分中，有

$$\begin{aligned}
&\begin{bmatrix}\boldsymbol{x}-\boldsymbol{\mu}_x\\ \boldsymbol{y}-\boldsymbol{\mu}_y\end{bmatrix}^{\mathrm{T}}\begin{bmatrix}\boldsymbol{\Sigma}_{xx} & \boldsymbol{\Sigma}_{xy}\\ \boldsymbol{\Sigma}_{yx} & \boldsymbol{\Sigma}_{yy}\end{bmatrix}^{-1}\begin{bmatrix}\boldsymbol{x}-\boldsymbol{\mu}_x\\ \boldsymbol{y}-\boldsymbol{\mu}_y\end{bmatrix}\\
&=\begin{bmatrix}\boldsymbol{x}-\boldsymbol{\mu}_x\\ \boldsymbol{y}-\boldsymbol{\mu}_y\end{bmatrix}^{\mathrm{T}}\begin{bmatrix}\boldsymbol{I}_M & -\boldsymbol{\Sigma}_{xx}^{-1}\boldsymbol{\Sigma}_{xy}\\ \boldsymbol{O} & \boldsymbol{I}_N\end{bmatrix}\begin{bmatrix}\boldsymbol{\Sigma}_{xx}^{-1} & \boldsymbol{O}\\ \boldsymbol{O} & (\boldsymbol{\Sigma}_{yy}-\boldsymbol{\Sigma}_{yx}\boldsymbol{\Sigma}_{xx}^{-1}\boldsymbol{\Sigma}_{xy})^{-1}\end{bmatrix}\begin{bmatrix}\boldsymbol{I}_M & \boldsymbol{O}\\ -\boldsymbol{\Sigma}_{yx}\boldsymbol{\Sigma}_{xx}^{-1} & \boldsymbol{I}_N\end{bmatrix}\cdot\\
&\quad\begin{bmatrix}\boldsymbol{x}-\boldsymbol{\mu}_x\\ \boldsymbol{y}-\boldsymbol{\mu}_y\end{bmatrix}\\
&=\begin{bmatrix}\boldsymbol{x}-\boldsymbol{\mu}_x\\ (\boldsymbol{y}-\boldsymbol{\mu}_y)-\boldsymbol{\Sigma}_{yx}\boldsymbol{\Sigma}_{xx}^{-1}(\boldsymbol{x}-\boldsymbol{\mu}_x)\end{bmatrix}^{\mathrm{T}}\begin{bmatrix}\boldsymbol{\Sigma}_{xx}^{-1} & \boldsymbol{O}\\ \boldsymbol{O} & (\boldsymbol{\Sigma}_{yy}-\boldsymbol{\Sigma}_{yx}\boldsymbol{\Sigma}_{xx}^{-1}\boldsymbol{\Sigma}_{xy})^{-1}\end{bmatrix}\cdot\\
&\quad\begin{bmatrix}\boldsymbol{x}-\boldsymbol{\mu}_x\\ (\boldsymbol{y}-\boldsymbol{\mu}_y)-\boldsymbol{\Sigma}_{yx}\boldsymbol{\Sigma}_{xx}^{-1}(\boldsymbol{x}-\boldsymbol{\mu}_x)\end{bmatrix}\\
&=(\boldsymbol{x}-\boldsymbol{\mu}_x)^{\mathrm{T}}\boldsymbol{\Sigma}_{xx}^{-1}(\boldsymbol{x}-\boldsymbol{\mu}_x)+(\boldsymbol{y}-\boldsymbol{\mu}_{y|x})^{\mathrm{T}}\boldsymbol{\Sigma}_{y|x}^{-1}(\boldsymbol{y}-\boldsymbol{\mu}_{y|x})
\end{aligned}\tag{6.45}$$

其中，$\boldsymbol{\mu}_{y|x}=\boldsymbol{\mu}_y+\boldsymbol{\Sigma}_{yx}\boldsymbol{\Sigma}_{xx}^{-1}(\boldsymbol{x}-\boldsymbol{\mu}_x)$，$\boldsymbol{\Sigma}_{y|x}=\boldsymbol{\Sigma}_{yy}-\boldsymbol{\Sigma}_{yx}\boldsymbol{\Sigma}_{xx}^{-1}\boldsymbol{\Sigma}_{xy}$。因此

$$\begin{aligned}
&\exp\left(\begin{bmatrix}\boldsymbol{x}-\boldsymbol{\mu}_x\\ \boldsymbol{y}-\boldsymbol{\mu}_y\end{bmatrix}^{\mathrm{T}}\begin{bmatrix}\boldsymbol{\Sigma}_{xx} & \boldsymbol{\Sigma}_{xy}\\ \boldsymbol{\Sigma}_{yx} & \boldsymbol{\Sigma}_{yy}\end{bmatrix}^{-1}\begin{bmatrix}\boldsymbol{x}-\boldsymbol{\mu}_x\\ \boldsymbol{y}-\boldsymbol{\mu}_y\end{bmatrix}\right)\\
&=\exp((\boldsymbol{x}-\boldsymbol{\mu}_x)^{\mathrm{T}}\boldsymbol{\Sigma}_{xx}^{-1}(\boldsymbol{x}-\boldsymbol{\mu}_x))\cdot\exp((\boldsymbol{y}-\boldsymbol{\mu}_{y|x})^{\mathrm{T}}\boldsymbol{\Sigma}_{y|x}^{-1}(\boldsymbol{y}-\boldsymbol{\mu}_{y|x}))
\end{aligned}\tag{6.46}$$

(3) 计算条件分布概率密度函数 $p(\boldsymbol{y}|\boldsymbol{x})$。

设

$$p(\boldsymbol{x}, \boldsymbol{y})=\theta_{x,y}\cdot\exp\left(\begin{bmatrix}\boldsymbol{x}-\boldsymbol{\mu}_x\\ \boldsymbol{y}-\boldsymbol{\mu}_y\end{bmatrix}^{\mathrm{T}}\begin{bmatrix}\boldsymbol{\Sigma}_{xx} & \boldsymbol{\Sigma}_{xy}\\ \boldsymbol{\Sigma}_{yx} & \boldsymbol{\Sigma}_{yy}\end{bmatrix}^{-1}\begin{bmatrix}\boldsymbol{x}-\boldsymbol{\mu}_x\\ \boldsymbol{y}-\boldsymbol{\mu}_y\end{bmatrix}\right)\tag{6.47}$$

$$p(\boldsymbol{x})=\theta_x\cdot\exp((\boldsymbol{x}-\boldsymbol{\mu}_x)^{\mathrm{T}}\boldsymbol{\Sigma}_{xx}^{-1}(\boldsymbol{x}-\boldsymbol{\mu}_x))\tag{6.48}$$

根据式(6.20)中条件分布的定义，有

$$\begin{aligned}
p(\boldsymbol{y}|\boldsymbol{x})&=\frac{p(\boldsymbol{x}, \boldsymbol{y})}{p(\boldsymbol{x})}\\
&=\frac{\theta_{x,y}\exp\left(\begin{bmatrix}\boldsymbol{x}-\boldsymbol{\mu}_x\\ \boldsymbol{y}-\boldsymbol{\mu}_y\end{bmatrix}^{\mathrm{T}}\begin{bmatrix}\boldsymbol{\Sigma}_{xx} & \boldsymbol{\Sigma}_{xy}\\ \boldsymbol{\Sigma}_{yx} & \boldsymbol{\Sigma}_{yy}\end{bmatrix}^{-1}\begin{bmatrix}\boldsymbol{x}-\boldsymbol{\mu}_x\\ \boldsymbol{y}-\boldsymbol{\mu}_y\end{bmatrix}\right)}{\theta_x\exp((\boldsymbol{x}-\boldsymbol{\mu}_x)^{\mathrm{T}}\boldsymbol{\Sigma}_{xx}^{-1}(\boldsymbol{x}-\boldsymbol{\mu}_x))}\\
&=\frac{\theta_{x,y}}{\theta_x}\exp((\boldsymbol{y}-\boldsymbol{\mu}_{y|x})^{\mathrm{T}}\boldsymbol{\Sigma}_{y|x}^{-1}(\boldsymbol{y}-\boldsymbol{\mu}_{y|x}))\\
&=\mathcal{N}(\boldsymbol{y}|\boldsymbol{\mu}_{y|x}, \boldsymbol{\Sigma}_{y|x})
\end{aligned}\tag{6.49}$$

因此证明了式(6.39)中条件分布概率密度函数参数的正确性。

6.4.3 线性变换与线性组合

高斯分布的线性变换仍是高斯分布。设有服从高斯分布的 N 维随机向量 $\boldsymbol{X}\sim(\boldsymbol{\mu}, \boldsymbol{\Sigma})$，给定变换矩阵 $\boldsymbol{A}\in\mathbb{R}^{M\times N}$和向量 $\boldsymbol{b}\in\mathbb{R}^{M}$，可得线性变换后的 M 为随机向量 $\boldsymbol{Y}=\boldsymbol{AX}+\boldsymbol{b}$。根据随机向量数值特征的性质(见式(6.25)和式(6.26))，可计算 $\boldsymbol{Y}$ 的期望向量与协方差矩阵

$$\mathbb{E}[\boldsymbol{Y}]=\mathbb{E}[\boldsymbol{AX}+\boldsymbol{b}]=\boldsymbol{A\mu}+\boldsymbol{b}\tag{6.50}$$

$$\mathbb{V}[\boldsymbol{Y}]=\mathbb{V}[\boldsymbol{AX}+\boldsymbol{b}]=\boldsymbol{A\Sigma A}^{\mathrm{T}}\tag{6.51}$$

因此随机向量$\boldsymbol{Y}$服从高斯分布，即$\boldsymbol{Y}\sim\mathcal{N}(\boldsymbol{A\mu}+\boldsymbol{b},\ \boldsymbol{A\Sigma A}^{\mathrm{T}})$或$p(\boldsymbol{y})=\mathcal{N}(\boldsymbol{y}|\boldsymbol{A\mu}+\boldsymbol{b},\ \boldsymbol{A\Sigma A}^{\mathrm{T}})$。

高斯分布的线性组合仍是高斯分布。设相互独立的N维随机向量$\boldsymbol{X}\sim(\boldsymbol{\mu}_x,\ \boldsymbol{\Sigma}_x)$和$M$维随机向量$\boldsymbol{Y}\sim(\boldsymbol{\mu}_y,\ \boldsymbol{\Sigma}_y)$服从高斯分布，则$\boldsymbol{X}+\boldsymbol{Y}$也服从高斯分布，有

$$p(\boldsymbol{x}+\boldsymbol{y})=\mathcal{N}(\boldsymbol{x}+\boldsymbol{y}|\boldsymbol{\mu}_x+\boldsymbol{\mu}_y,\ \boldsymbol{\Sigma}_x+\boldsymbol{\Sigma}_y)\tag{6.52}$$

结合上面高斯分布线性变换的性质，不难得到如下结果：设有变换矩阵$\boldsymbol{A}\in\mathbb{R}^{K\times N}$和$\boldsymbol{B}\in\mathbb{R}^{K\times M}$，向量$\boldsymbol{b}\in\mathbb{R}^{K}$，则$K$维随机向量$\boldsymbol{Z}=\boldsymbol{AX}+\boldsymbol{BY}+\boldsymbol{b}$也服从高斯分布，有

$$\boldsymbol{Z}\sim\mathcal{N}(\boldsymbol{A}\boldsymbol{\mu}_x+\boldsymbol{B}\boldsymbol{\mu}_y+\boldsymbol{b},\ \boldsymbol{A\Sigma}_x\boldsymbol{A}^{\mathrm{T}}+\boldsymbol{B\Sigma}_y\boldsymbol{B}^{\mathrm{T}})\tag{6.53}$$

特别地，若相互独立的同维度随机向量$\boldsymbol{X}\sim(\boldsymbol{\mu}_x,\ \boldsymbol{\Sigma}_x)$和$\boldsymbol{Y}\sim(\boldsymbol{\mu}_y,\ \boldsymbol{\Sigma}_y)$服从高斯分布，它们的加权和$a\boldsymbol{X}+b\boldsymbol{Y}$也服从高斯分布，有

$$a\boldsymbol{X}+b\boldsymbol{Y}=\mathcal{N}(a\boldsymbol{\mu}_x+b\boldsymbol{\mu}_y,\ a^2\boldsymbol{\Sigma}_x+b^2\boldsymbol{\Sigma}_y)\tag{6.54}$$

其中a，$b\in\mathbb{R}$。令矩阵$\boldsymbol{A}=a\boldsymbol{I}$、$\boldsymbol{B}=b\boldsymbol{I}$，得随机向量$\boldsymbol{Z}=\boldsymbol{AX}+\boldsymbol{BY}=a\boldsymbol{X}+b\boldsymbol{Y}$，根据式(6.53)，可得

$$\mathbb{E}[\boldsymbol{Z}]=\boldsymbol{A}\boldsymbol{\mu}_x+\boldsymbol{B}\boldsymbol{\mu}_y=a\boldsymbol{I}\boldsymbol{\mu}_x+b\boldsymbol{I}\boldsymbol{\mu}_y=a\boldsymbol{\mu}_x+b\boldsymbol{\mu}_y\tag{6.55}$$

$$\mathbb{V}[\boldsymbol{Z}]=\boldsymbol{A\Sigma}_x\boldsymbol{A}^{\mathrm{T}}+\boldsymbol{B\Sigma}_y\boldsymbol{B}^{\mathrm{T}}=(a\boldsymbol{I})\boldsymbol{\Sigma}_{(}a\boldsymbol{I})^{\mathrm{T}}+(b\boldsymbol{I})\boldsymbol{\Sigma}_y(b\boldsymbol{I})^{\mathrm{T}}=a^2\boldsymbol{\Sigma}_x+b^2\boldsymbol{\Sigma}_y\tag{6.56}$$

即$\boldsymbol{Z}=\mathcal{N}(a\boldsymbol{\mu}_x+b\boldsymbol{\mu}_y,\ a^2\boldsymbol{\Sigma}_x+b^2\boldsymbol{\Sigma}_y)$，也就证明了式(6.54)。

习 题 6

1. 设由两个高斯分布混合的分布

$$0.4\,\mathcal{N}\left(\begin{pmatrix}10\\2\end{pmatrix},\ \begin{pmatrix}1&0\\0&1\end{pmatrix}\right)+0.6\,\mathcal{N}\left(\begin{pmatrix}0\\0\end{pmatrix},\ \begin{pmatrix}8.4&2.0\\2.0&1.7\end{pmatrix}\right)$$

(1) 计算每个维度上的边缘分布；

(2) 计算每个边缘分布的期望；

(3) 计算该二维分布的期望。

2. 设随机向量$(X,\ Y)$服从二元正态分布$\mathcal{N}\left(\begin{pmatrix}1\\2\end{pmatrix},\ \begin{pmatrix}1&4\\0&6\end{pmatrix}\right)$，计算$\mathbb{E}(2X-Y)^2$。

3. 二元随机向量$(X,\ Y)$的协方差为

$$\begin{pmatrix}4&-3\\-3&9\end{pmatrix}$$

计算$\mathbb{D}(3X-2Y)$和$\mathbb{D}(X+Y)$。

4. 设随机向量$\boldsymbol{X}=(X_1,\ X_2,\ X_3)^{\mathrm{T}}$服从三维正态分布$\mathcal{N}(\boldsymbol{\mu},\ \boldsymbol{\Sigma})$，其中

$$\boldsymbol{\mu}=(\mu_1,\ \mu_2,\ \mu_3)^{\mathrm{T}},\quad \boldsymbol{\Sigma}=\begin{bmatrix}1&\rho&\rho\\\rho&1&\rho\\\rho&\rho&1\end{bmatrix},\quad 0<\rho<1$$

(1) 试求条件分布$P(X_1,\ X_2\ |\ X_3)$和$P(X_1\ |\ X_2,\ X_3)$；

(2) 给定$X_3=x_3$时，试写出X_1和X_2的条件协方差。

5. 设$\boldsymbol{X}_1$和$\boldsymbol{X}_2$均为N维随机向量，已知

$$\boldsymbol{X}=\begin{bmatrix}\boldsymbol{X}_1\\\boldsymbol{X}_2\end{bmatrix}\sim\mathcal{N}\left(\begin{bmatrix}\boldsymbol{\mu}_1\\\boldsymbol{\mu}_2\end{bmatrix},\ \begin{bmatrix}\boldsymbol{\Sigma}_1&\boldsymbol{\Sigma}_2\\\boldsymbol{\Sigma}_2&\boldsymbol{\Sigma}_1\end{bmatrix}\right)$$

(1) 试证明$\boldsymbol{X}_1+\boldsymbol{X}_2$与$\boldsymbol{X}_1-\boldsymbol{X}_2$相互独立；

(2) 试求$\boldsymbol{X}_1+\boldsymbol{X}_2$和$\boldsymbol{X}_1-\boldsymbol{X}_2$的分布。

6. 设N维随机向量$\boldsymbol{X}\sim\mathcal{N}(\boldsymbol{\mu},\boldsymbol{\Sigma})$，常数矩阵$\boldsymbol{A}\in\mathbb{R}^{M\times N}$、$\boldsymbol{B}\in\mathbb{R}^{K\times N}$，令$\boldsymbol{Y}=\boldsymbol{AX}+\boldsymbol{d}$、$\boldsymbol{Z}=\boldsymbol{BX}+\boldsymbol{c}$，试证明

$$\boldsymbol{Y}\text{与}\boldsymbol{Z}\text{独立}\Leftrightarrow\boldsymbol{A\Sigma B}^{\mathrm{T}}=\boldsymbol{O}_{M\times K}$$

7. 设N维随机向量$\boldsymbol{X}\sim\mathcal{N}(\boldsymbol{\mu},\boldsymbol{\Sigma})$，$\boldsymbol{A}\in\mathbb{R}^{N\times N}$为对称矩阵，试证明

(1) $\mathbb{E}(\boldsymbol{XX}^{\mathrm{T}})=\boldsymbol{\Sigma}+\boldsymbol{\mu\mu}^{\mathrm{T}}$；

(2) $\mathbb{E}(\boldsymbol{X}^{\mathrm{T}}\boldsymbol{AX})=\mathrm{tr}(\boldsymbol{\Sigma A})+\boldsymbol{\mu}^{\mathrm{T}}\boldsymbol{A\mu}$；

(3) 当$\boldsymbol{\mu}=a\cdot\boldsymbol{1}_N=a\cdot(1,1,\cdots,1)^{\mathrm{T}}$，$\boldsymbol{A}=\boldsymbol{I}_N-\dfrac{1}{N}\boldsymbol{1}_N\boldsymbol{1}_N^{\mathrm{T}}$，$\boldsymbol{\Sigma}=\sigma^2\boldsymbol{I}_N$时，试利用(1)和(2)的结果证明$\mathbb{E}(\boldsymbol{X}^{\mathrm{T}}\boldsymbol{AX})=\sigma^2(N-1)$。

8. 设$\boldsymbol{Z}=(Y,X_1,X_2,\cdots,X_M)^{\mathrm{T}}$是$M+1$维随机向量，$\mathbb{E}(\boldsymbol{Z})=0$，$\mathbb{D}(\boldsymbol{Z})=\boldsymbol{\Sigma}$，试证明任意$M$元函数$g(x_1,x_2,\cdots,x_M)$，当函数$g(x_1,x_2,\cdots,x_M)=\mathbb{E}(Y\mid X_1=x_1,x_2,\cdots,X_M=x_M)$时，$\mathbb{E}(Y-g(x_1,x_2,\cdots,x_M))^2$为极小。

9. 设时间序列模型

$$\boldsymbol{x}_{t+1}=\boldsymbol{Ax}_t+\boldsymbol{w},\quad \boldsymbol{w}\sim\mathcal{N}(\boldsymbol{0},\boldsymbol{Q})$$
$$\boldsymbol{y}_t=\boldsymbol{Cx}_t+\boldsymbol{v},\quad \boldsymbol{v}\sim\mathcal{N}(\boldsymbol{0},\boldsymbol{R})$$

其中$\boldsymbol{w}$，$\boldsymbol{v}$是高斯噪声，另设$p(\boldsymbol{x}_0)=\mathcal{N}(\boldsymbol{\mu}_0,\boldsymbol{\Sigma}_0)$，解决如下问题：

(1) 试验证$p(\boldsymbol{x}_0,\boldsymbol{x}_1,\cdots,\boldsymbol{x}_T)$的分布形式；

(2) 设$p(\boldsymbol{x}_t|\boldsymbol{y}_1,\boldsymbol{y}_2,\cdots,\boldsymbol{y}_t)=\mathcal{N}(\boldsymbol{\mu}_t,\boldsymbol{\Sigma}_t)$，计算$p(\boldsymbol{x}_{t+1}|\boldsymbol{y}_1,\boldsymbol{y}_2,\cdots,\boldsymbol{y}_t)$和$p(\boldsymbol{x}_{t+1},\boldsymbol{y}_{t+1}|\boldsymbol{y}_1,\boldsymbol{y}_2,\cdots,\boldsymbol{y}_t)$；

(3) 设$p(\boldsymbol{x}_t|\boldsymbol{y}_1,\boldsymbol{y}_2,\cdots,\boldsymbol{y}_t)=\mathcal{N}(\boldsymbol{\mu}_t,\boldsymbol{\Sigma}_t)$，如果已经观测到$\boldsymbol{y}_{t+1}=\boldsymbol{y}$，计算条件分布$p(\boldsymbol{x}_{t+1}|\boldsymbol{y}_1,\boldsymbol{y}_2,\cdots,\boldsymbol{y}_{t+1})$。

10. 设随机变量x，y，其联合概率分布为$p(x,y)$，试证明

$$\mathbb{E}_X[x]=\mathbb{E}_Y[\mathbb{E}_X[x|y]]$$

第 7 章　优化方法

在数据科学中，优化方法也被经常使用，如在神经网络中使用梯度下降法更新网络参数，此处的梯度下降法就是优化方法的一种。支持向量机更是直接建立在非线性规划的理论方法基础之上，要想深入掌握支持向量机的知识，就要学习优化方法。在实际问题求解中经常用到的遗传算法、模拟退火算法等，本质上也是优化问题的一种求解方法，它们提供了更好的可行域搜索策略。本章我们一起来学习优化方法，需要说明的是本章主要针对数据科学需要，筛选出相关性高的内容进行讲解，介绍的内容只是优化方法的冰山一角。

7.1　梯度下降的几种方法

无约束优化问题是最简单的优化问题，就是求解出实值函数 f：$\mathbb{R}^D \to \mathbb{R}$ 的极大值或极小值(一般计算极小值，对于计算极大值的问题，可以计算函数值负数的极小值)，在优化理论中，我们把这样的优化问题写成如下形式：

$$\min_{x} f(\boldsymbol{x}) \tag{7.1}$$

该问题称为*无约束优化问题*，其中 $f(\boldsymbol{x})$称为目标函数，$\boldsymbol{x} \in \mathbb{R}^D$ 是多元的自变量。求解这个问题，就是要找出*最优解* $\boldsymbol{x}^*$，使得*最优值* $f(\boldsymbol{x}^*)$最小。

7.1.1　梯度下降法

关于求解函数 $f(\boldsymbol{x})$极值的方法，我们并不陌生，高等数学已经告诉我们，导数为 0 的变量处有函数极值，如果再考虑函数的二阶导数，就难以确定其极大值或极小值。事实上，梯度下降法的本质就在于此，只是对其进行了丰富和拓展。

与式(7.1)中一样，本书通常考虑多元函数，在第 5 章中我们定义了多元函数的一阶导数，并将其称之为梯度，基于梯度便于计算曲面的每个方向上的上升/下降趋势，因此梯度与一元函数中的导数有相似的作用。事实上，曲面上点 $\boldsymbol{x}_0$ 处梯度$\nabla_x f(\boldsymbol{x}_0)=\boldsymbol{0}$，表示该点所处的所有方向上都是平的，没有上升/下降趋势，此时点 $\boldsymbol{x}_0$ 才有可能是极小值或者极大值(当然也可能是鞍点)，反过来说，若曲面上某点是极值，则该点处的梯度必然是 $\boldsymbol{0}$ 向量。设在点 $\boldsymbol{x}'$处梯度为$\nabla_x f(\boldsymbol{x}') \in \mathbb{R}^D$，如果该梯度向量的第 i 个分量$[\nabla_x f(\boldsymbol{x}')]_i<0$，那么表示函数 $f(\boldsymbol{x})$在点 $\boldsymbol{x}'$处的第 i 个轴方向上有下降趋势，也就是说保持 $\boldsymbol{x}'$其他分量不变，仅在第 i 个分量上增加一个很小的数值，得到点 $\boldsymbol{x}''$，必然有 $f(\boldsymbol{x}'')<f(\boldsymbol{x}')$；反之如果第 j 个分量$[\nabla_x f(\boldsymbol{x}')]_j>0$，那么表示函数 $f(\boldsymbol{x})$在点 $\boldsymbol{x}'$处的第 j 个轴方向上有上升趋势。按照上述分析，如果我们想在点 $\boldsymbol{x}'$的基础上，得到下一

个点 $\boldsymbol{x}''$，使得函数值下降，即使 $f(\boldsymbol{x}'')<f(\boldsymbol{x}')$，那么只需要根据点 $\boldsymbol{x}'$ 处梯度 $\nabla_x f(\boldsymbol{x}')$ 各分量的正负数值，对 $\boldsymbol{x}'$ 各分量进行对应增加或减少一定数值即可。若梯度 $\nabla_x f(\boldsymbol{x}')$ 某分量上为负，那么就在 $\boldsymbol{x}'$ 的对应分量上增加一个数值；反之则减少一个数值。因此从点 $\boldsymbol{x}'$ 到点 $\boldsymbol{x}''$ 的更新公式可如下设计：

$$\boldsymbol{x}''=\boldsymbol{x}'-\gamma\cdot\nabla_x f(\boldsymbol{x}') \tag{7.2}$$

其中，$\gamma>0$ 称为步长。在 γ 足够小时，必然有 $f(\boldsymbol{x}'')<f(\boldsymbol{x}')$，这样就实现了函数值的一次下降，当然还可以重复这个步骤，得到函数值更小的点 $\boldsymbol{x}'''$……直至收敛。这就是梯度下降法的思想：设函数 $f: \mathbb{R}^D\to\mathbb{R}$，从初始点 $\boldsymbol{x}_0$ 开始，逐步按照下式迭代新的点

$$\boldsymbol{x}_{i+1}=\boldsymbol{x}_i-\gamma\cdot\nabla_x f(\boldsymbol{x}_i) \tag{7.3}$$

得到逐步下降的函数值 $f(\boldsymbol{x}_0)\geqslant f(\boldsymbol{x}_1)\geqslant\cdots$，直至收敛到一个极小值。这像是把一个球放在隆起曲面的某个位置，一旦放手，这个球将沿着曲面的下降方向滚动，直至进到一个凹槽中停止。下面看一个梯度下降法的例子。

例 7.1　设二元二次函数 $f: \mathbb{R}^2\to\mathbb{R}$ 为

$$f(\boldsymbol{x})=\frac{1}{2}\boldsymbol{x}^{\mathrm{T}}\boldsymbol{A}\boldsymbol{x}-\boldsymbol{b}^{\mathrm{T}}\boldsymbol{x} \tag{7.4}$$

其中，$\boldsymbol{A}=\begin{pmatrix}2 & 1\\ 1 & 20\end{pmatrix}$、$\boldsymbol{b}=\begin{pmatrix}5\\ 3\end{pmatrix}$，这是一个往下凹的曲面（如图 7.1 所示）。根据第 5 章的方法计算函数 f 梯度

$$\nabla_x f=\boldsymbol{A}\boldsymbol{x}-\boldsymbol{b} \tag{7.5}$$

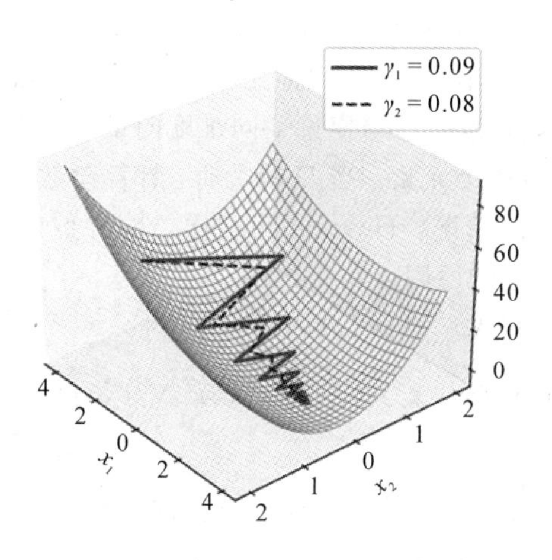

图 7.1　梯度下降迭代过程图

图 7.1 中展示了从初始点 $(-3, -1)^{\mathrm{T}}$ 开始，经 20 次调用式(7.3)的梯度下降结果。实线和虚线分别表示两个不同步长 $\gamma_1=0.09$ 和 $\gamma_2=0.08$ 的情况。从图 7.1 的结果来看，两种情况的结果都是一条之字形的折线，且逐步向着最小值点下降收敛。对比两种情况，较大的步长($\gamma_1=0.09$)迭代收敛路线左右摆动幅度更大，但往最小值收敛速度更快。

神经网络的训练就用到了梯度下降法的思想，但梯度下降法有一个弊端：对于非凸函数容易陷入局部最优。举个例子，一个球从山上往山下滚，滚到某个山坳处就停

了，这个山坳就是局部最优解。要想让球一定能到山脚，这座山就必须没有山坳，没有山坳的山在数学上就能用凸函数表示。我们说神经网络是万能的函数逼近器，可以逼近任意函数，当然也包括非凸函数，那么在神经网络训练中是如何解决陷入局部最优解的情况呢？

不妨再来看看梯度下降法的迭代公式（见式 7.3），当迭代到某个点$\boldsymbol{x}^*$，且该点处的梯度$\nabla_x f(\boldsymbol{x}^*)$是一个$\boldsymbol{0}$向量时，式(7.3)的迭代不会更新点，即下一个点还是$\boldsymbol{x}^*$，$\boldsymbol{x}^*$就是梯度下降法计算出的最优解。试想，如果梯度$\nabla_x f$是一个低维度的向量，那么得到全零向量的可能性较大；但如果梯度$\nabla_x f$是一个高维度的向量，例如 1000 维，要想所有元素同时接近 0，难度很大，也就是在高维度的空间中使用梯度下降法，陷入局部最优的可能性非常小。神经网络中要迭代训练的参数是各层的权重和偏置，参数维度很高，使用梯度下降法一般不会陷入局部最优，也从来没听说过神经网络算法中有诸如遗传算法中的跳出局部最优的搜索策略。

7.1.2 牛顿法

梯度下降法的一个改进方向是牛顿法，前者只用到了梯度，对应了一阶导数，后者用到了 Hessian 阵，对应了二阶导数。与梯度下降法相比，牛顿法迭代次数更少，收敛速度更快，同时不用设置步长。在用于机器人定位和建图的 SLAM（同步定位与地图构建）算法中使用的就是改进的牛顿法。

在第 5 章中介绍了多元泰勒级数和多项式，光滑函数$f(\boldsymbol{x})$都可以使用多元泰勒级数展开，阶数越高的泰勒多项式能越准确地拟合原函数$f(\boldsymbol{x})$。理论上只要计算原函数$f(\boldsymbol{x})$的k阶导数(k足够大)，就可以直接利用$f(\boldsymbol{x})$的多元泰勒多项式准确计算最优值和最优解。然而原函数$f(\boldsymbol{x})$的k阶导数$\nabla_x^k f$是一个与变量$\boldsymbol{x}$同维度向量的k次外积的张量，如果$\boldsymbol{x}$的维度为D，张量$\nabla_x^k f$中将包含D^k个元素。当D较大时，计算阶数较高的导数不太可行。像神经网络这样参数维度特别高的情况，Hessian 阵这样二阶导数的计算开销都大得惊人，这也是神经网络中不使用牛顿法的原因。

牛顿法基于二阶泰勒展开式

$$f(\boldsymbol{x})=f(\boldsymbol{x}_0)+\nabla_x f(\boldsymbol{x}_0)^{\mathrm{T}}(\boldsymbol{x}-\boldsymbol{x}_0)+\frac{1}{2}(\boldsymbol{x}-\boldsymbol{x}_0)^{\mathrm{T}}\nabla_x^2 f(\boldsymbol{x}_0)(\boldsymbol{x}-\boldsymbol{x}_0)+o((\boldsymbol{x}-\boldsymbol{x}_0)^2) \tag{7.6}$$

忽略该式中 2 次以上的项，并对左右两边同时计算梯度，得

$$\nabla_x f(\boldsymbol{x})\approx\nabla_x f(\boldsymbol{x}_0)+\nabla_x^2 f(\boldsymbol{x}_0)(\boldsymbol{x}-\boldsymbol{x}_0) \tag{7.7}$$

令梯度$\nabla_x f(\boldsymbol{x})=0$，计算出最优解

$$\begin{aligned}&\nabla_x f(\boldsymbol{x}_0)+\nabla_x^2 f(\boldsymbol{x}_0)(\boldsymbol{x}-\boldsymbol{x}_0)\approx 0\\ &\Rightarrow\boldsymbol{x}^*\approx\boldsymbol{x}_0+(\nabla_x^2 f(\boldsymbol{x}_0))^{-1}\nabla_x f(\boldsymbol{x}_0)\end{aligned} \tag{7.8}$$

要想计算出的最优解更精确，不妨像式(7.3)一样多迭代几步，直到收敛

$$\boldsymbol{x}_{i+1}=\boldsymbol{x}_i+(\nabla_x^2 f(\boldsymbol{x}_i))^{-1}\nabla_x f(x_i),\ i=0,\ 1,\ \cdots \tag{7.9}$$

式(7.9)就是牛顿法的迭代公式。

牛顿法的缺点很明显：计算 Hessian 阵$\nabla_x^2 f(\boldsymbol{x}_i)$的逆代价太大。牛顿法的改进方向多是通过近似计算替代 Hessian 阵的逆，从而降低计算开销。

7.1.3 动量法

梯度下降法非常简单，容易理解，但也存在效率不高的问题，因此如何提高效率成为梯度下降法的改进方向。改进梯度下降法的着力点主要有两个，一是从式(7.3)的梯度$\nabla_x f(\boldsymbol{x}_i)$上下功夫，代表方法就是本小节将介绍的动量法；二是从式(7.3)中的步长γ上下功夫，代表方法是下一小节中的自适应梯度(Adaptive Gradient，AdaGrad)、均方根传递(Root Mean Square Prop，RMSProp)等算法，同时在这两个方面都改进的就是自适应运动估计(Adaptive Motion Estimation，Adam)算法。

在介绍动量法之前，我们先来看下面这个例子。

例 7.2 设函数 f：$\mathbb{R}^2 \to \mathbb{R}$ 的等高线如图 7.2 所示，这是一个形如碾中药的长条凹槽(学名是惠夷槽)。以 $\boldsymbol{x}_0$ 为初始点，使用梯度下降法迭代计算最优解，与图 7.1 中相似，这个迭代过程是一个之字形。由于竖直方向上(x_2)狭窄陡峭，该方向的梯度有较大的数值，而水平方向上(x_1)梯度数值小，因此梯度下降法的迭代将更多消耗在竖直方向的来回振荡上，水平方向上只是缓慢朝着最优解前进，经历很长的一段迭代过程最终到达最优解。我们再来看 $\boldsymbol{x}_0$ 与 $\boldsymbol{x}_1$ 处的梯度$\nabla_x f(\boldsymbol{x}_0)$与$\nabla_x f(\boldsymbol{x}_1)$，这些梯度都是二维向量，在 x_1 方向上的分量记为$[\nabla_x f(\boldsymbol{x}_0)]_1$与$[\nabla_x f(\boldsymbol{x}_1)]_1$，在 x_2 方向上的分量记为$[\nabla_x f(\boldsymbol{x}_0)]_2$与$[\nabla_x f(\boldsymbol{x}_1)]_2$。根据图上的关系可知，$[\nabla_x f(\boldsymbol{x}_0)]_1$与$[\nabla_x f(\boldsymbol{x}_1)]_1$都朝着 x_1 的正向，是正数；$[\nabla_x f(\boldsymbol{x}_0)]_2$ 朝 x_2 的正向，是正数，而$[\nabla_x f(\boldsymbol{x}_1)]_2$ 朝 x_2 的负向，是负数。因此$[\nabla_x f(\boldsymbol{x}_0)]_1$与$[\nabla_x f(\boldsymbol{x}_1)]_1$ 相加是一个更大的正数，而$[\nabla_x f(\boldsymbol{x}_0)]_2$与$[\nabla_x f(\boldsymbol{x}_1)]_2$ 虽然有更大的数值，但一正一负，它们相加后会相互抵消。我们把历史的梯度在各分量上进行叠加，在图中所示的位置分别计算得到 x_1 与 x_2 方向上的 v_1 与 v_2 两个数值，不难发现由于 x_2 方向上相互抵消，$|v_1|$会显著大于$|v_2|$。如果把 v_1 与 v_2 用于修正式(7.3)中的梯度$\nabla_x f(\boldsymbol{x}_i)$，有助于加速水平方向前进量，同时有效抑制竖直方向的振荡，这就是动量法的思想。

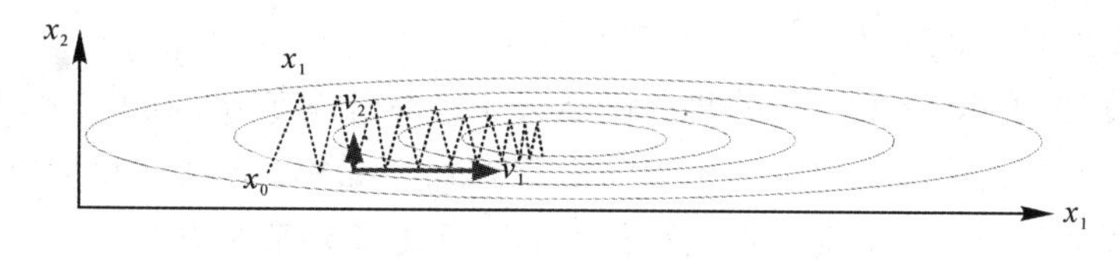

图 7.2 函数 f：$\mathbb{R}^2 \to \mathbb{R}$ 的等高线

这里给出动量法的迭代公式

$$\boldsymbol{x}_{i+1} = \boldsymbol{x}_i - \boldsymbol{v}_{i+1} \tag{7.10}$$

其中

$$\boldsymbol{v}_{i+1} = \eta \boldsymbol{v}_i + \gamma \cdot \nabla_x f(\boldsymbol{x}_{i+1}) \tag{7.11}$$

且 $\boldsymbol{v}_0 = \boldsymbol{0}$，$\eta \in (0, 1]$称为动量参数。

我们把式(7.11)展开得

$$\begin{aligned}\boldsymbol{v}_{i+1} &= \eta \boldsymbol{v}_i + \gamma \cdot \nabla_x f(\boldsymbol{x}_{i+1}) \\ &= \eta^2 \boldsymbol{v}_{i-1} + \eta \cdot \gamma \cdot \nabla_x f(\boldsymbol{x}_i) + \gamma \cdot \nabla_x f(\boldsymbol{x}_{i+1})\end{aligned}$$

$$\cdots$$

$$= \gamma \cdot (\nabla_x f(\boldsymbol{x}_{i+1}) + \eta \cdot \nabla_x f(\boldsymbol{x}_i) + \cdots + \eta^{i+1} \cdot \nabla_x f(\boldsymbol{x}_0)) \tag{7.12}$$

特别地，当 $\eta=1$ 时，有

$$\boldsymbol{v}_{i+1} = \gamma \cdot \sum_{k=0}^{i+1} \nabla_x f(\boldsymbol{x}_k) \tag{7.13}$$

此时，式(7.10)为

$$\boldsymbol{x}_{i+1} = \boldsymbol{x}_i - \gamma \cdot \sum_{k=0}^{i+1} \nabla_x f(\boldsymbol{x}_k) \tag{7.14}$$

对比式(7.3)，式(7.14)在进行梯度迭代时，每次都把历史上所有迭代点的梯度进行了叠加，实现了例 7.2 中的效果。

动量参数 η 的作用是削弱过于久远迭代点的影响，让梯度的叠加更聚焦于近期的迭代点。当设 $\eta=0.9$ 时，10 次迭代之前的梯度对当前点更新的影响，就只剩下了 $\eta^{10}\approx 34.9\%$ 的效用。

动量法像是把加速度引入到梯度下降法中。在梯度下降法中，小球往低洼处滚动，速度只与所在位置的倾斜程度相关；而在动量法中，小球的速度是经过历史积累的综合值(有点物理学中的“动量”意思)，会逐渐加速往低洼处滚动，有更高的效率。但也不难想象，一直以加速度往低洼处滚动的小球，在到达最低处时，也将积累最大的速度，这个速度将产生继续向前的惯性，小球将会在最低处来回徘徊，缓慢减速，直至停在最低点。这个来回徘徊的过程也会增加迭代优化的时间，这正是动量法的不足之处。

7.1.4 自适应梯度法

上一小节的动量法从梯度上着手对梯度下降法进行了改进，本小节从步长着手介绍改进梯度下降法的方法。梯度下降法采用了固定步长 γ，若步长 γ 的数值过小，那么将会拉长迭代优化时间，影响效率；而若步长 γ 的数值过大，重则迭代过程不收敛，轻则在最优解处长时间徘徊。在神经网络的训练中，经常手动调整步长(学习率)，在训练初始阶段使用较大步长，到了训练后期，将步长逐步减小到 0。也有一些自动调整步长的方法，AdaGrad 法和 RMSProp 法就是两个典型代表，下面进行原理介绍。

自适应梯度法的基本原理是在梯度下降迭代中，根据各方向上历史梯度的特点去改变该方向的步长。如果在迭代过程中某个方向上普遍比较陡峭，梯度的数值较大，那么就把该方向的步长设置更小一点，实现更细致的探索；反之如果某个方向上较为平缓，那么就采用更大的步长，提高该方向的探索速度。仍以图 7.2 为例，x_2 方向上的梯度普遍较大，使用小的步长，可以有效减少该方向的振荡幅度；而 x_1 方向上由于较为平缓，可以使用更大的步长，从而提升迭代收敛速度。因此在图 7.2 的例子中采用自适应梯度法同样可以较好改进梯度下降法的不足。

设函数 $f: \mathbb{R}^D \to \mathbb{R}$，初始点为 $\boldsymbol{x}_0$，自适应梯度法如下式迭代直至收敛

$$\boldsymbol{x}_{i+1} = \boldsymbol{x}_i + \Delta \boldsymbol{x}_i \tag{7.15}$$

其中，向量 $\Delta \boldsymbol{x}_i \in \mathbb{R}^D$ 的第 d 个分量记为 $[\Delta \boldsymbol{x}_i]_d$，且

$$[\Delta \boldsymbol{x}_i]_d = -\frac{\gamma}{\sqrt{r_d}} [\nabla_x f(\boldsymbol{x}_i)]_d \tag{7.16}$$

式中$[\nabla_x f(\boldsymbol{x}_i)]_d$表示梯度$\nabla_x f(\boldsymbol{x}_i)$的第$d$个分量。在AdaGrad方法中，$r_d$的更新方法如下式：

$$r_d \leftarrow r_d + [\nabla_x f(\boldsymbol{x}_i)]_d^2 \tag{7.17}$$

即r_d是由迭代历史中所有梯度第d个分量平方之和

$$r_d = [\nabla_x f(\boldsymbol{x}_0)]_d^2 + [\nabla_x f(\boldsymbol{x}_1)]_d^2 + \cdots + [\nabla_x f(\boldsymbol{x}_i)]_d^2 \tag{7.18}$$

在RMSProp法中，r_d的更新加入了衰减因子$\rho \in [0, 1]$

$$r_d \leftarrow \rho \cdot r_d + (1-\rho) \cdot [\nabla_x f(\boldsymbol{x}_i)]_d^2 \tag{7.19}$$

这样引入了正数r_d，为第d个维度上的迭代修正了步长$\frac{\gamma}{r_d}$，随着迭代次数的增加，该步长逐步减小，最终在最优值处稳定收敛。然而，容易发现，当初始步长γ设置过小时，自适应梯度法可能到达不了最优值附近，过早收敛。

人们发现，把自适应梯度法和动量法结合起来，能很好克服这两个方法的不足，这种结合就是Adam法。在Adam法的迭代式(7.15)中

$$[\Delta \boldsymbol{x}_i]_d = -\frac{\gamma}{\sqrt{r_d}} s_d \tag{7.20}$$

其中，r_d由式(7.19)更新，s_d由下式更新

$$s_d \leftarrow \eta \cdot s_d + (1-\eta) \cdot [\nabla_x f(\boldsymbol{x}_i)]_d \tag{7.21}$$

该式与动量法中的式(7.11)作用相同。

7.2 对偶问题及弱对偶性

在上一节中，我们介绍了无约束优化问题，本节将介绍有约束优化问题。定义如下形式：

$$\begin{aligned} &\min_{\boldsymbol{x}} f(\boldsymbol{x}) \\ &\text{s.t. } g_n(\boldsymbol{x}) \leqslant 0, \quad n=1, 2, \cdots, N \\ &\qquad h_m(\boldsymbol{x}) = 0, \quad m=1, 2, \cdots, M \end{aligned} \tag{7.22}$$

其中，$g_n(\boldsymbol{x}) \leqslant 0 (n=1, 2, \cdots, N)$称为不等式约束。一般使用“$\leqslant$”的不等式，对于不等式$\tilde{g}(\boldsymbol{x}) \geqslant 0$，可以通过取反转换成“$\leqslant$”的不等式，即$-\tilde{g}(\boldsymbol{x}) \leqslant 0$；$h_m(\boldsymbol{x}) = 0 (m=1,2,\cdots,M)$称为等式约束，等式约束也可以转换成不等式约束，例如：

$$h_m(\boldsymbol{x}) = 0 \Rightarrow \begin{cases} h_m(\boldsymbol{x}) \leqslant 0 \\ -h_m(\boldsymbol{x}) \leqslant 0 \end{cases} \tag{7.23}$$

因此本节讨论的有约束优化问题为

$$\begin{aligned} &\min_{\boldsymbol{x}} f(\boldsymbol{x}) \\ &\text{s.t. } \boldsymbol{g}(\boldsymbol{x}) \leqslant \boldsymbol{0} \end{aligned} \tag{7.24}$$

其中，$\boldsymbol{g}(\boldsymbol{x}) = (g_1(\boldsymbol{x}), g_2(\boldsymbol{x}), \cdots, g_N(\boldsymbol{x}))^{\mathrm{T}}$。本章把式(7.24)中的问题称为原问题。

引入拉格朗日函数

$$\mathcal{L}(\boldsymbol{x}, \boldsymbol{\lambda}) = f(\boldsymbol{x}) + \boldsymbol{\lambda}^{\mathrm{T}} \boldsymbol{g}(\boldsymbol{x}) = f(\boldsymbol{x}) + \sum_{n=1}^{N} \lambda_n \cdot g_n(\boldsymbol{x}) \tag{7.25}$$

其中，$\lambda_n \geqslant 0$ 称为拉格朗日乘子。对于任意的 $\boldsymbol{x}'$，有可能满足约束时，$g_n(\boldsymbol{x}') \leqslant 0$；不满足约束时，$g_n(\boldsymbol{x}') > 0$。此时最大的拉格朗日乘子 λ_n，满足

$$\max_{\lambda_n}\{\lambda_n \cdot g_n(\boldsymbol{x}')\} = \begin{cases} 0, & g_n(\boldsymbol{x}') \leqslant 0 \\ +\infty, & g_n(\boldsymbol{x}') > 0 \end{cases} \tag{7.26}$$

因此最大化的拉格朗日函数为

$$\max_{\boldsymbol{\lambda}} \mathcal{L}(\boldsymbol{x}, \boldsymbol{\lambda}) = \begin{cases} f(\boldsymbol{x}), & \boldsymbol{g}(\boldsymbol{x}) \leqslant \boldsymbol{0} \\ +\infty, & \text{其他} \end{cases} \tag{7.27}$$

也就是说，当 $\boldsymbol{x}$ 满足式(7.24)的约束条件时，$\min\limits_{\boldsymbol{x}}\max\limits_{\boldsymbol{\lambda}} \mathcal{L}(\boldsymbol{x}, \boldsymbol{\lambda}) = \min\limits_{\boldsymbol{x}} f(\boldsymbol{x})$，与目标函数一致；否则当 $\boldsymbol{x}$ 不满足约束条件时，$\min\limits_{\boldsymbol{x}}\max\limits_{\boldsymbol{\lambda}} \mathcal{L}(\boldsymbol{x}, \boldsymbol{\lambda}) = +\infty$，此时不可能从中找到最优解。因此式(7.24)与下式等价

$$\begin{aligned} &\min_{\boldsymbol{x}}\max_{\boldsymbol{\lambda}} \mathcal{L}(\boldsymbol{x}, \boldsymbol{\lambda}) \\ &\text{s.t. } \boldsymbol{\lambda} \geqslant \boldsymbol{0} \end{aligned} \tag{7.28}$$

函数 $\max\limits_{\lambda} \mathcal{L}(\boldsymbol{x}, \boldsymbol{\lambda})$ 以 $\boldsymbol{x}$ 为变量，对于任意的 $\boldsymbol{x}$，都找到最大的 $\max \mathcal{L}(\boldsymbol{x}, \boldsymbol{\lambda})$，然后从所有的 $\max \mathcal{L}(\boldsymbol{x}, \boldsymbol{\lambda})$ 中找到最小的一个，即 $\min\max \mathcal{L}(\boldsymbol{x}, \boldsymbol{\lambda})$。现在把式(7.28)中的 $\min\limits_{x}\max\limits_{\lambda}$ 改成 $\max\limits_{\lambda}\min\limits_{x}$，得到如下的对偶问题：

$$\begin{aligned} &\max_{\boldsymbol{\lambda}}\min_{\boldsymbol{x}} \mathcal{L}(\boldsymbol{x}, \boldsymbol{\lambda}) \\ &\text{s.t. } \boldsymbol{\lambda} \geqslant \boldsymbol{0} \end{aligned} \tag{7.29}$$

下面介绍弱对偶性，强对偶性将在下一节中介绍。原问题与它的对偶问题之间有如下关系：

定理 7.1(弱对偶性) 对偶问题的最优值不大于原问题的最优值，即

$$\max_{\boldsymbol{\lambda} \geqslant 0}\min_{\boldsymbol{x}} \mathcal{L}(\boldsymbol{x}, \boldsymbol{\lambda}) \leqslant \min_{\boldsymbol{x}}\max_{\boldsymbol{\lambda} \geqslant \boldsymbol{0}} \mathcal{L}(\boldsymbol{x}, \boldsymbol{\lambda}) \tag{7.30}$$

下面对弱对偶性进行解释，设有实值函数 $\varphi(\boldsymbol{x}, \boldsymbol{y}) \in \mathbb{R}$，$\boldsymbol{x}$ 和 $\boldsymbol{y}$ 都是向量，则定义域中的任意取值 $\boldsymbol{x}_0$ 和 $\boldsymbol{y}_0$，有如下不等式：

$$\min_{\boldsymbol{x}} \varphi(\boldsymbol{x}, \boldsymbol{y}_0) \leqslant \varphi(\boldsymbol{x}_0, \boldsymbol{y}_0) \leqslant \max_{\boldsymbol{y}} \varphi(\boldsymbol{x}_0, \boldsymbol{y}) \tag{7.31}$$

令

$$\boldsymbol{x}^* = \arg\min_{\boldsymbol{x}}\max_{\boldsymbol{y}} \varphi(\boldsymbol{x}, \boldsymbol{y}) \tag{7.32}$$

$$\boldsymbol{y}^* = \arg\max_{\boldsymbol{y}}\min_{\boldsymbol{x}} \varphi(\boldsymbol{x}, \boldsymbol{y}) \tag{7.33}$$

将这两个极值解代入到式(7.31)中

$$\begin{aligned} &\min_{\boldsymbol{x}} \varphi(\boldsymbol{x}, \boldsymbol{y}^*) \leqslant \max_{\boldsymbol{y}} \varphi(\boldsymbol{x}^*, \boldsymbol{y}) \\ &\Rightarrow \max_{\boldsymbol{y}}\min_{\boldsymbol{x}} \varphi(\boldsymbol{x}, \boldsymbol{y}) \leqslant \min_{\boldsymbol{x}}\max_{\boldsymbol{y}} \varphi(\boldsymbol{x}, \boldsymbol{y}) \end{aligned} \tag{7.34}$$

该式称为 minmax 不等式，利用该不等式不难得到定理 7.1。

对于二维曲面，minmax 不等式如图 7.3 所示，从图中可以清楚比较出 $\min\limits_{x} \varphi(x, y_0)$、$\varphi(x_0, y_0)$、$\max\limits_{y} \varphi(x_0, y)$ 三者的大小关系，也就不难理解 minmax 不等式。

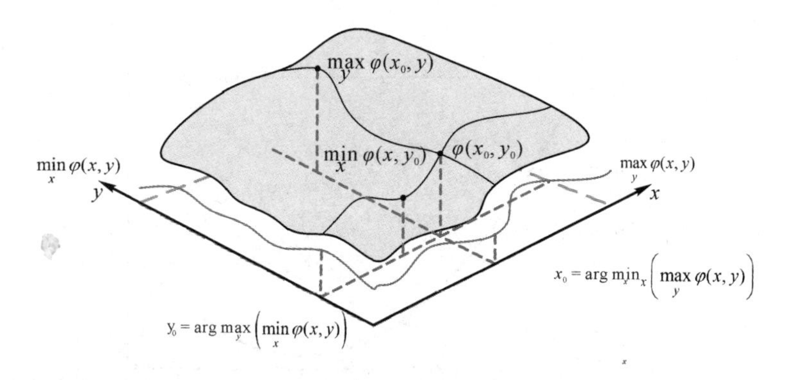

图 7.3 minmax 不等式

然而，弱对偶性并不能完全解决优化问题。根据式(7.30)，解决对偶问题只能找出原问题最优值的下界，并不能完全解决原问题。设想如果能找出一些规律，使得式(7.30)中的等号成立，那么解决对偶问题就等价于解决了原问题。接下来我们试着寻找这样的规律。

7.3 凸优化问题的最优性

为了更容易理解接下来的问题，我们聚焦一类更简单的优化问题——凸优化问题。在理解凸优化问题最优性的基础上，再通过相似的分析，就不难理解复杂的非凸优化问题了。当然受限于篇幅，本节尽量从几何的角度解释，减少代数上的分析，更多地去解释得出的结论，而不是给出严格的数学证明。如果读者有更高的需求，不妨在理解本节内容之后，再去找一本专业书籍进行系统学习。

定义 7.1 称集合$\mathcal{C}$是凸集，当$\forall\, \boldsymbol{x}, \boldsymbol{y} \in \mathcal{C}$和$\forall\, \theta \in [0, 1]$满足

$$\theta \boldsymbol{x} + (1-\theta)\boldsymbol{y} \in \mathcal{C} \tag{7.35}$$

我们变换上式的左边得到$\theta\boldsymbol{x}+(1-\theta)\boldsymbol{y}=\boldsymbol{y}+\theta(\boldsymbol{x}-\boldsymbol{y})$，其中$\theta(\boldsymbol{x}-\boldsymbol{y})$表示$\boldsymbol{y}$到$\boldsymbol{x}$线段的一部分，用$\boldsymbol{y}$加上这一部分，得到的结果一定位于以$\boldsymbol{x}$、$\boldsymbol{y}$为端点的线段上。当$\theta=1$时，$\theta\boldsymbol{x}+(1-\theta)\boldsymbol{y}=\boldsymbol{x}$，位于端点$\boldsymbol{x}$处；当$\theta=0$时，$\theta\boldsymbol{x}+(1-\theta)\boldsymbol{y}=\boldsymbol{y}$，位于端点$\boldsymbol{y}$处。因此，定义 7.1 的意思是凸集中任意两点，连成一条线段，这条线段上所有点也必定属于这个凸集。如图 7.4 所示的形状就不是一个凸集，图中以$\boldsymbol{x}$、$\boldsymbol{y}$为端点的线段上有一段并不在这个形状中。

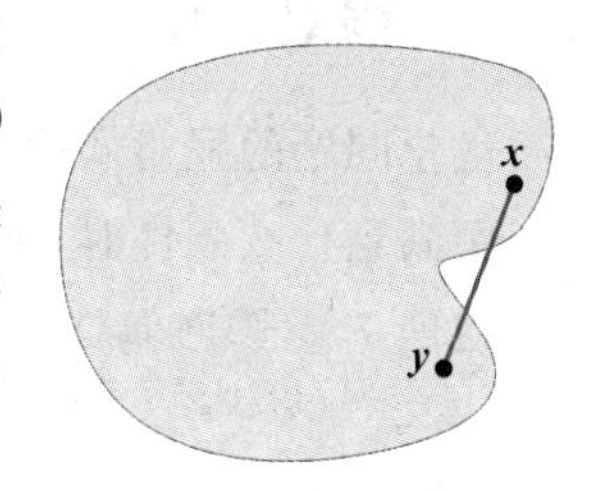

图 7.4 非凸集

定义 7.2 称函数$f: \mathbb{R}^D \to \mathbb{R}$是凸函数，当对于定义域内的任意$\boldsymbol{x}$，$\boldsymbol{y}$和实数$\theta \in [0, 1]$都有

$$f(\theta \boldsymbol{x} + (1-\theta)\boldsymbol{y}) \leqslant \theta f(\boldsymbol{x}) + (1-\theta) f(\boldsymbol{y}) \tag{7.36}$$

简单来说，凸函数中任意两点函数值之间的线段都位于函数的上方(如图 7.5 所示)。从形状上来看，凸函数是碗状的，我们想象把水倒进碗中，这样填充得到的集合，称为凸函数的函数上图(epigraph)

$$\varepsilon(f) = \{(\boldsymbol{x}, y) \mid y \geqslant f(\boldsymbol{x})\} \tag{7.37}$$

该图是一个凸集。

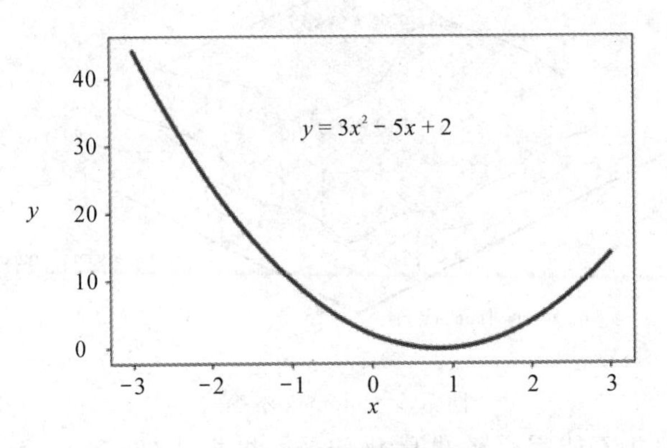

图 7.5 凸函数示例

如果函数 $f: \mathbb{R}^D \rightarrow \mathbb{R}$ 是可微的，函数 $f(\boldsymbol{x})$ 的凸性也可以由它的梯度 $\nabla_x f(\boldsymbol{x})$ 定义

$$f(\boldsymbol{y}) \geqslant f(\boldsymbol{x}) + \nabla_x f(\boldsymbol{x})^{\mathrm{T}}(\boldsymbol{y}-\boldsymbol{x}) \tag{7.38}$$

至此，我们定义凸优化问题

$$\begin{aligned} &\min_{x} f(\boldsymbol{x}) \\ &\text{s. t. } g_n(\boldsymbol{x}) \leqslant 0 \quad n=1, 2, \cdots, N \\ &\quad\; h_m(\boldsymbol{x}) = 0 \qquad m=1, 2, \cdots, M \end{aligned} \tag{7.39}$$

其中，目标函数 $f(\boldsymbol{x})$ 和不等式约束函数 $g_n(\boldsymbol{x})$ 都是凸函数，等式约束是线性的，也就是所有等式约束可以写成 $\boldsymbol{A}\boldsymbol{x}-\boldsymbol{b}=\boldsymbol{0}$ 的形式。为便于理解，本节的凸优化问题不考虑等式约束，也就是

$$\begin{aligned} &\min_{x} f(\boldsymbol{x}) \\ &\text{s. t. } g_n(\boldsymbol{x}) \leqslant 0 \qquad n=1, 2, \cdots, N \end{aligned} \tag{7.40}$$

其中，目标函数 $f(\boldsymbol{x})$ 和不等式约束函数 $g_n(\boldsymbol{x})$ 都是凸函数。

7.3.1 强对偶性

优化问题的强对偶性，简单来说，就是找到定理 7.1 中等式成立的条件，也就是当优化问题满足什么条件时，原问题与对偶问题的最优值相等。

定理 7.2(强对偶性) 对偶问题的最优值等于原问题的最优值，即

$$\max_{\boldsymbol{\lambda} \geqslant \boldsymbol{0}} \min_{x} \mathcal{L}(\boldsymbol{x}, \boldsymbol{\lambda}) = \min_{x} \max_{\boldsymbol{\lambda} \geqslant \boldsymbol{0}} \mathcal{L}(\boldsymbol{x}, \boldsymbol{\lambda}) \tag{7.41}$$

如果优化问题满足强对偶性，就可以通过求解对偶问题，实现对原问题的求解，式(7.29)中所示的对偶问题只有参数 $\boldsymbol{\lambda} \geqslant \boldsymbol{0}$ 的约束，相较于有不等式约束、等式约束的原问题，其更简单，更容易求解。

为了直观分析强对偶性，我们先看只有一个不等式约束的优化问题

$$\begin{aligned} &\min_{x} f(\boldsymbol{x}) \\ &\text{s. t. } g(\boldsymbol{x}) \leqslant 0 \end{aligned} \tag{7.42}$$

构造关于 $f(\boldsymbol{x})$ 和 $g(\boldsymbol{x})$ 的函数上图

$$\varepsilon(f, g)=\{(u, v, \boldsymbol{x}) \mid u \geqslant f(\boldsymbol{x}), v \geqslant g(\boldsymbol{x})\} \tag{7.43}$$

我们把该函数上图投影到关于 u，v 的平面上，得到如图 7.6 所示的平面图。

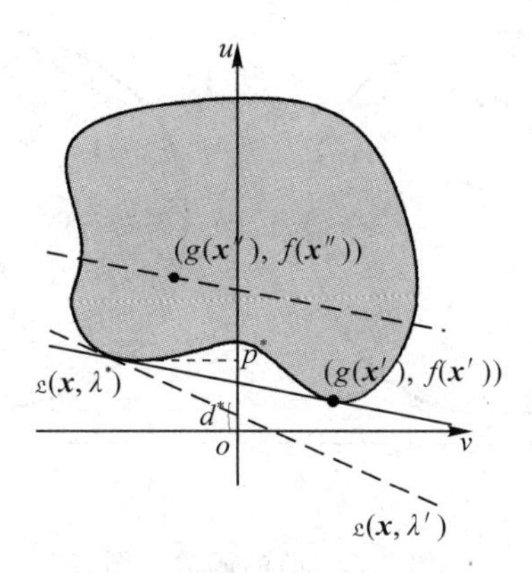

图 7.6 函数上图与最优值

从原问题(式(7.42))的角度看，约束条件 $g(\boldsymbol{x}) \leqslant 0$ 限制了在图 7.6 中轴 u 左侧区域寻找最优值，因此 $\min f(\boldsymbol{x})$ 的取值为图中的 $f(\boldsymbol{x}^*)=p^*$。根据上一节给出式(7.42)中原问题的对偶问题

$$\begin{aligned} & \max_{\lambda} \min_{x} \mathcal{L}(\boldsymbol{x}, \lambda)=f(\boldsymbol{x})+\lambda \cdot g(\boldsymbol{x}) \\ & \text{s.t. } \lambda \geqslant 0 \end{aligned} \tag{7.44}$$

从对偶问题的角度看，拉格朗日函数是一条直线

$$\mathcal{L}(\boldsymbol{x}, \lambda)=u+\lambda \cdot v=d \tag{7.45}$$

因为 $\lambda \geqslant 0$，所以该直线一定是斜向下的，且与轴 u 相交于点 $(0, b)$，对偶问题想找到最大的 d^*。此外 $\min_{x} \mathcal{L}(\boldsymbol{x}, \lambda)$ 决定了这条直线一定与图 7.6 中区域的下端相切。如图 7.6 中所示，在相同的 λ 下，由 $\boldsymbol{x}'$ 确定的直线经过图 7.6 中的点 $(g(\boldsymbol{x}'), f(\boldsymbol{x}'))$，得到的拉格朗日函数值 $\mathcal{L}(\boldsymbol{x}', \lambda)$，一定比由 $\boldsymbol{x}''$ 确定的函数值 $\mathcal{L}(\boldsymbol{x}'', \lambda)$ 小，因此把拉格朗日函数的直线往下拉，一直到与图 7.6 中区域的下端相切，即可得到 $\min_{x} \mathcal{L}(\boldsymbol{x}, \lambda)$，切点处对应的 $\boldsymbol{x}$ 就是给定直线斜率(由 λ 确定)下的最优解。在所有与图 7.6 中区域相切的直线中，找出与轴 u 相交位置最高的(d 最大)直线，这条直线对应的 λ 就是对偶问题的最优解。如图 7.6 所示，由最优的 λ^* 确定的切线(图中实线)比由 λ' 确定的切线更优，与轴 u 相交位置最高。不难得到，图 7.6 中区域的对偶问题最优值就是图中的 d^*，该图中 $p^* > d^*$，也就是原问题最优值大于对偶问题最优值。

要想图 7.6 中的 p^* 与 d^* 相重合，一种方案是函数上图的区域满足下面两个条件：

① 函数上图是凸的；

② 函数上图在轴 u 左侧不为空。

此时函数上图的区域只有两种可能情况，如图 7.7 所示，也容易看出，这两种情况都有 $p^*=d^*$。

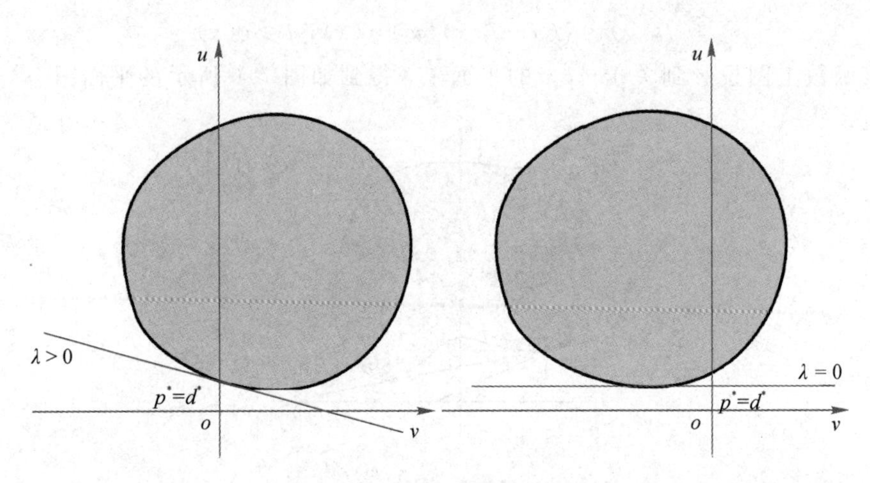

图 7.7 凸的函数上图

因为凸函数的函数上图是凸集，我们可把上面两个条件描述成如下形式：

① 原问题(式(7.24))是凸优化问题，即目标函数 $f(\boldsymbol{x})$ 和不等式约束函数 $g_n(\boldsymbol{x})$ 都是凸函数；

② 存在可行的解 $\boldsymbol{x}$，使得 $\boldsymbol{g}(\boldsymbol{x})$ 中至少有一个分量不为 0，即 $\exists n \in \{1, 2, \cdots, N\} \Rightarrow g_n(\boldsymbol{x}) < 0$。

上面的条件称为 Slater 条件。当 Slater 条件成立时，优化问题满足强对偶性。

7.3.2 KKT 条件

(TKKKarush-Kuhn-Tucker)条件是有约束非线性优化问题最优解的必要条件，可用于验证一个解是否是局部最优解，或可根据 KKT 条件列出求解最优解的方程组。KKT 条件建立在拉格朗日乘子法的基础上，理解 KKT 条件有助于深入认识有约束优化问题。

仍旧考虑式(7.24)的有约束优化问题。优化问题的约束条件 $\boldsymbol{g}(\boldsymbol{x}) \leqslant \boldsymbol{0}$ 限制了可行域 $\mathcal{F}$，也就是只能在 $\mathcal{F} = \{\boldsymbol{x} \in \mathbb{R}^D \mid \boldsymbol{g}(\boldsymbol{x}) \leqslant \boldsymbol{0}\}$ 的范围中对优化问题进行求解。以 3 个约束条件 $g_n(\boldsymbol{x}) \leqslant 0 (n=1, 2, 3)$ 的优化问题为例(如图 7.8 所示)，满足 3 个约束条件的所有解构成了可行域(如图中的阴影部分)，包围可行域的边界满足 $g_n(\boldsymbol{x}) = 0 (n=1, 2, 3)$，在可行域的边界上，指向可行域内部是函数 $g_n(\boldsymbol{x})$ 减小的方向(沿着减小方向步进得 $g_n(\boldsymbol{x}) < 0$)。

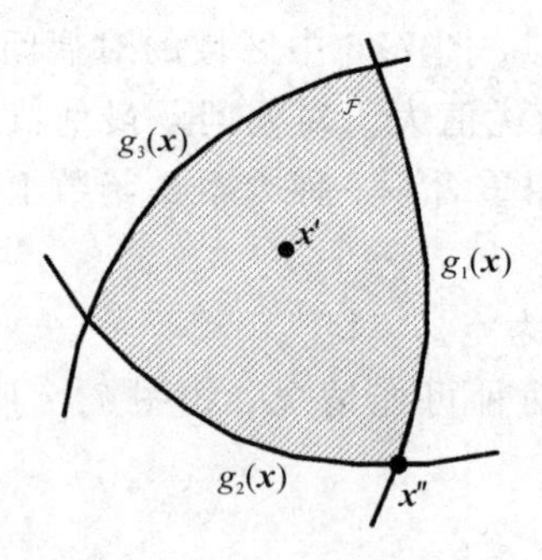

图 7.8 可行域与最优解

可行域中区分内部点和边界点。

(1) 如果某内部点(如图 7.8 中的 $\boldsymbol{x}'$)是优化问题的最优解，称为内部解。此时 $\boldsymbol{x}'$ 的周

围(至少一个极小的半径内)，不可能有比 $f(\boldsymbol{x}')$ 更小的解，有

$$\nabla_x f(\boldsymbol{x}')=0 \tag{7.46}$$

(2) 如果某边界点(如图中的 $\boldsymbol{x}''$)是最优解，称为边界解。此时 $\boldsymbol{x}''$ 处 $f(\boldsymbol{x})$ 的下降方向一定不可能指向可行域，即不可能是所在边界约束函数(图 7.8 中是 $g_1(\boldsymbol{x})$ 和 $g_2(\boldsymbol{x})$)的下降方向。现任意指定最优解 $\boldsymbol{x}''$ 处的一个方向 $\boldsymbol{d}$，区分如下几种情况进行分析：

① $\boldsymbol{d}$ 是 $f(\boldsymbol{x}'')$ 的上升方向，即 $\nabla_x f(\boldsymbol{x}'')^{\mathrm{T}}\boldsymbol{d}<0$，也就是 d 与 $f(\boldsymbol{x}'')$ 的最速下降方向 $\nabla_x f(\boldsymbol{x}'')$ 呈钝角。这种情况下 $\boldsymbol{d}$ 是所在边界约束函数的下降方向还是上升方向，不影响 $\boldsymbol{x}''$ 是最优解的判断。

② $\boldsymbol{d}$ 是 $f(\boldsymbol{x}'')$ 的下降方向，即 $\nabla_x f(\boldsymbol{x}'')^{\mathrm{T}}\boldsymbol{d}>0$。这种情况下 $\boldsymbol{d}$ 必须是所在边界约束函数的上升方向，对于图 7.8 有 $\nabla_x g_1(\boldsymbol{x}'')^{\mathrm{T}}\boldsymbol{d}<0$ 且 $\nabla_x g_2(\boldsymbol{x}'')^{\mathrm{T}}\boldsymbol{d}<0$，此时有

$$\begin{cases}\nabla_x f(\boldsymbol{x}'')^{\mathrm{T}}\boldsymbol{d}+w_1\cdot\nabla_x g_1(\boldsymbol{x}'')^{\mathrm{T}}\boldsymbol{d}=0\\ \nabla_x f(\boldsymbol{x}'')^{\mathrm{T}}\boldsymbol{d}+w_2\cdot\nabla_x g_2(\boldsymbol{x}'')^{\mathrm{T}}\boldsymbol{d}=0\end{cases} \tag{7.47}$$

其中，w_1，$w_2>0$。这两个等式可合并成一个

$$\begin{aligned}&\nabla_x f(\boldsymbol{x}'')^{\mathrm{T}}\boldsymbol{d}+\lambda_1\cdot\nabla_x g_1(\boldsymbol{x}'')^{\mathrm{T}}\boldsymbol{d}+\lambda_2\cdot\nabla_x g_2(\boldsymbol{x}'')^{\mathrm{T}}\boldsymbol{d}=0\\ &\Rightarrow\nabla_x f(\boldsymbol{x}'')+\lambda_1\cdot\nabla_x g_1(\boldsymbol{x}'')+\lambda_2\cdot\nabla_x g_2(\boldsymbol{x}'')=\boldsymbol{0}\end{aligned} \tag{7.48}$$

其中，λ_1，$\lambda_2>0$。令 $\lambda_3=0$，则有

$$\nabla_x f(\boldsymbol{x}'')+\lambda_1\cdot\nabla_x g_1(\boldsymbol{x}'')+\lambda_2\cdot\nabla_x g_2(\boldsymbol{x}'')+\lambda_3\cdot\nabla_x g_3(\boldsymbol{x}'')=\boldsymbol{0} \tag{7.49}$$

式(7.49)事实上就是拉格朗日函数梯度为 0 的等式，即

$$\begin{aligned}\nabla_x\mathcal{L}(\boldsymbol{x},\boldsymbol{\lambda})&=\nabla_x\Big(f(\boldsymbol{x})+\sum_{n=1}^{3}\lambda_n\cdot g_n(\boldsymbol{x})\Big)\\ &=\nabla_x f(\boldsymbol{x})+\sum_{n=1}^{3}\lambda_n\cdot\nabla_x g_n(\boldsymbol{x})\\ &=\boldsymbol{0}\end{aligned} \tag{7.50}$$

其中拉格朗日函数见式(7.25)，也就是说，满足式(7.50)的解是最优解。实际上，这个条件对内部解也是成立的，以图 7.8 中的 $\boldsymbol{x}'$ 为例，$g_1(\boldsymbol{x}')$、$g_2(\boldsymbol{x}')$ 和 $g_3(\boldsymbol{x}')$ 都不等于 0，可如同式(7.49)的设定，令 λ_1，λ_2，$\lambda_3=0$，此时式(7.50)退化成

$$\nabla_x\mathcal{L}(\boldsymbol{x},\boldsymbol{\lambda})=\nabla_x f(\boldsymbol{x})=\boldsymbol{0} \tag{7.51}$$

与式(7.46)一致，证明了式(7.50)对于内部解也成立。

通过上述分析，给出一个解 $\boldsymbol{x}^*$ 是最优解的 KKT 条件：

① $\nabla_x\mathcal{L}(\boldsymbol{x}^*,\boldsymbol{\lambda})=\nabla_x\Big(f(\boldsymbol{x}^*)+\sum_{n=1}^{N}\lambda_n\cdot g_n(\boldsymbol{x}^*)\Big)=\nabla_x f(\boldsymbol{x}^*)+\sum_{n=1}^{N}\lambda_n\cdot\nabla_x g_n(\boldsymbol{x}^*)=\boldsymbol{0}$；

② $\lambda_n\cdot g_n(\boldsymbol{x}^*)=0$，$n=1, 2, \cdots, N$；

③ $g_n(\boldsymbol{x}^*)\leqslant 0$，$n=1, 2 \cdots, N$；

④ $\lambda_n\geqslant 0$，$n=1, 2, \cdots, N$。

第③个条件是优化问题的约束条件，第④个条件是保证式(7.48)成立的关键，也正好是对偶问题的约束条件(见式(7.49))。第②个条件称为*互补松弛条件*，要使得 $\lambda_n\cdot g_n(\boldsymbol{x}^*)=0$，有两种情况：$\lambda_n=0$ 或者 $g_n(\boldsymbol{x}^*)=0$。当 $\boldsymbol{x}^*$ 位于约束函数 $g_n(\boldsymbol{x})$ 边界上，即 $g_n(\boldsymbol{x}^*)=0$，式(7.48)的分析确定了对应的 $\lambda_n>0$，此时 $\lambda_n\cdot g_n(\boldsymbol{x}^*)=0$；而当 $\boldsymbol{x}^*$ 不在约束函数 $g_n(\boldsymbol{x})$ 边界上时，此时 $g_n(\boldsymbol{x}^*)<0$，根据式(7.49)的设定，有 $\lambda_n=0$，因此同样有 $\lambda_n\cdot g_n(\boldsymbol{x}^*)=0$。因此，正因为有互补松弛条件，我们才能保证在计算 $\nabla_x\mathcal{L}(\boldsymbol{x}^*,\boldsymbol{\lambda})=\boldsymbol{0}$ 时，自动实现在边界上

的约束函数的$\lambda>0$，而不在边界上的约束函数的$\lambda=0$。

在一般的非线性优化问题中，满足 KKT 条件的一定是局部最优解，是不是全局最优解还要进一步核实。但在凸优化问题中，满足 KKT 条件的一定是全局最优解。

7.4 二次规划

二次规划问题是一个特殊的优化问题，定义如下：

$$\begin{aligned} &\min_{\boldsymbol{x}\in\mathbb{R}^2} \frac{1}{2}\boldsymbol{x}^{\mathrm{T}}\boldsymbol{Q}\boldsymbol{x}+\boldsymbol{c}^{\mathrm{T}}\boldsymbol{x} \\ &\text{s. t. } \boldsymbol{A}\boldsymbol{x}\leqslant\boldsymbol{b} \end{aligned} \tag{7.52}$$

其中，$\boldsymbol{A}\in\mathbb{R}^{M\times D}$，$\boldsymbol{b}\in\mathbb{R}^{M}$，$\boldsymbol{c}\in\mathbb{R}^{D}$，对称矩阵$\boldsymbol{Q}\in\mathbb{R}^{D\times D}$是正定的，因此二次规划问题是典型的凸优化问题。

例 7.3 一个典型二次规划问题如下：

$$\begin{aligned} &\min_{x\in\mathbb{R}^2} \frac{1}{2}\begin{pmatrix}x_1\\x_2\end{pmatrix}^{\mathrm{T}}\begin{pmatrix}2&1\\1&4\end{pmatrix}\begin{pmatrix}x_1\\x_2\end{pmatrix}+\begin{pmatrix}5\\3\end{pmatrix}^{\mathrm{T}}\begin{pmatrix}x_1\\x_2\end{pmatrix} \\ &\text{s. t. } \begin{bmatrix}1&0\\-1&0\\0&1\\0&-1\end{bmatrix}\begin{pmatrix}x_1\\x_2\end{pmatrix}\leqslant\begin{bmatrix}1\\1\\1\\1\end{bmatrix} \end{aligned} \tag{7.53}$$

下面给出二次规划问题的求解方法。首先写出拉格朗日函数：

$$\begin{aligned} \mathcal{L}(\boldsymbol{x},\boldsymbol{\lambda})&=\frac{1}{2}\boldsymbol{x}^{\mathrm{T}}\boldsymbol{Q}\boldsymbol{x}+\boldsymbol{c}^{\mathrm{T}}\boldsymbol{x}+\boldsymbol{\lambda}^{\mathrm{T}}(\boldsymbol{A}\boldsymbol{x}-\boldsymbol{b}) \\ &=\frac{1}{2}\boldsymbol{x}^{\mathrm{T}}\boldsymbol{Q}\boldsymbol{x}+(\boldsymbol{c}+\boldsymbol{A}^{\mathrm{T}}\boldsymbol{\lambda})^{\mathrm{T}}\boldsymbol{x}-\boldsymbol{\lambda}^{\mathrm{T}}\boldsymbol{b} \end{aligned} \tag{7.54}$$

接着计算拉格朗日函数$\mathcal{L}(\boldsymbol{x},\boldsymbol{\lambda})$关于$\boldsymbol{x}$的梯度，并令其等于$\boldsymbol{0}$：

$$\boldsymbol{Q}\boldsymbol{x}+(\boldsymbol{c}+\boldsymbol{A}^{\mathrm{T}}\boldsymbol{\lambda})=0 \tag{7.55}$$

正定对称矩阵$\boldsymbol{Q}$是可逆的，因此计算出最优解：

$$\boldsymbol{x}=-\boldsymbol{Q}^{-1}(\boldsymbol{c}+\boldsymbol{A}^{\mathrm{T}}\boldsymbol{\lambda}) \tag{7.56}$$

代入目标函数可得最优值。

将式(7.56)代入拉格朗日函数$\mathcal{L}(\boldsymbol{x},\boldsymbol{\lambda})$中，得到以$\lambda$为变量的对偶目标函数：

$$\mathfrak{D}(\boldsymbol{\lambda})=-\frac{1}{2}(\boldsymbol{c}+\boldsymbol{A}^{\mathrm{T}}\boldsymbol{\lambda})^{\mathrm{T}}\boldsymbol{Q}^{-1}(\boldsymbol{c}+\boldsymbol{A}^{\mathrm{T}})-\boldsymbol{\lambda}^{\mathrm{T}}\boldsymbol{b} \tag{7.57}$$

二次规划的对偶问题如下：

$$\begin{aligned} &\max_{\lambda\in\mathbb{R}^M} -\frac{1}{2}(\boldsymbol{c}+\boldsymbol{A}^{\mathrm{T}}\boldsymbol{\lambda})^{\mathrm{T}}\boldsymbol{Q}^{-1}(\boldsymbol{c}+\boldsymbol{A}^{\mathrm{T}})-\boldsymbol{\lambda}^{\mathrm{T}}\boldsymbol{b} \\ &\text{s. t. } \boldsymbol{\lambda}\geqslant\boldsymbol{0} \end{aligned} \tag{7.58}$$

优化方法应用非常广泛，本章也只是节选了一些与数据科学相关程度更高一点的内容，同时为了让内容的介绍更容易理解，本章删除了很多枯燥的证明过程，因此降低了不少严谨性。作者认为对于一般数学科学领域，学习完本章内容基本上就可以了。但对知识体系有更高要求的读者，建议在读完本章，即有了一定了解之后，选择一些专业书籍进行系统学习。

习 题 7

1. 给定函数：

$$f(\boldsymbol{x})=\frac{x_1+x_2}{3+x_1^2+x_2^2+x_1x_2}$$

求 $f(\boldsymbol{x})$的极小点。

2. 考虑非线性规划问题：

$$\begin{aligned} \min\ & (x_1-3)^2+(x_2-2)^2 \\ \text{s.t.}\ & x_1^2+x_2^2\leqslant 5 \\ & x_1+2x_2=4 \\ & x_1,\ x_2\geqslant 0 \end{aligned}$$

检验 $\bar{\boldsymbol{x}}=(2,1)^{\mathrm{T}}$ 是否为 KKT 点。

3. 用 KKT 条件求解下列问题：

$$\begin{aligned} \min\ & x_1^2-x_2-3x_3 \\ \text{s.t.}\ & -x_1-x_2-x_3\geqslant 0 \\ & x_1^2+2x_2-x_3=0 \end{aligned}$$

4. 给定函数：

$$f(x)=100(x_2-x_1^2)^2+(1-x_1)^2$$

求在以下各点处的最速下降方向

$$\boldsymbol{x}^{(1)}=\begin{pmatrix}0\\0\end{pmatrix},\ \boldsymbol{x}^{(2)}=\begin{pmatrix}1\\1\end{pmatrix},\ \boldsymbol{x}^{(3)}=\begin{pmatrix}\frac{3}{2}\\1\end{pmatrix}$$

5. 给定函数 $f(\boldsymbol{x})=(6+x_1+x_2)^2+(2-3x_1-3x_2-x_1x_2)^2$，求在点

$$\boldsymbol{x}=\begin{pmatrix}-4\\6\end{pmatrix}$$

处的牛顿方向和最速下降方向。

6. 设有函数：

$$f(\boldsymbol{x})=\frac{1}{2}\boldsymbol{x}^{\mathrm{T}}\boldsymbol{A}\boldsymbol{x}+\boldsymbol{b}^{\mathrm{T}}\boldsymbol{x}+c$$

其中，$\boldsymbol{A}$ 为对称正定矩阵，又设 $\boldsymbol{x}^{(1)}(\neq\bar{\boldsymbol{x}})$可表示为 $\boldsymbol{x}^{(1)}=\bar{\boldsymbol{x}}+\mu\boldsymbol{p}$，其中 $\bar{\boldsymbol{x}}$ 是 $f(\boldsymbol{x})$的极小点，$\boldsymbol{p}$ 是 $\boldsymbol{A}$ 的特征值 λ 对应的特征向量，证明：

① $\nabla f(\boldsymbol{x}^{(1)})=\mu\lambda\boldsymbol{p}$；

② 如果从 $\boldsymbol{x}^{(1)}$ 出发，沿最速下降方向做精确的一维搜索，则一步达到极小点 $\bar{\boldsymbol{x}}$。

7. 考虑下列问题：

$$\min\quad f(\boldsymbol{x}):=\frac{1}{2}\boldsymbol{x}^{\mathrm{T}}\boldsymbol{A}\boldsymbol{x}+\boldsymbol{b}^{\mathrm{T}}\boldsymbol{x}+c,\ \boldsymbol{x}\in\mathbb{E}^N$$

其中，$\boldsymbol{A}$ 为对称正定矩阵，设从点 $\boldsymbol{x}^{(k)}$ 出发，用最速下降法求后继点 $\boldsymbol{x}^{(k+1)}$，证明

$$f(\boldsymbol{x}^{(k)})-f(\boldsymbol{x}^{(k+1)})=\frac{[\nabla f(\boldsymbol{x}^{(k)})^{\mathrm{T}}\ \nabla f(\boldsymbol{x}^{(k)})]^2}{2\ \nabla f(\boldsymbol{x}^{(k)})^{\mathrm{T}}\ \nabla f(\boldsymbol{x}^{(k)})}$$

8. 设有如下凸优化问题：

$$\begin{aligned}&\min_{w\in\mathbb{R}^N} \quad \frac{1}{2}\boldsymbol{w}^{\mathrm{T}}\boldsymbol{w}\\&\text{s. t.} \quad \boldsymbol{w}^{\mathrm{T}}\boldsymbol{x}\geqslant 1\end{aligned}$$

使用 Lagrange 方法求解该问题。

9. 设方程组为

$$\begin{cases}x_1+x_2=3\\2x_1-3x_2=2\\-x_1+4x_2=4\end{cases}$$

其系数矩阵记为 $\boldsymbol{A}$，右端向量记为 $\boldsymbol{b}$，使用最小二乘法求函数 $f(\boldsymbol{x})=(\boldsymbol{A}\boldsymbol{x}-\boldsymbol{b})^{\mathrm{T}}(\boldsymbol{A}\boldsymbol{x}-\boldsymbol{b})$ 的极小点。

参考文献

[1] 同济大学数学系. 工程数学：线性代数[M]. 5版. 北京：高等教育出版社，2007.
[2] DEISENROTH M P，FAISAL，A A，ONG C S. Mathematics for Machine Learning [M]. New York：Cambridge University Press，2019.
[3] ELDÉN L. Matrix Methods in Data Mining and Pattern Recognitioni[M]. Philadelphia：Society for Industrial and Applied Mathematics，2007.
[4] 张贤达. 矩阵分析与应用[M]. 北京：清华大学出版社，2004.
[5] LÜTKEPOHL H. Handbook of matrices[M]. New York：John Wiley & Sons，Inc，1997.
[6] HORN R A，JOHNSON C R. Matrix Analysis[M]. 2nd ed. New York：Cambridge University Press，2013.
[7] 张贤达. 人工智能的矩阵代数方法：数学基础[M]. 张远声，译. 北京：高等教育出版社，2022.
[8] 左飞. 机器学习中的数学修炼[M]. 北京：清华大学出版社，2020.
[9] BOYD S，VANDENBERGHE L. 凸优化[M]. 王书宁，许鋆，黄晓霖，译. 北京：清华大学出版社，2013.
[10] 马修斯. 向量微积分[M]. 北京：世界图书出版公司，2008.
[11] 陈宝林. 最优化理论与算法[M]. 2版. 北京：清华大学出版社，2005.
[12] 帕普里斯，佩莱. 概率、随机变量与随机过程[M]. 保铮，冯大政，水鹏朗，译. 西安：西安交通大学出版社，2004.